섬유 강화 플라스틱

Fiber Glass Reinforced Plastic

이 진 희
지음

기전연구사

책을 엮으면서

복합재료는 역사적으로 우리에게 매우 친숙한 재료이다. 짚과 숫대를 엮고 흙을 붙여 만든 조상님들의 초가집 토담 벽으로 시작하여, 근래에 들어와서는 철근 콘크리트나 고무 타이어 등 많은 종류의 복합 재료들이 미처 인식하지 못하는 중에도 우리의 생활 가운데 광범위하게 활용되고 있다. 이러한 복합 재료들 중 비교적 근래에 와서 가장 적극적으로 공업 재료로 활용되기 시작한 재료의 대표적인 것이 FRP라고 할 수 있다. 초기 FRP의 시초는 1907년 영국인 베크란트에 의한 페놀 수지의 개발에서 시작된다. 당시는 나무 가루, 종이, 면포 등에 수지를 함침시켜서 사용하는 다소 원시적인 형태였다. 최근에는 다양한 수지의 개발과 더불어 강화재로 사용되는 섬유의 종류가 Glass Fiber, Carbon Fiber, Aramid Fiber 등으로 확대되면서 점차 그 활용도의 폭을 넓혀 가고 있다.

석유화학 플랜트와 자동차, 항공기 및 장식용 기자재를 비롯한 많은 산업현장에서 다양한 용도로 FRP를 활용하고 있으며 가격, 공사기간, 기자재의 내구성 등을 고려할 때 타 재료들에 비하여 많은 강점을 가지고 있다. 그러나 구체적인 설계 기준이나 시공 Data가 폭넓게 제공되지 못하고 대부분 기존의 경험에 근간을 둔 제작과 시공이 이루어지고 있으며, FRP 제작업체의 영세성으로 인해 체계적인 이론의 정립이나 실무기술자료의 확립이 미비한 실정이다. 이러한 현실은 결국 FRP 기기의 신뢰도를 저하하고, 특정의 한정된 용도로만 FRP를 제한하는 아쉬움을 만들어내고 있다. 이 자료를 통해 FRP 기기와 배관에 대해 좀더 자세한 정보 부족으로 답답함을 느끼고 있는 다수의 엔지니어들에게 그간의 아쉬움을 조금이나마 해소하고자 관련 자료를 취합 정리하여 보다 실용적인 Guide를 제시하고자 하였다.

이 책에 소개된 자료는 주로 원료 수지 제조 업체의 Data Sheet, 한국강화프라스틱협회의 기술 논고, FRP Tank 제작 업체의 기술 자료, FRP 관련 논문 및 각종 해외 기술자료와 본인이 그간 현업에 종사하면서 얻은 경험들을 중심으로 정리한 것이다. FRP 관련

기술 자료를 정리하는 과정에서 ASTM이나, ASME, JIS 등의 관련 Code 규격 자료를 많이 인용하고자 노력하였으나, 현재 국내외에서 널리 사용되고 있는 FRP의 용도 및 적용 기준에 이들 Code Requirement와 상이한 부분이 많아서 부득이 참고 자료로만 수록하게 되었다. 원료 중 가장 큰 부분을 차지하는 수지(Resin) 부분은 너무 많은 종류와 방대한 Data로 인해 대표적인 종류만을 일부 나열하는데 그치게 되었다.

아무쪼록 아쉬움을 느끼는 많은 분들께 조금이라도 도움이 되었으면 한다.

저　자

추천사

저자는 복합재료를 역사적으로 우리에게 매우 친숙한 재료라고 서두에 소개하고 있다. 탁월한 물리적 화학적 특성을 근간으로 하는 복합재료의 응용은 오늘날 우리 주변에서 흔히 볼 수 있다.

특히, 스포츠, 레저 분야에서 다양하게 분포되어 있어 이에 따른 미래형 상품도 기대해 볼 만하고 더욱이, 첨단 과학의 산실인 복합재료 부품 산업도 미래 우주산업에까지 지렛대 역할을 할 것임에 틀림없다.

이미 국내에서도 물탱크 정도의 단순한 구조물에 적용되던 시대를 벗어나서 콘크리트 구조물의 강도를 보조하고 좌굴을 방지하면서 영구 거푸집으로서 미관까지 고려한 FRP를 적용하고 있으며, 이에 관한 많은 연구와 실제 적용이 확대되어가고 있다. 장차 현수교와 같은 대형 교량의 구조물 재료로서도 그 가치와 역할을 감당할 것으로 기대하며, 이 분야의 보다 왕성한 연구 개발이 지속적으로 이루어지길 기원한다.

본 책에서는 복합재료를 알기 쉽게 소개함은 물론 복합재료의 시조라고 할 수 있는 FRP를 설계, 성형, 분석 가공에 이르기까지 Case Study를 겸한 실질 Data를 비교적 소상하게 나열하고 있어서 복합재료의 현황, 그리고 재료기술의 현주소 더 나아가 복합재료 분야의 앞날을 조명해 볼 수가 있겠다.

아무쪼록, 이 책이 뜻 있는 분들에게는 Version-Up용으로, 시작하는 분들에게는 지침서로 활용되어서 미래 과학기술은 복합재료의 활발한 연구로부터 시작됨을 다시 한번 입증하는 계기가 되어야 할 것이다.

삼성물산㈜ 건설부문 기술연구소장

오 중 근

추천사 : 더불어 살아가는 미학.

토목을 전공한 나에게 있어서 재료의 기준은 항상 흙과 콘크리트 그리고 철근의 범주를 크게 벗어나지 않았다. 물과 시멘트가 만나서 하나의 콘크리트 구조물을 이루고 그 구조물을 받치고 있는 지반이 나의 주 관심 분야이었다.

직장생활을 시작하면서 재료의 범주에 속하는 대상은 그 폭을 넓혀 가고 있지만, 여전히 흙과 콘크리트 이외의 재료에 대한 나의 근본적인 관념은 크게 변하지 않고 있었다.

어느날 이진희 기술사가 FRP에 관한 자료를 구한다는 내용을 듣고, 지극히 나만의 생각 범주에 속해 있는 추억 속의 자료를 찾아 건네 주었다. 절개면 등의 연약 지반의 강화를 위한 "FRP 보강 Grouting"에 관한 자료가 당시 나의 머리 속에 떠오른 FRP의 전부였고, 그 이상 특별한 용도나 기술적인 사항은 떠오르지 않았었다.

시간이 흐르고 자료가 정리되어 하나의 책으로 묶여가는 과정을 보면서 첫째는 참고자료와 정리된 원고의 분량에 감탄하고, 둘째는 지금까지 알지 못했던 FRP의 다양한 용도와 적용사례에 대해 놀라게 되었다. 그러나 이런 외형적인 놀라움보다 가장 근본적으로 나를 놀라게 한 것은 "섬유 강화 플라스틱"이라는 제목이 암시하는 것처럼 주로 플라스틱에 관한 내용을 금속을 전공하고 재료의 부식과 가공을 주 관심 분야로 하는 사람이 정리해냈다는 것이다. 그리고 추천사를 부탁하는 이진희 기술사가 가지고 있는 복합재료에 대한 전문가다운 견해에 대해 철학이라고 구분할 수 있는 정도의 깊이를 느끼게 되었다.

세상을 살아가는 방법을 복합재료를 통해 언급할 수 있는 식견이 그것이었다.

혼자서는 아쉬움이 많은 재료들이 서로 모여 하나의 복합체를 이루고 그 단위가 형태를 갖추고 용도를 갖추게 되었을 때에 새로운 개념의 고기능성의 Engineering Material로 탄생하게 되는 것이다.

아직 국내에는 복합재료 분야의 전문 기술 서적이 절대적으로 부족한 것으로 알고 있다. 스스로 아직은 부족한 내용이 많다고 겸손하게 내미는 원고였지만, 이 한 권의 열매로 관심 있는 여러 Engineer들에게 조금이라도 도움이 되는 자료가 되길 바란다.

왜? 돈도 안 되고, 오래 시간의 노력과 고통이 따르는 기술서적을 엮느냐는 질문에 "후배와 동료들에게 체계적으로 알려주고 전해 주고 싶어서?"라는 겸손하고, 진솔한 답변을 들었다. 이진희 기술사가 앞으로도 진정한 전문가로서 더불어 살아가는 미학과 나눔의 여유를 가지고 살아갈 수 있기를 바란다.

항상 밝은 미소로 건강하게 살아가길 바라며…….

공학박사 황 대 진

차 례

제3장 FRP의 성형법 • 113

제4장 FRP의 가공 • 153

제5장 내식용 FRP 기기 설계와 제작 • 191

제6장 내식성 수지 Lining 관련 자료 • 229

제7장 기타 참고 자료 • 265

제 1 장 복합 재료의 소개

1.1 FRP의 역사

1.2 FRP의 특성

1.3 FRP의 용도

제 1 장
복합 재료의 소개

복합재료는 두 가지 이상의 독립된 재료가 서로 합해져서 보다 우수한 기계적 특성을 나타내는 것을 의미한다. 가장 일반적인 형태는 기지(Matrix) 재료가 섬유 형태의 강화재와 결합하는 것이다. 이런 복합재료는 구성되는 재료에 의해 다음과 같이 구분될 수 있다.

1) 고분자 복합재료(Polymer Matrix Composites, PMC's)

이 책에서 소개하고자 하는 분야가 고분자를 기지로 한 복합재료이다. 최근의 산업 현장에서 가장 많이 사용하고 있는 복합재료이기도 하다. 흔히 FRP, GRP 혹은 Fiber Glass Reinforced Plastic으로 명칭되는 복합재료가 이에 속한다. 고분자수지의 기지 위에 섬유상의 강화재인 유리, 탄소 및 아라미드 섬유를 사용하여 기계적 특성을 갖도록 한다.

2) 금속 복합재료(Metal Matrix Composites, MMC's)

주로 자동차 분야에서 활용도가 증대하고 있는 복합재료이다. 주로 알루미늄의 기지 위에 실리콘 카바이드(Silicon Carbide) 등의 섬유상 물질을 사용하여 강도를 증대시킨다.

3) 세라믹 복합재료(Ceramic Matrix Composites, CMC's)

매우 고온에서 사용되는 특수 용도의 복합재료이다. 세라믹 기지 위에 실리콘 카바이드(Silicon Carbide)나 보론 카바이드(Boron Carbide)를 짧은 섬유상 혹은 휘스커(Whisker)상으로 만들어 보강재로 사용한다.

이하에서는 이러한 복합재료 중에 고분자 복합재료의 종류와 특성에 대해 소개하고자 한다. 용어의 단일성과 이해를 돕기 위해 이하에서는 고분자 복합재료를 FRP로 통칭해서 구분하기로 한다.

1.1 FRP의 역사

FRP(Fiber Glass Reinforced Plastic)는 당초 미국에서 제2차 세계대전 중 경량 구조재의 하나로서 군용 항공기의 부재로 사용되었다. 그 후 FRP는 단지 경량 구조재로서 뿐만 아니라, 뛰어난 내식성을 갖기 때문에 석유, 화학, 선박의 분야 등에서 각종 내식 기기의 주요 소재로 점차 그 활용도를 넓혀가고 있다. 우리나라의 FRP 산업은 프라스틱계 복합 재료의 내식 성능을 활용하는 것을 기반으로 발전하여 왔다고 볼 수 있다. 그것은 건설, 주택, Storage tank, 각종 Vessel류의 수요가 큰 것으로도 알 수 있다. 1980년대에 들어와서 자동차, 선박 산업에의 수요가 증대하고, 최근에는 항공기 산업 등의 적극적인 전개로 인해 우리나라에서도 경량성을 살린 FRP의 수요가 점차 확대될 것으로 보여진다.

현재 국내에서도 많은 량의 FRP Equipment와 Piping Material들이 산업 현장에 적용되고 있지만, 아직도 FRP의 특성과 적용에 관한 자세한 자료의 부족으로 많은 어려움을 겪고 있다. 이에 그동안 수집된 자료를 바탕으로 FRP의 일반적인 내용과 산업현장에서 사용하고 있는 내식성 FRP의 개요를 중심으로 정리하여 현업을 담당하는 Engineer들에게 도움이 되었으면 한다.

1.2 FRP의 특성

에폭시(Epoxy), 폴리에스터(Polyster) 등과 같은 수지 자체로는 우수한 내식성과 성형성 등의 장점에도 불구하고 다른 구조재에 비해 기계적으로 매우 약한 강도를 가지고 있기 때문에 활용도가 저하한다.

이에 비해 강화재로 사용되는 유리나 탄소섬유 등은 우수한 인장과 압축강도를 가지고 있지만, 고체상태에서는 쉽게 깨지는 단점으로 인해 사용에 제한을 받게 된다.

FRP는 이러한 두 가지 이상의 독립적인 재료를 복합하여 우수한 기계적 성질과 성형성 및 내식성을 추구하는 재료이다.

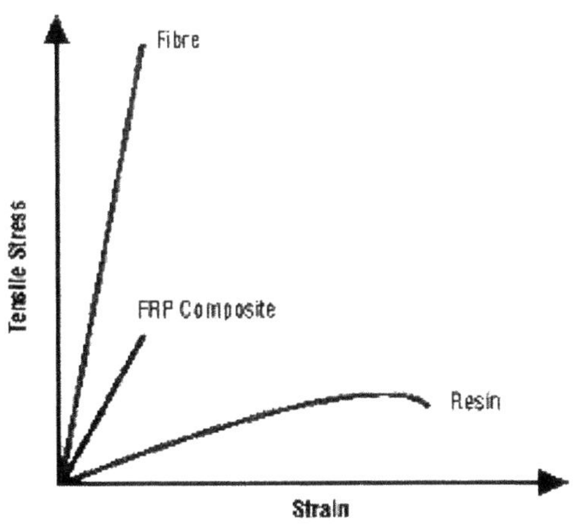

그림 1.1 FRP와 구성재의 인장 강도 특성

FRP는 기지(Matrix)로 사용되는 수지(Resin)와 강화재로 사용되는 섬유상의 강화재의 특성에 따라 기계적 특성과 화학적 특성이 결정되며, 종합적으로 다음과 같은 요인에 의해 결정된다고 할 수 있다.

- 강화 섬유의 특성(Properties of Fiber)
- 수지의 특성(Properties of Resin)
- 수지와 강화 섬유의 배합 비율(Fiber Volume Fraction)
- 복합재료 내의 강화 섬유의 배열과 방향성(Geometryand Orientation of Fiber)

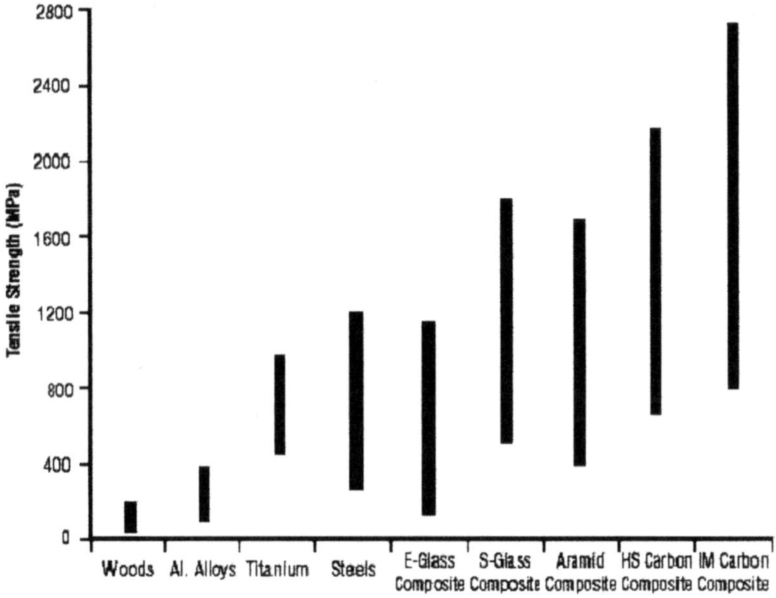

그림 1.2 다른 구조재와 비교한 FRP의 인장 강도

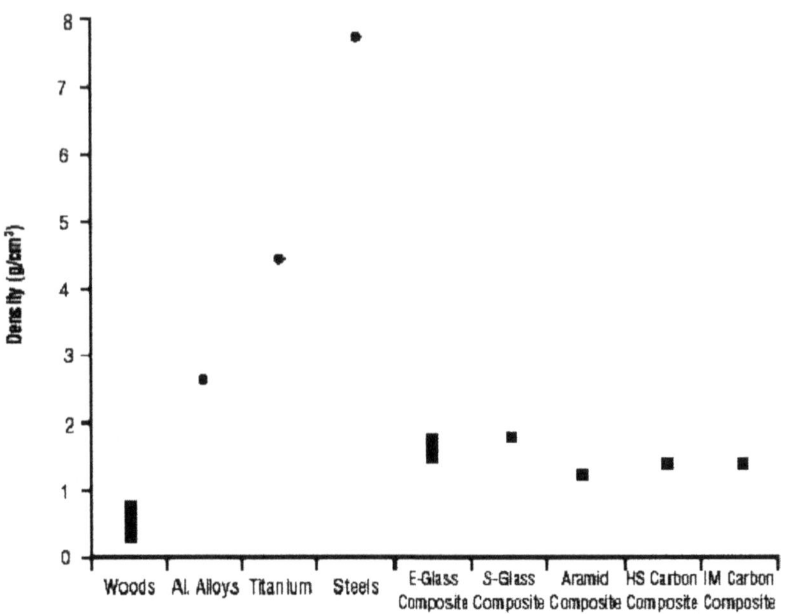

그림 1.3 다른 구조재와 비교한 FRP의 밀도

1) 경량성

FRP는 보통 비중이 철의 약 1/5 정도로 대단히 가볍고, 중량에 대비한 강도비가 크기 때문에 수송이나, 설치 부착 공사가 용이하고 대형기기, 탱크, 파이프 등의 제작이 가능하다.

2) 에너지 흡수성(감쇠성)

FRP는 강화재와 Matrix의 복합인 Two Components의 Dual Phase로 구성되어 같은 구조의 단일재료에 비해 동일한 탄성률일지라도, 변형이 가해질 경우 Two Components의 Dual Phase 마찰에 의한 에너지 흡수에 의해 뛰어난 에너지 흡수성(감쇠성)을 갖게 된다.

3) 내식성

FRP를 구성하는 각종 무기계 및 유기계의 섬유뿐만 아니라 불포화 폴리에스터 수지(UP), 에폭시 수지(EP) 등의 Matrix도 종래의 금속계 재료에 비하여 뛰어난 내식성을 가진 재료이다.

4) 내열성

대부분 열경화성 수지를 사용하므로 고온에서도 연화하거나 변형되지 않고, 또한 저온에서의 특성도 뛰어나서 쉽게 부서지거나 Crack이 생기지 않는다.

5) 단열성

열전도율이 철의 약 1/200 정도로 낮고 단열성이 양호하므로 대개의 경우 별도의 보온보냉이 필요 없다.

6) 제품 형상의 자유

뛰어난 성형성과 다양하게 개발된 각종 성형 방법으로 인해 제품의 형상이 자유롭고 대량 생산도 가능하다.

7) 유지, 보수의 편리성

제품 자체의 가격이 저렴하고 국부적인 보수 작업이 가능하여 손쉽게 유지 보수를 시행할 수 있다.

8) 제품의 안정성

금속이온을 사용하지 않으므로 내용물에 금속이온의 용출이 없고 품질 변동이 전혀 일어나지 않는다.

1.3 FRP의 용도

복합재료는 철강, 목재, 콘크리트 및 기타 일반 플라스틱 소재보다 가볍고 강성, 내구성이 좋아 다양한 분야에서 사용되고 있다. 이러한 특성으로 운송분야, 건축 및 사회간접 시설 분야, 선박분야, 항공분야 및 레저분야에 주로 사용되며 절연성 및 광전도성 등의 특성으로 전기 절연재료와 광섬유재료로도 널리 사용되고 있다.

1) 차량 및 운송분야

자동차, 버스, 트럭에서 철도차량까지 성능과 내구성을 높이고 비용을 절감할 뿐 아니라 경량화를 실현하여 연료를 절약할 수 있다. 복합재료는 철, 알루미늄보다 가볍고 강하며 부식이 없어 금속부품의 대체가 예상된다. 국내에서 시판된 스포츠카인 엘란의 경우에는 차체 외관이 FRP로 이루어져 있다. 아래 그림의 좌측 사진이 FRP 차체로 제작된 국산 스포츠카 엘란이며, 우측의 그림은 철도 차량의 의자와 내장재에 적용된 FRP이다. 이외에도 비행기 내부 내장재 등 우리가 미처 인지하지 못하는 많은 운송 분야에 FRP가 적용되고 있다.

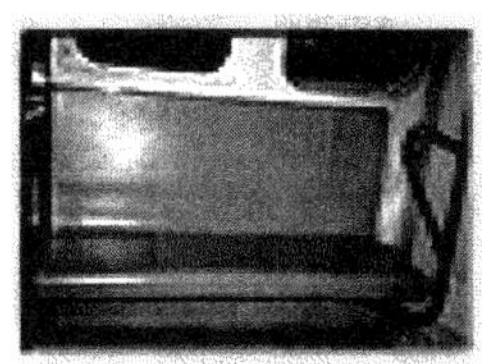

그림 1.4 자동차 차체에 적용되는 FRP와 철도 차량 내부

2) 건설 및 사회간접 시설분야

FRP는 내외벽 판넬, 저장탱크, 프렌지, 그레이팅, 교량, 파이프 및 보강재 등의 시설물 및 인공 조형물, 대형 구조물의 제작 등 다양한 형태로 사용되고 있다. 무게가 철강에 비해 약 40% 정도밖에 되지 않아 설치시간이 단축되며 철강과 달리 탁월한 내 부식성으로 수분에도 강하고 균열이 일어나지 않는다. 예전에는 주로 대형 건물에 설치되는 물탱크의 용도로 많이 사용되었으나, 최근 들어 건물 외벽의 장식용이나 간단한 구조재로서 그 활용도가 더욱 늘어가고 있다.

그림 1.5 건축 구조물에 적용되는 FRP(인공 암반(左)과 교량 난간(右))

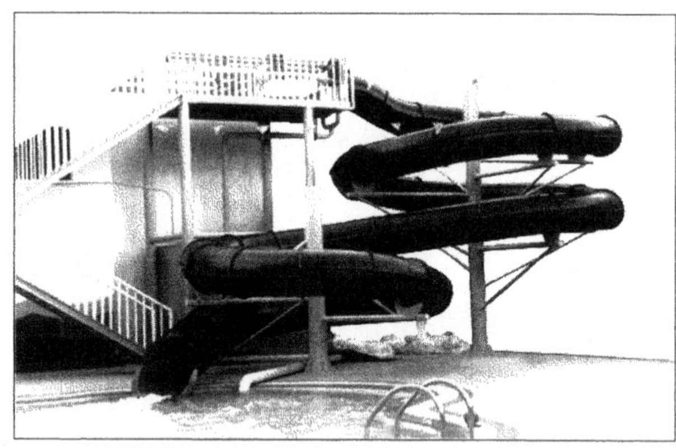

그림 1.6 건축물 외장재(左)와 수영장 미끄럼틀(右)

3) 플랜트 및 발전 분야

FRP 수지층의 우수한 내식성과 강화 섬유의 복합 작용에 의한 높은 강도는 플랜트 기자재의 재료로서 널리 사용되고 있다.

그림 1.7 플랜트 분야에 적용되는 FRP-Scrubber(左)와 Cooling Tower(右)

특히 부식성이 강한 산(Aicd)를 다루는 설비의 기자재 및 소각로 설비의 폐가스 처리 시설 등에는 FRP의 내식성을 활용한 기자재들이 많이 적용된다. 염산이나 질산을 다루는 저장설비와 관련 Pump 및 이송 배관 등 내산성 용도와 발전소 냉각수로 사용되는 해수를 끌어들이는 Seawater Intake System 등 내식성과 구조적 안정성이 요구되는 용도에 널리 사용되고 있다.

또한, 최근 대체 에너지개발의 한 해결방안으로 각광받고 있고 앞으로 매년 30%의 성장이 예상되는 풍력발전 분야는 경량화와 내구성이 매우 중요하며, 현재 블레이드는 샌드위치 구조의 복합재료(BALSA+FRP : 메가와트급)가 샤프트에는 탄소섬유 복합재료가 사용되고 있다.

그림 1.8 풍력 발전에 적용되는 FRP FAN Blade

4) 선박분야 및 해양 구조물

FRP는 내구성이 좋고 가벼우며 강성 및 내수성이 좋아 대형 선박을 제외한 선박의 일반적인 선박재료로 널리 사용되고 있다. 제트스키와 낚시보트 같은 소형 선박도 대부분 FRP로 제작된다. 파워보트나 요트에는 무게를 줄이고 항해 환경을 좋게 하기 위하여 코아재와 함께 샌드위치 구조로 건조하며, 군함정에는 케블라 및 카본 등을 유리섬유대신 사용하여 방탄특성을 개선하기도 한다.

그림 1.9 FRP로 제조된 선박

5) 방호분야

아라미드(Aramid) 섬유, 탄소섬유는 가장 널리 알려진 방탄소재로 방탄복, 헬멧 등의 개인용 방호장비로부터 수송차량, 탱크 등의 방탄시스템으로 널리 사용되고 있으며 전투기, 미사일 등 다양한 종류의 병기의 재료로서 사용되고 있다. 아래 왼쪽 그림은 아라미드 섬유를 이용하여 제작된 방탄복이다.

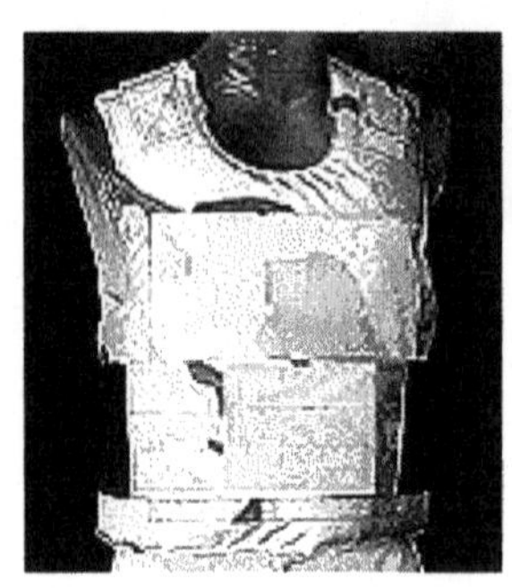

그림 1.10 방호 분야의 FRP 방탄복(左)과 장갑차(右)

6) 스포츠 분야

낚시용구, 골프 크럽 샤프트, 테니스 및 배드민턴 라켓, 스케이트 보드, 스노우 보드, 스키, 인라인 스케이트 등 다양한 스포츠 분야에서 가볍고 강도, 강성이 우수한 탄소섬유 복합재료가 사용되고 있다.

그림 1.11 FRP로 제작된 낚시대와 테니스 라켓

예전에는 글라스로드라는 이름으로 유리섬유로 제조된 낚시대가 많이 사용되었으나, 최근에는 카본대라는 통칭으로 탄소 섬유로 만들어진 낚시대가 널리 사용되고 있다. 대부분의 낚시꾼들이 이들 두 가지 재료가 전혀 다른 소재라고 생각하고 있으나, 실제로는 동일한 개념의 복합재료이며, 강화재로 사용되는 섬유의 종류만이 차이가 나는 것이다.

제 2 장 FRP의 구성 요소

제 2 장
FRP의 구성 요소

FRP는 기본적으로 Glass Fiber나 Synthetic Fiber 등의 섬유와 각종 Matrix 수지와의 조합이지만, 성형성, 이형성, 경화성 등의 성능 향상을 위해 일반적으로 부자재라고 부르는 별도의 소재가 사용된다. FRP를 구성하는 소재는 다음과 같이 수지와 강화 섬유 및 기타 부자재로 분류할 수 있다.

2.1 수지(Resin)

수지는 섬유와 섬유를 결합시켜 섬유에 가해지는 힘을 분산시키는 역할을 담당하고 있는 것으로 건축물의 벽면과 같은 것이다. 뛰어난 내식성과 내열성을 갖춘 수지를 활용하면 단순한 구조적 역할의 특성뿐만 아니라, 매우 우수한 화학적 특성을 나타내는 기자재의 제작도 가능하다.

2.1.1 수지의 특성

FRP에 사용되는 수지는 다음과 같은 기본 특성을 가져야 한다.

• 우수한 기계적 특성(Good Mechanical Properties)

- 우수한 접착성(Good Adhesive Properties)
- 우수한 인성(Good Toughness Properties)
- 우수한 경년 열화 저항성(Good Resistance to Environmental Degradation)

1) 수지의 기계적 특성

이상적인 수지는 최고의 인장강도를 보여주고 있으며, 변형에 대한 저항성이 매우 크다. 이러한 특성을 가진 수지는 이론적으로 취성에 의한 파괴가 잘 일어나지 않아야 한다.

2) 수지의 접착성

수지와 섬유 강화재 사이의 강한 부착력은 FRP에서 매우 중요한 성질이다. 섬유과 수지사이의 강한 결속력은 주어진 응력을 적절하게 분산시켜 균열과 절단이 발생하지 않도록 한다.

3) 수지의 인성

FRP에서 얘기하는 인성은 균열의 전파에 저항하는 복합재료의 특성을 의미한다. 재료의 인장-변형 곡선에서 선 아래쪽의 면적의 총합은 그 재료가 파단할 때까지의 흡수된 에너지를 의미하며, 이는 곧 인성으로 평가할 수 있다. 따라서 FRP의 인성은 인장-변형 곡선의 아래쪽 면적을 통해 간접적으로 평가할 수 있으며, 직접 시편에 충격시험을 적용하여 충격 흡수 에너지로 인성을 평가한다.

4) 수지의 경년 열화 저항성

FRP의 가장 큰 단점 중의 하나는 자외선 등의 환경적인 요인에 의해 열화하여 초기의 기계적 특성을 잃어 버리게 된다는 것이다. 또한 반복되는 하중에 의해서도 기계적 특성이 저하하는 경향이 있다. 우수한 수지는 이러한 외부 환경적인 요인에 대해 저항성을 가지고 있어야 한다.

2.1.2 수지의 구분

흔히 고분자(Polymer)라고도 불리우는 수지(Resin)는 고리상으로 연결된 구조를 가지고 있으며, 열경화성과 열가소성 수지의 두 가지로 구분한다.

1) 열가소성 수지(Thermoplastic Resin)

금속과 마찬가지로 열에 의해 강도가 약해지고 부드러워지는 특성을 가진 수지를 의미한다. 반복적인 가열에 의해 성형이 자유로우면서도 기계적 특성의 변화가 거의 없는 특징을 보이고 있다. 이에 속하는 대표적인 수지로는 나이론(Nylon), 폴리프로필렌(Polypropylene), 그리고 에이비에스(ABS) 등을 들 수 있다. 열가소성 수지는 아직까지는 활용도가 낮고 극히 제한적으로만 사용되지만, 점차 기존에 널리 사용되던 열경화성 수지의 단점을 해결해 주는 새로운 신소재로 부각되고 있다.

2) 열경화성 수지(Thermosetting Esin)

열을 가하면 고리상으로 연결된 수지의 조직이 화학적으로 변화하여 딱딱하게 경화되는 특징을 보이고 재용해가 불가능하다. 이 영역에 속하는 거의 모든 수지가 가열시 기화성 물질을 배출하지 않지만, 페놀 수지(Phenolic Resin)는 가열시 경화하면서 기화성 물질을 방출하기도 한다. 일단 경화가 발생하면 두 번 다시 원래 상태로 돌릴 수 없다.

만약 계속적으로 열을 가하게 되면 열가소성 수지처럼 연화하지 않고, 유연하고 다공성의 비정질 고분자 물질이 되어 버린다. 이렇게 변화하는 온도를 Glass Transition Termperature(Tg)라고 한다.

이 온도 이상에서 수지는 기계적 강도를 잃어버리고 구조재로 사용할 수 없게 되지만, 이러한 기계적 특성의 변화는 온도를 낮추면 회복된다. 열경화성 수지는 복합재료에서 가장 널리 사용되는 기지(Matrix) 재료이며, 폴리에스터(Polyester), 비닐에스터(Vinylester), 그리고 에폭시(Epoxy)가 주로 사용된다.

폴리에스터는 포화 폴리에스터(Saturated Polyester)와 불포화 폴리에스터(Unsaturated Polyester)의 두 종류로 구분되며, 불포화 폴리에스터가 주로 사용된다.

표 2.1 FRP성형용 수지

수지 구분	대표적인 수지의 종류
열경화성 수지	불포화 폴리에스터(UP, Unsaturated Polyester) 에폭시(EP, Epoxy) 페놀(PH, Phenol) 폴리이미드(PI, Polyimides)
열가소성 수지	폴리아미드(PA, Ployamide) 폴리카보네이트(PC., Polycarbonates) 폴리브틸렌테레프타레이드 (PBT, Polybutylene Terephthalate) 폴리페니렌설파이드(PPS, Polyphenylene Sulfide) 폴리에텔설폰(PES, Polyethl Sulfone) 폴리에텔에텔케톤(PEEK, Polyethyl Ketone) 폴리아미드이미드(PAI, Ployamideimide)

2.1.3 수지의 종류

1) 불포화 폴리에스터 수지(UP, Unsatureated Polyester)

화학적 반응에서 산(Acid)과 염기(Base)가 만나면 염(Salt)을 형성하게 된다. 이와 마찬가지로 유기화학에서 알코올(Alcohol)과 유기산(Organic Acid)이 만나면 에스터(Ester)와 물(Water)을 생성하게 된다.

이때 글리콜(Glycol)과 같은 특수한 알코올을 이염기산(Di-Basic Acid, 二鹽基酸)과 반응하게 하면 폴리에스터(Polyester)와 물이 얻어진다.

불포화 폴리에스터 수지(UP)는 불포화 이염기산(주로 무수 마이렌산, 프마르산)을 단독 혹은 포화 이염기산과 병용하는 형태로 글리콜과 불활성가스 속에서 에스터화(Ester 化) 반응을 하여 얻어진 UP를 미량의 중합(重合) 금지제를 포함하는 스티렌(Styrene) 등의 비닐 모노마(Vinyl Monomer)에 용해하여 얻어진다.

원료로서 사용되는 이염기산(二鹽基酸) 및 글리콜의 종류는 많으며, 그 조합과 배합량에 의해 다양한 성질을 가진 수지를 얻을 수 있다.

폴리에스터는 끈적임이 강하고 흰색을 나타내고 있다. UP는 FRP용 수지로서 가장 일반화되어 있으며, 그 사용량 및 사용분야에서 가장 많은 점유율을 차지하고 있다. 성형성이 좋아서 압력을 가하지 않고도 쉽게 주형을 통해 원하는 형상을 만들 수 있으며, 경화과정에서 기화성 물질의 방출이 없기에 완성된 제품에 기공이나 표면 결함 발생이 적다.

단점으로는 스스로 경화하는 성향이 강해서 장시간의 보관이 어렵다. 그 주요 특징은 다음과 같다.

① 경화가 빠르며 생산성이 높다.

② 가격이 비교적 저렴하다.

③ 물리적 성질, 내약품성이 뛰어나다.

④ 다양한 성형방법이 가능하다.

⑤ 착색이 자유롭다.

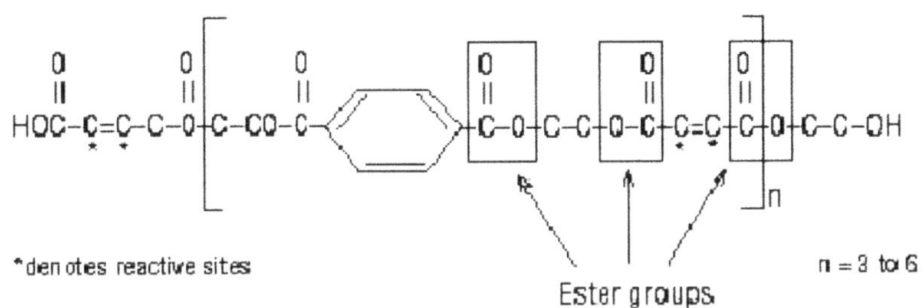

그림 2.1 이소프탈릭 폴리에스터(Iso-Phthalic Polyester)의 이론적인 구조

(1) 불포화 폴리에스터 수지(UP)의 경화

불포화 폴리에스터 수지(UP)를 경화시킬 경우 기본적 지식으로서 다음과 같은 주의 사항을 알아두어야만 한다.

① 수지의 겔화(Gel 化)는 촉매(Catalyst), 촉진제(Accelerator)의 양이 증가함에 따라 빨라진다.

② 수지의 겔화는 온도 상승에 따라 빨라진다.

③ 경화발열은 성형품의 용량이 클수록 높아지며, 특히 두꺼운 물건의 성형시 발열에 의한 균열, 백화(白化), 연소 등에 유의할 필요가 있다.

④ 상온에 있어서 경화를 완전하게 행하기 위해서는, 후경화를 하지 않으면 안 된다. 특히 하이그레이드(High Grade)형에서는 본래의 특성을 발휘시키기 위하여 후경화가 필요하며, 한냉시의 경화불량 방지나 성형사이클의 단축을 위하여서도 후경화는 필요하다.

⑤ 수지가 경화할 때 공기에 닿는 성형면은 산소의 영향으로 중합이 표면적으로 저해되어 자국이 남는다.

위에서 언급된 ①~③에 관해서는, 성형법에 맞는 경화시간(겔(Gel)화 시간)을 조절하기 위해 경화제, 촉진제 양의 조절 및 작업장 내 실온의 조절이 필요하다. 또 ⑤와 같은 문제점을 방지에 위해서는, 표면을 세로판 등의 이형 필름으로 덮거나, 공기차단 효과가 있는 파라핀 왁스를 미리 수지에 첨가해 놓을 필요가 있다. 한편 공기의 영향을 전혀 받지 아니하고 표면도 충분하게 경화하는 통상적으로 난포리시(Non-polish)형이라고 불리는 불포화 폴리에스터 수지(UP)도 개발되고 있다.

다음의 그림은 경화되기 전의 폴리에스터 수지의 구조와 경화된 이후의 구조 차이를 보여준다.

그림에서 S는 스티렌(Styrene)을 의미하며, 촉매가 존재하는 상황에서 고분자의 고리를 연결하여 3차원의 경화된 구조를 만들어낸다.

이렇게 경화된 폴리에스터 수지는 단단하고 화학적으로 저항성이 강한 특성을 나타내게 된다. Styrene에 의해 3차원으로 결합된 구조는 외부의 응력에 의해 박리되는 경향을 최소화하는 저항성을 가진다.

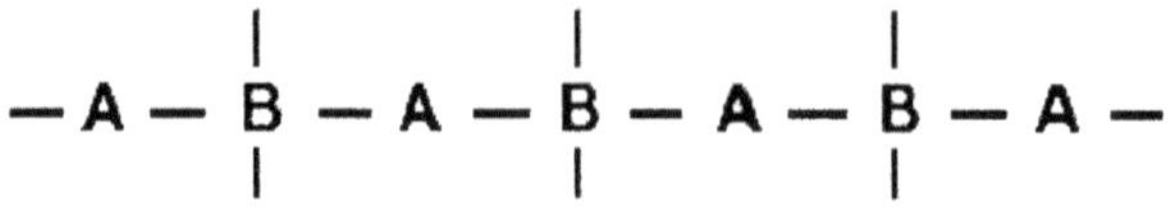

```
      |       |       |
— A — B — A — B — A — B — A —
      |       |       |
```

그림 2.2 경화되기 전의 폴리에스터 수지의 구조

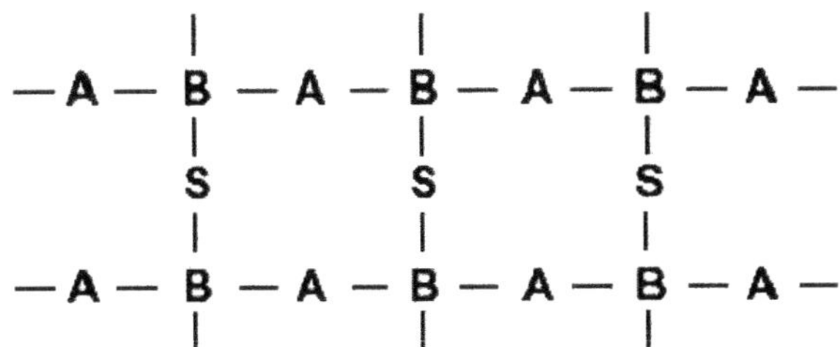

그림 2.3 경화된 이후의 폴리에스터 수지의 구조

(2) 불포화 폴리에스터 수지(UP)의 종류와 특성

불포화 폴리에스터의 대표적인 종류로는 Ortho계, Iso계, Tere계, Bisphenol계, Het산계 등이 있으며 요구되는 용도와 성능에 따라 쓰임이 달라진다. 각 종류의 특성은 불포화 이염기산 농도(반응성), 각종 Glycol의 조합, Monomer의 선택, 그리고 특수 포화 이염기산이나 첨가제의 사용에 의해 더욱 다양해진다. 각각의 특징과 적용되고 있는 분야는 아래와 같다. 불포화 폴리에스터 수지(UP)의 종류별 특성에 관해서는 JIS K 6919 "강화 프라스틱용 액상 불포화 폴리에스터 수지" 등의 관련 규격에 자세히 언급되어 있다.

① Ortho계 수지

일반적으로 G형(범용)이라고 불리는 가격상으로 유리한 Ortho프탈산(무수프탈산)을 주 원료로 하고 있다. 그다지 내열성, 내약품성이 요구되지 않는 일반 구조용 FRP 제품에 널리 사용되고 있다.

주된 사용 분야로서는 선박, 정화조, 놀이용구(Hand Lay Up 성형), 강화프라스틱 복합판(Filament Wind 성형), 안전모, 홈통(Trough, Matched Die 성형) 등을 들 수 있다.

② 이소계, 테레계 수지

이소계, 테레계 UP는 이소프탈산(Iso-Phthalic Acid) 또는 테레프탈산(Tere-Phthalic Acid)을 주원료로 하여 합성되어 물성, 내열성, 내약품성에 있어서 이는 것이나 Ortho계를 상회하는 한 단계 위의 고급 제품이다. Ortho계와 특히 다른 점은 다음과 같다.

• Ortho계와는 반대로 불포화도 50~80%의 중반응성에서 고반응 성형의 사용빈도가 높다.(열변형 온도가 높다.)
• UP를 합성할 때 2단 반응법이 사용되어 불포화기가 주쇄단부(主鎖端部)에 위치하는 확률이 높고 분자량도 크며 구조적으로 내열, 내식에 유리한 분자 설계로 되어 있다.
• 네오펜틸 글리콜(Neo-Pentyl Glycol) 등의 고가의 글리콜을 병용하므로서 더욱 고급화를 도모하고 있다.

시판되고 있는 이소(Iso)계, 테레(Tere)계 UP는 일반적으로 아래의 4종류로 분류된다.

㉮ 표준형

중간 정도의 반응성이고 프로피렌 글리콜(Propylene Glycol)을 사용한다. 일반 FRP 구조재 중간 정도의 내식 FRP용도에 사용된다.

㉯ 터프네스형(Toughness Type)

중간 정도의 반응성이고 디프로피렌 글리콜(Di-Propylene Glycol이나 디에티렌 글리콜(Di-EthyleneGlycol)을 병용한다.

일반 Gel Coat, 고강도 FRP 용도에 사용된다.

㉰ 내열 수성형

고(高) 반응성이고 네오펜틸 글리콜(Neo-Pentyl Glycol)을 병용한다. 내식 Gel Coat, 내열 파이프, 내열 용기 등의 용도에 사용된다.

㉱ 저수축 베이스(저수축 포리마와 병용)

고반응성이고 고급형은 네오펜틸 글리콜(네오펜 이소계)을 병용한다. SMC, BMC용의 베이스 수지로서 사용된다.

이소계, 테레계 UP의 사용 분야로서는 욕조, 세면대(Hand Lay Up, SMC), 패널탱크(SMC), FRP욕조(Hand Lay Up), 내열 파이프(Filament Wind), 내열 용기(Filament Wind, Hand Lay Up), 오물탱크(Hand Lay Up) 등을 들 수 있다.

③ 비스(Bis)계 수지

비스계 불포화 폴리에스터 수지(UP)는 이소계보다 더 내약품성, 내열수성이 뛰어나며, 수소화 비스페놀 A를 글리콜 성분으로 한 고반응성 수지이다. 비스계 수지가 내약품성(특히 내알카리성)이 뛰어난 이유는 분자골격(分子骨格)에 의한 차이 때문이다.

UP의 열화는 주로 에스터(Ester) 결합의 가수 분해에 의해 생기지만, 비스계 수지의 경우 다음과 같은 점에서 가수 분해를 받기 어렵기 때문이다.

- 비스페놀 분자가 크기 때문에 폴리에스터 분자 단위에서 점유하는 에스터 결합의 수가 적다.
- 비스페놀A의 벤젠 골격은 소수성(疎水性)으로 에스터 결합을 보호하는 작용을 한다.
- 고반응성으로 분자량이 크고 모노마량도 많아서 전체적으로 에스터결합 농도가 더욱 희석된다.

약액에 대한 내구성을 비교하면 비스계가 우위를 점한다.

기타, SMC용 베이스 수지로서 개발된 네오펜틸 글리콜 병용의 네오펜 비스계 수지는 저수축 포리마와는 친화성이 풍부하여 착색성과 광택성이 뛰어난 외관을 얻을 수 있는 등의 특징도 구비하고 있다. 주요 사용 분야로는 식품용기, 내약품(耐藥品) 용기(Hand Lay Up), 전해 산세조(Hand Lay Up), 내식 파이프(Filament Wind), 방수팬 및 욕조(SMC) 등을 들 수 있다.

④ Het산계 수지

Het산계 UP는 Het산을 원료에 추가하여 내식성 및 내열성과 난연성을 겸비한 높은 등급의 고성능 수지이다. Het산과 불포화산의 배합비율 및 글리콜의 종류에 따라 내식성 및 내열성을 중시한 형태와 난연성을 중시한 형태로 나눠지고, 후자에 관해서는 다음의 난연성 수지의 항목에서 자세하게 설명한다. Het산계의 내식성 및 내열성은 이소(Iso)계의 그것보다 뛰어나며 특히 산화성이 강한 크롬산, 유산, 초산 등의 약액이나, 할로겐계 가스에 대하여 강한 저항력을 나타낸다.

주용도는 염소 화합용 탱크, 덕트(Duct), 스크라바(Scrubber, Hand Lay Up, Filament Wind 성형), 난연파·평판(難燃波·平板, 연속성형) 등을 들 수 있다.

⑤ 난연성 수지

불포화 폴리에스터 수지(UP)의 난연화는 분자 중에 염소(Cl)나 브롬(Br) 원소를 갖는 할로겐화합물을 집어 넣는 반응형과, 일반적인 UP에 난연제를 직접 첨가하는 첨가형의 2종류로 나눠진다.

반응형의 합성에 쓰여지는 대표적인 원료로서는 전술한 Het산 외에 테트라클로라이드 무수(無水)프탈산(Tetra-Chloric Anhydrous Phthalic Acid), 테트라브롬 무수(無水)프탈산(Tetra-Bromic Anhydrous Phthalic Acid), 디브롬 네오펜틸 글리콜(Di-Brome Neo-Pentyl Glycol), 테트라브롬 비스페놀A(Tetra-Brome Bisphenol A) 등을 들 수 있다.

첨가형으로는, 염화과파라핀, 헥사브롬벤젠(Hexa-Brome Benzen) 등이 할로겐화합물과 삼산화(三酸化) 안티몬(Sb_2O_3), 인(P)화합물의 병용이나, 수산화알미늄, 수산화마그네슘 등의 무기수화물 등이 첨가제로서 사용된다. 기타 메타포산 바륨($Ba(BO_3)_2$)이나 몰리브덴 화합물과 같은 발연(發煙) 억제제도 개발되고 있다. 이들 첨가형 난연제를 반응형 수지와 병용하는 경우도 있으며, 보다 고도의 난연 복합재를 얻을 수 있다.

불포화 폴리에스터 수지의 난연제의 분류

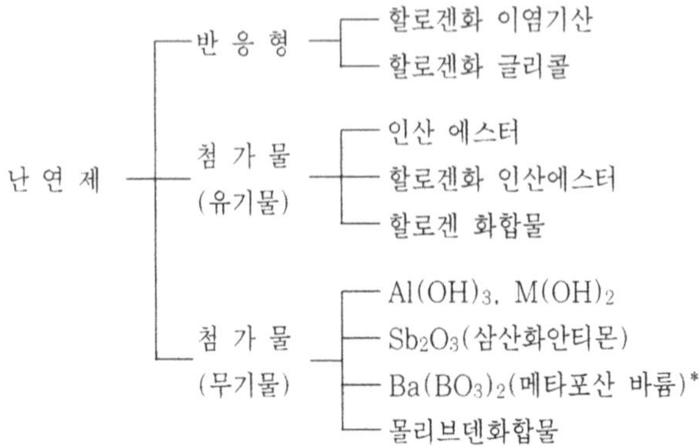

⑥ 저수축 수지

불포화 폴리에스터 수지(UP)는 일반적으로 7~10%의 체적 수축을 수반하며 경화한다. 저수축 수지는 고반응성 폴리에스터 수지에 저수축성 부여제로서 열가소성 수지를 조합하므로서 얻을 수 있다.

이 저수축 수지의 출현에 의해 크랙이나 휨이 생기지 않으며 치수 안정성, 표면 평활성(平滑性)이 뛰어난, SMC, BMC 등의 성형재료를 얻을 수 있게 되었다. 색얼룩이 적은 열가소성 수지로서는 포리스티렌이나 포화 폴리에스터가 사용되고 있다.

저수축 수지의 실용 분야는 다음과 같다.

• SMC : 패널 탱크, 욕조, 자동차, 위성 안테나(Parabola Antenna)
• BMC : 전기 부품, 궤도용 부품, 오디오, 케비넷, 사무기기, 하우징 등을 들 수 있다.

⑦ 가소성 수지

가소성(可塑性) 불포화 폴리에스터 수지(UP)는, 디프로피렌 글리콜(Di-Propylen Glycol), 에치렌 글리콜(Ethylen Glycol) 등의 긴 고리(長鎖)의 지방산이나 글리콜을 주원료로 써서 얻을 수 있다. 기타 고무 성분을 UP속에 분산하는 방법도 있다. 수지 주형품(注型品)의 신장율을 10~20%로 용도에 따라 폭 넓게 가소성의 조정이 가능하다. 이 신장율을 FRP에 살리기 위해서는, 유리섬유(GF)보다도 유기섬유를 강화재로 사용하는 쪽이 유리하다. 용도로서는 범용 수지의 가소성 조절재 외에, 옥상의 방수 라이닝 등에 응용되고 있다.

⑧ 내열성 수지

전술한 이소(Iso)계 고반응성 수지나 헤트(Het)계 내열성 수지 이상으로 내열성을 향상시키는 방법으로서, 다기능 모노마의 응용이 있다. 트리아크릴 시아누레이트(Tri-Acryl Cyanurate) 등을 사용하므로서 열변형 온도가 260℃에 달하는 초내열 불포화 폴리에스터수지(UP)도 얻을 수 있다.

불포화 폴리에스터(UP) 수시를 취급함에 있어서 주의할 점의 하나는 수지 보존상의 문제로, 저장 가능 기간은 일반적으로 3~6개월 정도가 된다. 장기 보존에 의한 점도, 경화성 등 수지성상의 이상을 초래하지 않기 위해서는 수지 메이커의 지시에 따라 적절한 상태에서 보관해야 한다. 또, 액상의 불포화 폴리에스터 수지(UP)는 스티렌 모노마(Styrene Monomer)를 성분으로서 포함하고 있기 때문에 소방법상으로는 위험물로 분류되고, 노동안전 위생법상으로는 유기용제로 분류되기 때문에 취급에 충분한 주의가 필요하다.

표 2.2 불포화 폴리에스터(UP) 수지의 성형법

성형법	점도(25℃)	성형시간(분)	반응성	주형품 특성
Hand Lay Up	3~7(요변성)	20~60	저~중	표준
Spray Up	3~7(요변성)	20~60	저~중	표준
Gel Coat	10~20 (요변성 4~6)	15~25	중	딱딱하고 질긴 것
Resin Injection	2~5	20~30	저~중	두꺼운 것은 적당한 인장이 필요함
Cold Press	4~10	0~15	중	표준
Matched Die	10~20	4~5	저~중	표준
Filament Winding	6~12	5~6	중	3~5%의 인장
Continuous Pultrusion	4~10	3~5	중(고)저 수축	3~5%의 인장

표 2.3 불포화 폴리에스터(UP) 수지 성형법의 특성

성 형 법	비 고
Hand Lay Up	계절에 맞는 품종이 준비되어 있다. 촉진제는 대개 첨가되어 있다. 왁스첨가품과 무첨가품이 있다.
Spray Up	요구특성은 핸드레이업(Hand Lay up)과 같다. 일정한 성형조건을 유지하기 위해, 점도, 경화성에 차이가 있어서는 안 된다.
Gel Coat	용도에 따라, 내후성, 내수성, 난연성 등의 적절한 그레이드(Grade)를 선택한다. 겔화 후의 경화가 빠르다.
Resin Injection	프리폼(Preform)과의 함침이 좋으며, 포말의 소멸이 양호하다. 점도가 낮을수록 주입이 빠르나, 주입이 지나치게 빠르면 미함침이 생긴다.
Cold Press	성형사이클의 면에서, 경화 입상이 큰 것이 바람직하고, 경화제는 BPO/아민계가 많이 사용된다.
Matched Die	보관기한이 길며, 경화수축이 적으며, 이형성이 좋다.
Filament Wind	보관기한이 길며, 표면건조성이 좋다. 유리와의 함침성이 좋으며 백화(白化)가 없다.
Continuous Pultrusion	보관기한이 길며, 인발 속도를 높이기 위하여 속경화성이며, 이형성이 좋다.

표 2.4 불포화 폴리에스터 수지(UP)의 Grade별 경화물 특성

시험항목		비중	인장 강도	인장률	굽힘 강도	굽힘 탄성률	열변형 온도	Charpy Impact Energy	Barcol Hardness
단위			Mpa	%	Mpa	Gpa	℃	KJ/m^2	934-2형
Ortho계	범용	1.2	50	1.5	110	3.5	75	2	40
Iso계 Tere계	표준	1.2	75	2	130	4	90	2	0
	고강도	1.2	90	4.5	140	3	70	5	35
	내열	1.2	50	1.5	95	4	130	2	45
Bis계	내식	1.2	50	1.5	100	4	120	2	40
Het산계	난연, 내열	1.3	40	0.7	80	4	140	2	40

※ JIS K 6911, JIS K6919에 따름

표 2.5 불포화 폴리에스터(UP) 수지의 내약품성

종류	열변형 온도 ℃	내 약 품 성				비고
		산	알카리	산화성	용제	
Ortho계	90	가(可)	불가(不可)	불가(不可)	불가(不可)	내수(耐水, 상온), 내해수(耐海水), 약산용(弱酸用)
Iso계	115	양(良)	불가(不可)~가(可)	가(可)	가(可)	내산(耐酸), 내염(耐鹽), 약알카리, 석유, 알콜용
Het산 계	130	불가(不可)~양(良)	불가(不可)	우(優)	불가(不可)	이소계와 유사, 크롬산, 유산, 초산 등의 산화성 화합물에 대해 유효
Bis계	120	우(優)	우(優)	양(良)	불가(不可)	내알카리, 내산, 내염, 석유, 알콜용

표 2.6 불포화 폴리에스터 수지(UP) 注型品과 積層品의 비교

항 목	단위	주형품	적층품	관련 ASTM Code.
Specific Gravity		1.1~1.4	1.7~2.0	D1601, D2857
Barcol Hardness	943-1형	35~45	50~65	D2583
Tensile Strength	Mpa	39.2~68.6	294~441	D638
Bending Strength	Mpa	78.4~117.6	343~588	D4923, D5023
Modulus of Elasticity	GPa	3.33~4.41	19.6~24.5	D4476, D5418
Charpy Impact Energy**	KJ/m^2	2~4	100~160	D256, D3419
Izod Impact Energy**	J/M	11~37	270~1330	D256, D3419
Deformation Temperature	℃	60~180	200	D648

* 각 Test에 관한 자세한 사항은 5.3.2의 표 5.6과 7.3항의 표 7.4를 참조

** Test 조건은 ASTM D256에 따라 23±2℃(73.4±3.6°F)에서 50±5%의 습도.

2) 에폭시 수지(EP)

현재 사용되고 있는 수지 중에 가장 우수한 특성을 나타내는 것들은 대부분 에폭시 수지(EP)로서 산업계에 적용되는 사용량도 가장 많다. 에폭시 수지(EP)는 1분자 속에 옥시란환을 2개 이상 갖는 수지로서, 성형시에 혼합 사용하는 경화제와 반응하여 3차원화한 경화물이 된다. 에폭시 수지는 폴리에스터 수지와 다르게 에스터(Ester)기가 없으므로 물에 대한 저항성이 우수하다. 또한 중앙에 위치한 두 개의 Ring 구조로 인해 기계적 강도가 우수하고 열에 대한 저항성도 양호하다.

에폭시 수지(EP)의 가장 큰 장점은 경화과정에서 수축이 작다는 것이다. 이렇게 경화과정의 수축이 적으므로 인해 완성품 내 잔류 응력이 작고, 표면 결함이 발생하기 어렵다. 우수한 접착력과 기계적 강도의 특성을 살려 전기 절연재 혹은 내식성 재료로 사용된다.

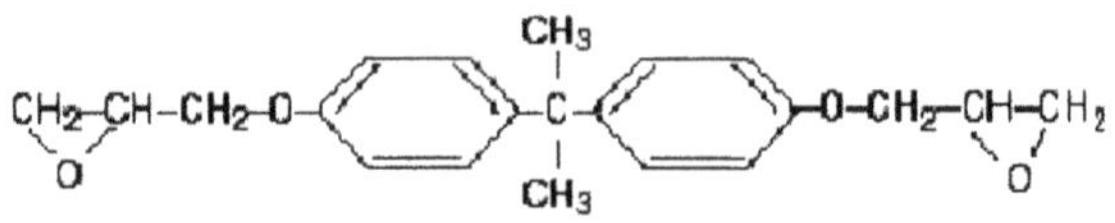

그림 2.4 에폭시 수지의 구조(Bisphenol-A)

불포화 폴리에스터 수지(UP)는 경화과정에서 촉매가 필요하지만, 에폭시 수지(EP)는 경화제를 사용한다. 주로 사용되는 경화제는 아민(Amine)으로, 에폭시 수지(EP)의 경화 과정에서 다음의 그림과 같이 수지의 고리를 연결하는 화학적 반응에 참여한다.

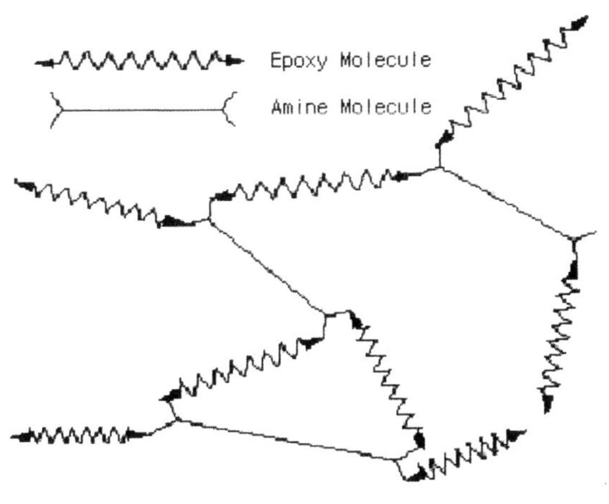

그림 2.5 경화된 에폭시 수지의 구조

(1) FRP용으로서의 에폭시 수지(EP)의 장점

① 접착성, 인성(靭性)이 뛰어나며, 기계적 강도가 크다.

② 성형 수축이 작으며, 열 및 치수 안정성이 좋다.

③ 내약품성이 좋다.

④ 전기적 특성이 뛰어나다.

(2) FRP용으로서의 에폭시 수지(EP)의 결점

① 불포화 폴리에스터(UP)에 비하여 점도가 높다

② 비교적 고온 장시간의 경화조건을 필요로 하는 등 작업성에서 뒤떨어진다. 통상적으로 0℃ 이하의 저온에서는 사용이 불가한 경우가 대부분이다.

(3) 에폭시 수지(EP)의 종류

그리시딜 에텔(Glycidyl Ether)계 Epoxy 수지의 종류(ASTM D1763 참조)

① 비스페놀(Bisphenol) A계 … 범용(시장 점유율 70% 이상)

② 기타, 그리시딜 에텔(Glycidyl Ether)계

노보락 페놀형 : 내열성, 내화학약품성, 접착성, IC봉지용

비스페놀 F형 : 저점도, 비결정성

취소화 EP계 : 난연, 결정성 : 프린트 기판, 성형재료용 등

(4) Bisphenol-A계의 시장성과 물성치

Bisphenol-A계 에폭시 수지(EP)는, Bisphenol-A와 Epichlorohydrin을 원료로 한 수지로서 현재 시장 점유율의 70% 이상이며, 단순하게 EP라고 하면 이 타입의 수지를 말한다.

또 상술한 기타 그리시딜 에텔(Glycidyl Ether)계 EP((1)-(2))는 비스페놀 A 대신에 노보락 페놀수지, 비스페놀 F, 취소화 비스페놀 A를 각각 사용해서, 내열성, 저점도화, 난연성을 주체로 한 성능을 개량한 타입이다.

Bisphenol-A계 에폭시 수지(EP)의 물성치는 액상에서 고형까지 여러 종류가 시판되고 있으며 그 표준 예는 아래의 표 2.7과 같다.

표 2.7 시판 Bisphenol계 Epoxy 수지의 물성치

TYPE	에폭시 당량*	점도(25℃)**	융점(℃)	분자량	비고
범용 액상 TYPE	172	30	상온에서 액상	-	비스 A계
	181~191	09~12	상온에서 액상	330	
	184~194	120~150	상온에서 액상	380	
	205~225	9~14	상온에서 액상	-	
	230~270	P~U	반고체	470	
범용 고형 TYPE	450~500	D~F	68	900	
	600~700	G~K	83	1,060	
	875~975	Q~U	98	1,600	
	1,750~2,200	Y~Z_1	128	2,900	
용액 TYPE	600~700	15~25	키시젠 용	-	고형분 75%
	450~500	Z~Z_6	MEK 용액	-	고형분 80%

* 1g당량 중의 Epoxy기(基)를 함유하는 수지의 중량(gram수)

** 수자는 Poison 지수, 알파벳트 표시는 가드나 홀쯔법에 의한 점도를 표시한다. 일반적인 EP수지의 점도는 ASTM 2393에 따른다.

(5) 특수 에폭시 수지

① 환식 지방족계 - 내열, 전기특성 : 전기 절연재용 등

② Glycidyl Ester계 - 저점도, 내후성, 반응성 희석제용 등

③ Glycidyl Ether Amine계 - 내열성, 반응성 희석용 : CFRP용

④ 복소환식 EP계 - 내자외선성, 내아크(Arc)성 등

점도를 작업조건에 적합하도록 점도 조절제를 사용할 경우가 있다.

분자중에 에폭시기를 갖는 반응성 희석제와 에폭시기를 갖지 않은 비반응성 희석제가 있는데 일반적으로 전자를 사용한다.

(6) 에폭시 수지(EP) 경화제의 특성

에폭시 수지(EP)의 최종 특성은 사용하는 경화제의 종류 및 양에 따라 크게 영향을 받기 때문에 주의할 필요가 있다.

표 2.8 경화제의 종류 및 주요 성능 및 용도

종 류	성능 및 용도
아민류 (Amine)	• 실온 및 가열 경화용이고 저장시간이 짧다. • 자극성이므로 주의를 요한다.
산무수물	• 저장시간이 길다. • 성능의 밸런스가 좋다. • 저자극성이고 발열이 적다. • 가열 경화용, 전기 절연재용으로 사용.
폴리이미드 (Polyimides)	• 고강도이다. • 성능 밸런스가 좋다. • 자극성은 아민(Amine)보다 낮다.
이미다졸산	• 중온용, 건식 적층용 범용경화제이다. • 작업성이 좋다.

에폭시 수지(EP)의 FRP성형법은 기본적으로는 불포화 폴리에스터(UP) 수지와 같은 모든 성형법에 적용 가능하다. 많이 사용되고 있는 성형 방법은 필라멘트 와인딩법(Filament Winding), 프리프레그(Prepreg)를 사용한 압축 성형법 또는 오토크레이브(Auto-Clave)성형, 습식성형에 의한 Hand Lay Up법 등이 있다.

에폭시 수지 FRP의 커다란 발전분야로서 종래의 공업 부품용 각종 Pipe나 저장조(Storage tank), 압력용기(Vessel), 전기 분야에서의 프린트 기판(Print Circuit Board)이나 전기 절연재(Electric Insulation Board) 등의 용도외에 GF(Glass Fiber, 유리섬유), CF(Carbon Fiber, 탄소섬유), Polyamid 섬유(PAF)와 조합해서 항공기, 우주개발기기, 스포츠 레저용 부품, 자동차 부품 등의 실용화 단계에까지 들어가 향후 그 수요는 더욱 증가될 것으로 기대된다.

3) 비닐에스터 수지(Vinylester Resin)

(1) 비닐에스터(Vinylester) 수지의 특성

비닐에스터(Vinylester) 수지는 Epoxy Acrylate 수지라고도 불리며 에폭시 수지(EP)를 원료로 하고 있기 때문에, 에폭시 수지(EP)가 갖는 뛰어난 기계적 강도, 내충격성, 접착성을 가지고 있다. 또한 불포화 폴리에스터(UP)와 같은 작업성도 겸비하고 있다.

(2) 비닐에스터(Vinylester) 수지의 용도

이 수지의 가장 큰 특징은 뛰어난 내식성이며, 저장조(Storage Tank), Pipe, Duct, Stack, Scrubber 등의 화학장치 분야에서 내식 FRP의 Matrix 수지로서 널리 쓰여져 급성장하였다.

비닐에스터(Vinylester) 수지는 사용하는 원료 EP의 종류에 따라서 그 성능이 다르며 용도에 알맞는 품종이 준비되어 있다.

(3) 대표적 비닐에스터(Vinylester) 수지의 화학 구조

비스페놀계 비닐에스터 수지의 화학구조는 분자의 양말단에만 이중결합이 있어서 경화시의 가교반응은 분자 말단에서만 이루어진다.

이러한 특징으로 인해 균일한 경화물을 얻을 수 있어서 분자 고리 전체에서 기계적, 열적 응력(熱的 應力)을 흡수하는 작용을 한다.

이것은 FRP의 Matrix 수지로서 뛰어난 내충격성, 내크랙성을 제공하여 내식 분야에서는 성형물의 수송과 설치과정의 크랙이나 파괴의 방지를 얻을 수 있고, 구조재분야에서는 뛰어난 내피로성과 연관이 된다. 또한 분자 중의 수산기는 GF 등 기재(基材)와의 함침을 좋게 하며 접착력을 높이는 역할을 한다.

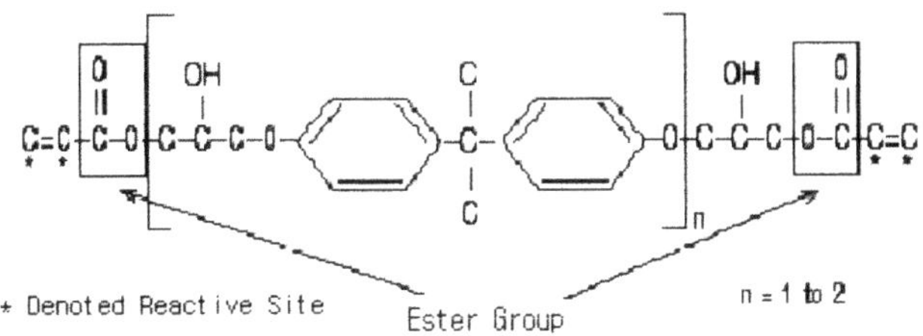

그림 2.6 에폭시를 기초로 하는 비닐에스터(Vinylester) 수지의 구조

내식성의 측면에서는 일반적으로 수지의 부식열화(腐蝕劣化)는 에스터기(基)가 가수분해하기 때문에 생기게 되므로, 수지 중의 에스터기 농도가 낮으면 낮을수록 내식성은 우수하다고 할 수 있다. 비닐에스터 수지의 경우 에스터가 분자쇄(鎖)의 양말단의 이중 결합에 인접하고 있으며, (UP)와 같이 주쇄(主鎖) 중에 에스터기의 반복이 없기 때문에 에스터기 농도는 낮으며 뛰어난 내식성을 갖게 되는 요인이 되고 있다.

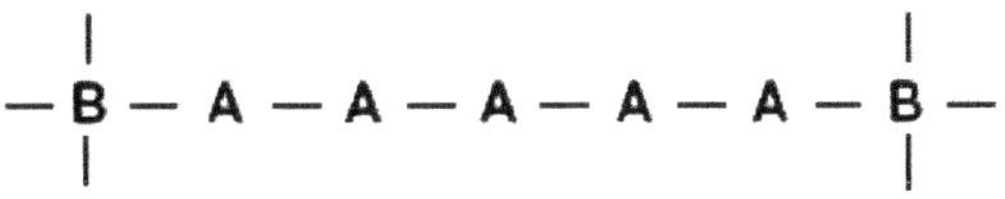

—B — A — A — A — A — A — B —

그림 2.7 경화되지 않은 비닐에스터(Vinylester) 수지의 구조

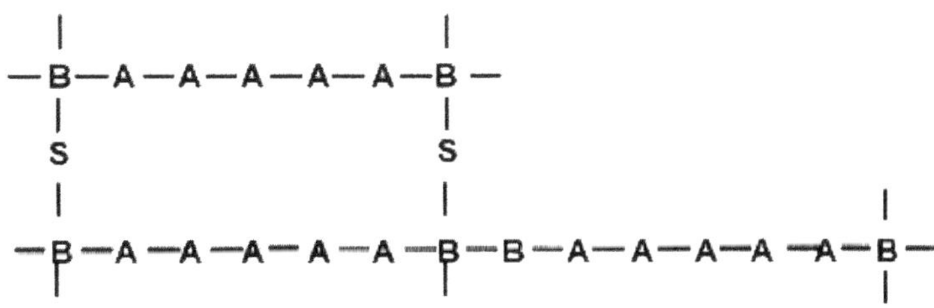

그림 2.9 경화된 비닐에스터(Vinylester) 수지의 구조

(4) 종류

일반적으로 상술한 Bisphenol계 외에 노보락계(Novolac), 난연계가 있다. 노보락(Novolac)계 비닐에스터(Vinylester) 수지는 비스페놀(Bisphenol)계보다도 내열성이 높

으며 내용제성도 뛰어나기 때문에 보다 높은 내열성을 필요로 하는 구조부재나 내용제성을 필요로 하는 내식 FRP에 사용된다.

비닐에스터(Vinylester) 수지의 물성치와 주형품(注型品)의 특성을 에폭시(EP) 수지 및 불포화 폴리에스터(UP) 수지와 비교하여 다음의 표 2.9, 2.10과 같이 요약한다.

표 2.9 Vinylester 수지의 EP 및 UP와의 비교 속성

주요항목	비 교 결 과
점도, 경화 방법 등의 작업성	UP와 동등
인성(靭性)	기계적 특성은 EP와 동등하며, UP보다 우수
내수성, 내약품성	UP보다 뛰어나며, EP보다 양호하다.
GF, 금속 등과의 접착성	EP와 거의 동등하다.
광(光)경화 작업성	특히 자외선에 대하여 강도가 높으며, 광경화도 가능하다.

표 2.10 비닐에스터(Vinylester) 수지의 성상(性狀)과 주형품 특성

특성 수지	비닐에스터수지	EP	UP
작업성	◎ ~ ○	△	◎
표면 경도	低 ~ 高	低 ~ 高	低 ~ 高
기계적 강도	◎	◎	○
인성(Toughness)	◎	◎	○
전기적 특성	◎	○	◎
경화수축률(%)	5 ~ 8	~ 3	7 ~ 10
내약품성(酸)	◎	△ ~ ○	◎
내알카리성	○	◎	○ ~ ×
용제(溶劑)	◎ ~ ○	△ ~ ○	○ ~ △
산화성액(酸化性液)	○	△	◎ ~ ○
내후성(耐候性)	△ ~ ○	△	△ ~ ○
접착성(接着性)	○ ~ ◎	◎	○ ~ △
광경화(光硬化) 작업성	◎	○ ~ ×	○

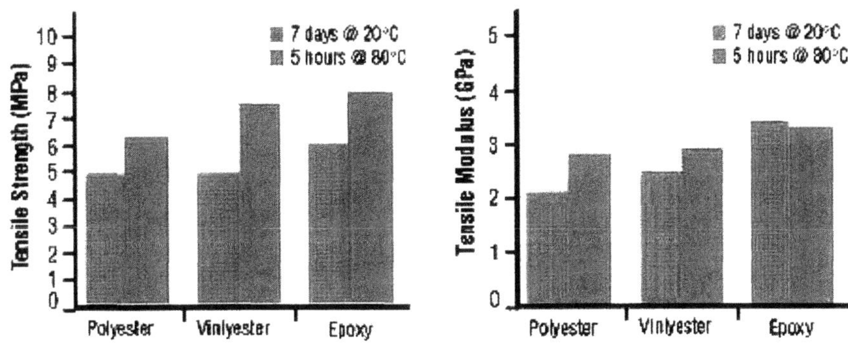

그림 2.10 FRP에 적용되는 대표적인 수지의 인장 강도와 강성 비교

(5) 경화방법 및 성형법

비닐에스터(Vinylester) 수지의 경화 방법은 불포화 폴리에스터(UP) 수지와 같으며 유기과산화물과 아민류를 촉진제로서 병용하는 방법이다. 즉, 상온에서는 메틸 에틸케톤파-오키시드와 나프텐산 코발트, 벤조일파-오키시드와 디메틸아니린 등의 조합이다.

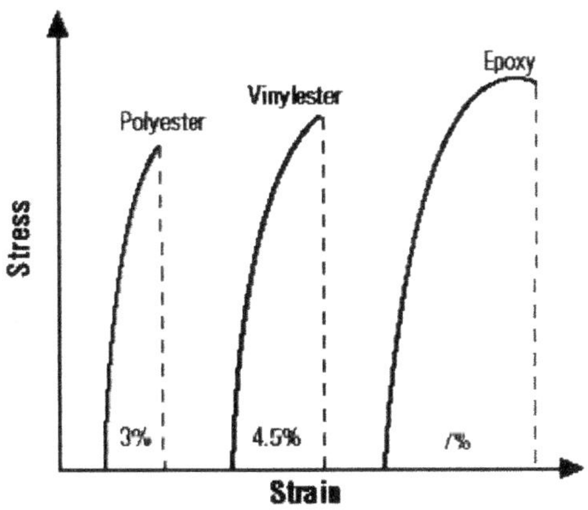

그림 2.10 경화가 완료된 FRP용 수지의 인장 특성 곡선(5시간 경과, 80℃)

성형법은 UP에 적용되는 것과 마찬가지로 핸드레이업(Hand Lay Up), 스프레이(Spary), 인발성형(Pultrusion), 필라멘트 와인딩(Filament Winding), 압축성형(Matched Die) 등에 적합하다.

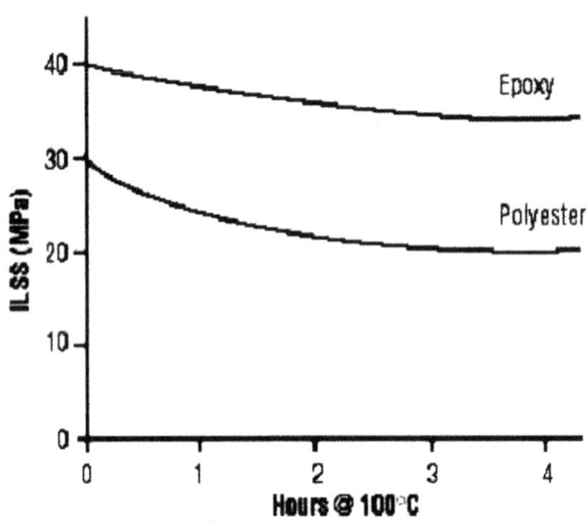

그림 2.11 100℃의 물속에 담가둔 수지의 시간별 Inter-Lamina Shear Strength 변화

(6) 용도

① 내식용기(Tank, Pipe, Trench, Stack, Scrubber, Duct 등)

② 공업용품(I-Beam, Channel, Angle, Tension Member 등)

③ 스포츠 용구(카누, 양궁, 레이스용 Helmet 등)

④ 자동차 부품(판 용수철, Drive Shaft, Foil 등)

⑤ 항공기 관련부품(Helicopter Wind Shield Post 등)

표 2.11 UP, EP, Vinylester 수지의 장 · 단점 비교

수지종류	장 점	단 점
불포화폴리에스터 (UP)	• 사용이 쉽다. • 가격이 저렴하다.	• 기계적 강도가 약하다. • 스티렌(Styrene)의 방출이 많다. • 경화시 수축이 크다. • 경화가 빨라 사용 시간 제한
비닐에스터 (Vinylester)	• 내식성이 강하다. • 환경에 대한 저항성이 크다. • UP보다 우수한 기계적 강도	• 경하 후 처리가 필요하다. • 스티렌(Styrene)의 사용이 많다. • P에 비해 비싸다.(약 2배 가격) • 경화시 수축이 크다.
에폭시(EP)	• 기계적 특성이 우수 • 열적 특성이 우수 • 물에 대한 저항성 우수 • 작업시간을 길게 할 수 있다. • 고온의 저항성이 크다. (140℃/Wet, 220℃/Dry) • 경화시 수축이 작다.	• 비닐에스터에 비해 비싸다. (약 2~3배 가격) • 혼합이 매우 중요하다. • 부식성이 있다.

4) 페놀수지(PF, Phenolic Resin)

(1) 제조와 사용방법

페놀 수지(PF)는 Phenol류와 Formaldehyde류를 산 또는 알카리로 축합(縮合)시켜서 얻어지는 열경화성 수지이다. 축합 반응시 산성 촉매를 사용하면 노보락형(Novorac) 페놀 수지(PF)가 되고 알칼리성 촉매를 사용하면 레졸형(Resoles) 페놀 수지(PF)가 된다.

FRP용으로 사용하는 페놀 수지(PF)는 사용 방법으로 대별하면 다음의 세 가지가 있다.

① 액상 페놀 수지(PF)(주로 레졸(Resoles)을 알콜류로 희석한 것)를 섬유에 함침시켜 용제를 Spray한 후 가열 가압하여 경화.

② 고형(Solid)의 노보락(Novorac)에 충전재나 섬유를 경화제와 열 혼합하여 성형 재료로 만든 후 가열 가압하여 경화시키는 것.

③ 물을 용매로 한 레졸(Resole)을 산 등의 경화촉매로 경화시키는 것.(최근 개발됨)

불포화 폴리에스터(UP) 수지와 같이 각종 성형법(Hand Lay Up법, Resin Injection법, 인발성형, 압축성형 등)이 가능하며, SMC나 BMC도 시판되고 있다. 저압 성형에서는 Gel Coat 시행이 채용되고 있다.

(2) 페놀 수지의 장점

① 내열성이 뛰어나 장시간 고온에서 사용하여도 강도의 유지율이 크며 200℃에서 열간강도 유지율(熱間 强度 維持率)은 80% 이상이다.

② 초고온에서는 표면에 탄화층이 생겨 단열 효과로 내층을 보호하므로 직접 불에 접촉하는 용도에도 사용된다. 또, 고도의 난연성을 가지고 있기 때문에 연소시 연기의 발생이 극히 적어 건축기준법의 준불연급으로 분류된다.

(3) 페놀 수지의 단점

① 딱딱해서 깨지기 쉬운 경향이 있고 경화도 늦다.

② 경화시에 반응수의 방출이나 수지중의 수분때문에 성형조건이나 치수 변화에 한계가 있다.

③ 자유로운 착색이 어렵다.

(4) 페놀 수지의 용도

낚시대, Electric Insulation Board, Print Circuit Board 등 외에 주차장, 압축식 파이프, 내장벽, 세면기, Helmet, Rocket Nozzle Liner 등의 성형물에도 이용되고 있다.

5) 기타 수지 종류

FRP로 사용되고 있는 기타 수지로는 폴리이미드(PI, Polyimide), 실리콘(Silicon), 우레탄(Urethan) 수지, 불소수지 등이 있으며 각각의 특징을 살려 활용도가 증대하고 있다.

표 2.12 열경화성 수지 종류와 용도

열경화성 수지	기 재 구 성	용 도
실리콘 수지	CF 연사 및 Cloth	Phase Maker 용 Lead 선, 전극
폴리우레탄 수지	GF 단섬유	자동차용 R-RIM(펜더 등)
폴리이미드 수지(PI)	GF Cloth	Computer, Speaker
실리콘, 우레탄 수지	CF Cloth	Sheet, Connector
불소 수지	CF Cloth	Central Heating Pipe
폴리이미드 수지(PI)	CF Cloth	Space Shuttle의 동체

2.1.4 열가소성 수지

열가소성 수지란 가열에 의해서 조직이 부드러워져 가소성(可塑性)을 나타내고, 다시 냉각하면 고체화하는 프라스틱의 총칭이며 줄여서 TP(Thermo Plastic)라고 부른다. 종류는 대단히 많으나 대별하면 다음과 같다.

아래 구분에 제시된 에프라는 엔지니어링 프라스틱(Engineering Plastic)의 준말로, 현장에서 널리 사용되는 범용의 용어가 되어 버렸다.

(1) 범용수지

PVC, PE, PP, PS, AS, ABS 등

(2) 엔지니어링 수지

N-6, N-66, PBT, PET, POM, PC 등

(3) 스파 엔프라

PEEK = 포리에텔 에텔케톤

PES = 포리에텔 스루폰

PPS = 포리 페니렌 설파이드

PSU = 포리 수루폰

PEI = 포리에텔이미드

변성 PPO = 포리페니렌오키사이드 등

(4) 초초(超超) 엔프라

PI = 포리이미드

PAI = 포리아미드이미드 등

(5) 기타 열가소성 수지

PMMA, 셀룰로스(Cellulose) 유도체 등의 5군으로 나눠진다.

열가소성 수지를 기지(Matrix)로 사용한 섬유 강화 복합재료는 지금까지 촙트 스트랜드(Chopped Strand) 등의 섬유계의 분산강화에 의해서 범용 수지와 엔지니어링 플라스틱 수지 그룹의 수지를 강화한 FRTP가 주류이며 가전, 자동차를 비롯하여 산업 각분야에서 대량으로 사용되고 있다.

최근에 이르러 본래의 FRP의 Matrix로 장섬유를 고충전율(高充塡率)로 이방성(異方性)을 살려서 이용하는 열가소성 수지가 주목을 받게 되었다.

종래의 열경화성 수지계 복합재료의 용도가 항공우주, 자동차 등으로 고도화, 대규모화함에 따라 그 물성면이나 생산성 면에서의 문제점이 드러났기 때문이다. 특히 항공기의 분야에서는 보다 광범위한 복합화를 이루기 위해서 섬유의 길이 방향뿐만 아니라 그 이외의 방향에 대하여도 물성향상이 필요하며 인장강도에 추가해서 압축강도, 충격 후의 잔존 압축강도, 습윤(濕潤)시의 내열성 등 섬유의 성능 향상만으로는 달성할 수 없는 여러 가지 성능 향상을 Matrix가 담당하지 않으면 안 된다.

가장 시급하게 개발되어야 할 특성은 고인성(高靭性) 수지이지만 에폭시(EP) 수지 등 열경화성 수지로는 실현이 어렵다. 열가소성 수지를 사용하므로서 얻게 되는 인성(靭性), 내충격성의 개선, 가공속도의 상승, 수리 및 보수가 용이하게 되는 등의 이점에 대한 인식이 확산되면서 이 방면의 빠른 발전을 볼 수 있게 되었다.

열가소성 수지 중에서도 FRP용 Matrix로서 주목받고 있는 것이 엔지니어링 플라스틱 수지의 그룹이다. 적절한 기재의 선정과 개발, 성형가공 기술의 확립, 나아가 경제성 등 과제는 많으나 FRP 분야의 발전 관점에서 열가소성 수지를 기지(Matrix)로 하는 FRP의 발전에 기대하는 바가 크다.

표 2.13 열가소성 수지 종류와 용도

열경화성 수지	기재구성	용 도
폴리설폰(Polysulfone)	CF Cloth	우주구조물(Chords, beam)
폴리에티렌(Polyethylene)	CF Cloth	인공관절
폴리프로필렌(PP)	GF 장섬유	자동차용 Stampable 성형(sheet 외)
폴리아미드(PA)	GF 장섬유	자동차용 Stampable(Oil Pan 외)
합성고무(Synthetic Rubber)	AF(케블라)	무단 변속기용 Belt
폴리에티렌 테레프타레이트 (Polyethylene Terephthalate)	CF 단섬유	Magnetic Tape용 Film
염화비닐	테이프상 CF	Shield & Saling Tape
PBT, PEEK, 폴리아미드(PA)	CF	사출성형 공업부품

표 2.14 각종 Matrix 수지의 일반적인 물성 비교표

종 류	밀 도 (g/cm^2)	인장 강도 (MPa)	탄 성 율 (GPa)
불포화폴리에스터(UP)	1.14~1.23	59~78	3.5~4.6
에폭시(EP)	1.15~1.35	49~67	3.1
비스마레이미드	1.29	49~59	3.1
폴리이미드(PI)	1.40	98	3.6
폴리에텔에텔케톤(PEEK)	1.30	157	3.9
폴리아미드이미드(PAI)	1.38	118	3.6
폴리아미드(PA)	1.14	78	28

2.2 강 화 재

FRP용으로 사용되고 있는 주요 섬유는 유리섬유(GF), 탄소섬유(CF), 보론섬유(BF) 등의 무기계 섬유 외에 AF, PE등 유기계 섬유나 필요할 때에는 금속계 섬유 등도 사용된다.

섬유 강화재는 FRP의 강화 재로서 사용할 때에는 강도 특성이나 성형성 등을 향상시키기 위해 Roving, Cloth, Roving Cloth, Chopped Strand, Chopped Strand Mat,

Surfacing Mat 등의 형태로 사용된다.

FRP의 기계적 특성은 강화재와 수지의 조화 정도에서 결정이 되며 다음과 같은 요소에 의해 영향을 받는다.

- 강화재 자체의 기계적 특성
- 강화재와 수지 사이의 표면장력(결합력)
- FRP내의 강화재의 량(부피 분률)
- FRP내 강화재의 방향

2.2.1 유리섬유(GF)

현재 국내에서 유통되고 있는 유리섬유의 대부분은 E-Glass이며 C-Glass가 내식용으로 일부 사용되고 있다.

1) 유리섬유의 제조

유리섬유는 용융 노즐에서 직경 수 μm의 Filament를 연속 섬유상으로 뽑아낸 것으로서 통상적으로 Filament를 수십 본에서 수천 본의 다발로 하여(이것을 Strand라고 부름) 여러 가지 형태로 가공한다.

또, FRP에 사용되는 유리섬유(GF)는 방사(紡絲)시에 GF표면과 수지와의 접착기능을 증진하기 위하여 Coupling제를 바르는 표면처리 가공을 하고 있다.

2) 유리섬유의 종류

유리섬유(Glass Fiber, GF)는 제조시의 성분 조성(組成)에 의해 E-Glass(무(無)알카리 Glass), C-Glass(함(含)알카리 Glass), S-Glass(High-Strength Glass), AR-Glass(Alkali-Resistant Glass)로 분류된다.

(1) E-GF(E-Glass)

알카리 금속을 거의 포함하고 있지 않기 때문에 무(無)알카리 GF라고 불린다. 유리섬유의 구분으로는 0.5~2.0% 이하의 알카리 성분을 포함하는 것으로 구분되며, 상용제품은 보통 0.8% 이하의 매우 적은 알카리를 함유하고 있다. 수분에 대한 저항성이 뛰어나고, 전기절연성이 뛰어나고, 내풍화성(耐風化性)이 우수하여 장기 사용에도 견딜 수 있다.

현재 FRP에 사용되고 있는 유리섬유는 거의 E-Glass형이다.

(2) C-GF

약 10% 정도로 적은 양의 알카리 금속(R_2O)을 포함하고 있어서, 함(含) 알카리 유리섬유라고도 불리며 내산성이 요구되는 용도에 유효하다. 내산성의 특징이 있고 산성액의 여과와 내산 용기용 FRP의 보강에 사용되고 있다. 이러한 특징으로 인해 이런 종류의 유리섬유를 Chemical Glass라고도 부른다. 또 굴절율이 적어서 수지에 가까운 점을 이용하여 특수한 파판용(波板用) 강화재로서 사용되기도 한다.

그림 2.12 "C" Glass

(3) S-GF

E-Glass에 비하여 비중은 20% 작고 항장력(抗張力)이 약 35% 크며 탄성율은 20% 크다. 군수 용도나 우주 개발 용도 등 주로 고강도의 용도로 미국, 유럽에서 개발되었다. 일본에서는 수요 용도도 적으며 용융 온도가 극히 높기 때문에 양산화가 늦었으나, 최근 ACM용 섬유 강화재로서의 수요가 높아져 일부 제조업체에서 생산하고 있다. 현재는 항공기, 군사용 병기 등의 특수 용도로 사용되며, 그 성형법으로는 Filament Winding법을 사용하는 예가 많다.

(4) AR-GF

가장 최근에 개발된 유리섬유(GF)로서 내알카리성이 뛰어나며 시멘트 보강용 내알카리 유리섬유(GRC, Glass-Fiber Reinforced Cement)로 사용된다.

(5) L-GF

이 종류의 유리섬유는 납(Pb)를 함유하고 있는 것으로서 방사선 차단용으로 사용되고 있다. 용도에 있어서도 방사선을 취급하고 있는 사람의 의류와 군용 등 특수 용도에 사용되고 있다.

(6) A-GF

가장 가격이 저렴한 유리섬유이다. 기계적 강도가 작고, 내약품성이 적으며, 내풍화성이 나쁘다. C-Glass보다 내산성도 나빠서 활용도가 극히 제한적인 유리섬유(GF)이다.

표 2.15 유리섬유의 종류에 따른 성분 조성

Glass의 종류	SiO_2	Al_2O_3	CaO	MgO	B_2O_3	Na_2O, K_2O	TiO_2	LiO_2	ZrO_2	PbO
E-Glass	53	15	21	2	8	0.3	-	-	-	-
C-Glass	65	4	14	3	6	8	-	-	-	-
A-Glass	72	0.6	10	2.5	-	14.2	-	-	-	-
L-Glass	47.3	-	-	-	2.2	13.5	-	-	-	37.0
S-Glass	64	25	-	10	-	-	-	-	-	-
AR-Glass	61.7	1.3	4	-	-	15.4	-	-	16.9	-

3) 유리섬유의 표면처리

강화재로서 사용되고 있는 유리섬유에는 각 종류별로 특징을 살리기 위하여 표면처리가 되어 있다. 유리섬유의 형태가 같다 하더라도 제조과정에서 그 표면처리의 차이에 따라 Matrix와의 밀착성, 집속성(集束性), 평활성이 달라진다. 따라서 FRP로서의 용도 특성, 작업성 등 요구되는 특성에 적합한 표면 처리를 실시할 필요가 있다.

표면처리는 주로 표면 처리제(Coupling)와 집속제(集束劑) 및 평활제(平滑劑)의 3성분을 조합함으로써 이루어진다. 특히 표면 처리제는 유리섬유와 수지와의 화학적 결합을 향상시키기 때문에 FRP로서의 강도, 내수성, 전기적 특성 등의 향상에 크게 기여한다.

집속제, 평활제는 유리섬유의 촉감을 조정하는데 필수적인 것으로 다음과 같은 역할을 담당한다.

① 유리섬유의 표면을 보호한다.
② 가공성을 향상시킨다.
③ 성형시에 솜털이 발생하는 것을 억제한다.
④ 절삭성을 보유하는 등의 성형 작업이나 성형 유동성을 향상시킨다.

이상 주요한 3성분 이외에 정전기 발생량을 억제하는 목적으로 대전(帶電) 방지제나 용도에 따라서는 방균제 등을 첨가하는 일이 있다.

4) 유리섬유의 특성

유리섬유가 FRP의 강화재로서 폭 넓게 사용되고 있는 것은 복합 재료로서의 요구 성능을 만족시키는데 있어 가격면에서 가장 적합한 강화재라는 점이다. 그밖에 유리섬유는 다음과 같은 특성을 가지고 있다.

① 인장강도가 극히 높으며 실의 굵기가 가늘수록 강하게 된다. 보통 Glass의 인장 강도가 $10kg/mm^2$인데 비해, 유리섬유의 인장강도는 직경 5mm일 경우에 약 $300kg/mm^2$ 로 대단히 크게 된다.
② 온도 의존성이 거의 없으며 치수 안정성이 좋다(비열은 0.2 정도). 200℃까지는 열적으로 강도가 저하하지 않는다. 그러나 200℃가 넘으면 E-Glass는 서서히, C-Glass는 급격한 강도 열화가 생긴다. 600℃ 이상에서는 실질적으로 사용할 수 있는 강도를 갖지 못한다. 250℃까지는 팽창하고 그 이상으로 가열하면 수축하며 한번 수축한 유리섬유는 가열을 중단하여도 원래로 돌아오지 않는다.
③ 전기 절연성이 뛰어나다.(E-GF)
④ 내열성이 높으며 불연(不燃)이다.(경화온도는 약 800℃)
⑤ 흡습성이 거의 없다. 대체로 0.3% 이하이다.
⑥ 유연성이 풍부하며 복잡한 형태가 될 수 있다.
⑦ 내약품성이 뛰어나다.
⑧ 내풍화성이 우수하다.
⑨ 탄성률이 높다.
⑩ 항장력이 크고 신율이 작다.
⑪ 인체에 직접적인 해를 줄 요소가 거의 없다.

표 2.16 유리섬유의 열적 성질

Glass 종류	E-섬유상	E-괴상	C-Glass	S-Glass	A-Glass
열팽창률	5.0×10^{-6}	6.0×10^{-6}	7.2×10^{-6}	2.9×10^{-6}	
열전도율(kcal/mh℃)	0.89				0.81
비열(kcal/kg℃)	0.19	0.20			0.20
연화점(℃)		845	748	969	
왜곡점(℃)		507	552	759	

다음의 표는 유리섬유를 30% 포함한 경우와 그렇지 않은 경우의 각종 수지에서 나타나는 기계적 성질의 차이를 보여주고 있다. 이 실험의 결과는 극히 짧은 시간 안에 이루어진 것으로서, 제시된 실험결과는 절대적인 수치라기보다는 상대적인 비교평가의 자료로서 강화섬유의 영향에 의한 FRP의 강도 향상을 파악하기 위한 용도로 적용되어야 한다. 사용된 강화 섬유는 E-Glass이며, 섬유의 배향에 대한 부분은 고려되지 않았다.

표 2.17 유리섬유의 강화 효과에 따른 FRP 수지의 기계적 성질

수지 종류	열변형 온도, ℃		인장강도, Mpa	
	수지 자체	30% 강화섬유	수지 자체	30% 강화섬유
Epoxy	45~285	05~260	27.5~89.7	34.4~138
Phenolic	75~80	175~315	34.4~62	48.2~124
Polyester	60~205	205	41.4~89.6	103.4~206.8
Polypropylene	57	145	34.5	93
ABS	95	105	55.1	100
SAN	95	100	78	120
Modified PPO	130	155	65.5	128
Nylon 6	60	215	76	158.6
Nylon 66	80	255	76	179.2
Nylon 6, 10	57	215	58	144.8
PBT Polyester	85	220	58	137.9
Polycarbonate	130	150	62	128
PPS	140	260	73	137.9

5) 유리섬유의 가공 제품

유리섬유를 FRP의 강화재로서 사용하기 위해서는 FRP의 각종 성형법에 적합한 형태로 가공해야만 한다. 여기서는 대표적인 형태의 제품을 소개한다.

(1) 스트랜드(Strand)

유리를 섬유상으로 만들어 놓은 유리섬유의 가장 기본이 되는 형태이다. 여러 가닥의 섬유가 결합된 Filament 형태로 제작되며 FRP 제작시에는 이 Strand를 여러 가닥을 꽈서 Yarn을 만들어 사용한다.

(2) 얀(Yarn)

Strand 혹은 Filament를 여러 가닥 꽈서 만든 것이다. 보통 4~13μm 정도의 Filament를 꽈서 사용한다. 이 Yarn을 이용하여 Mat 형태의 다양한 조직을 짜서 활용한다.

(3) 로빙(Roving)

Strand를 수본에서 수십 본 정도씩 꼬지 않고 가지런히 맞춰서 원통상으로 감은 것으로 GF의 형태 중 가장 활용도가 적은 제품이다.

주로 FRP Pipe 등의 제조에 사용된다. 최근에는 GF 제조사의 방사로(紡絲爐)의 대형화에 따라 다수의 Filament를 한꺼번에 감는 Single End Roving(Direct Winding Roving이라고 함)이 개발되어 가지런히 맞춘 기존의 Roving과 구별된다. 용도, 성형법 등에 따라 함침(Saturation), 경도, 가지런한 맞춤, 절단성, 분산성, 대전성(帶電性) 등이 중요한 품질 특성이다.

그림 2.13 Continuous Roving

(4) Chopped Strand

Strand를 일정한 길이로 절단한 것으로 통상적으로 1.5~25mm의 길이의 것이 있다. FRP용 강화재로서 사용되며 ASTM, JIS에서는 길이, 수분율, 강열감량, 외관에 관해서 규정하고 있다. FRP용의 경우 수지의 종류가 다양하므로 표면 처리제의 선택이 중요한 포인트가 된다.

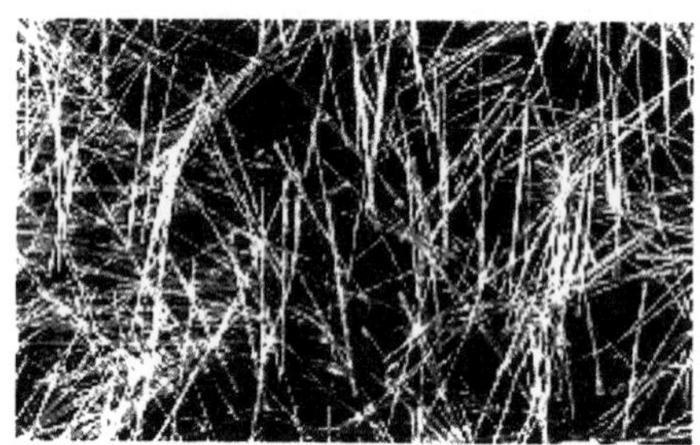

그림 2.14 Chopped Strand

(5) Chopped Strand Mat

Strand를 약 50mm로 절단하여 무방향(無方向)으로 균일한 두께로 쌓고 결합제를 사용해서 Mat상으로 성형한 것을 말한다.

그림 2.15 Chopped Strand Mat

Hand Lay Up법에 사용되며 300~600g/m^2(단위 면적당 적층량을 표시)의 것이 주로 사용되고 있다. 또한, Chopped Strand Mat에 Roving을 균일하게 가지런히 맞춰서 붙인 것도 있다.

(6) Roving Cloth

Strand 또는 Roving을 사용해서 제작한 직물을 말한다. 일반적으로 Hand Lay Up법에 사용되며 강도가 요구되는 FRP, 예를 들면 FRP 선(船)의 선각 등에 사용된다. 종류는 320g/m², 580g/m², 810g/m²의 것이 일반적이며 ASTM, JIS 등에는 질량, 밀도, 길이, 인장강도, 적층판의 굽힘강도, 외관에 관해서 규정하고 있다. 또한 Hand Lay Up 법용으로 사용하기 위해 전술한 Chopped Strand Mat와 Roving Cloth를 합쳐서 붙여 놓은 것도 있다.

그림 2.16 Roving Cloth(Woven Roving)

(7) Glass Cloth

Strand를 꼰 실(Glass Yarn이라고도 함)을 제직(制織)한 직물로서 제직하는 방법으로는 평직(平織), 능직(綾織), 주자직(朱子織) 등이 있다.

각각의 제직 방법에 따라서 기계적 특성에 변화가 발생하며 이에 따른 특성은 다음 장의 직물의 구분편에서 다시 설명하기로 한다.

Glass Cloth는 낚시대외에 Print Circuit Board 등에 많이 사용되고 있으나 가격면에서 고급 용도 지향성이 강하다. FRP에 사용되는 Glass Cloth는 방사(紡絲)시에 도포되는 제직(制織) 가공용 집속제가 수지와의 접착성을 저해하기 때문에 제직(制織) 후에 이것을 제거하는 공정(Cleaning Treatment)을 거쳐 최후에 표면처리가 행해진다.

또한 표면처리 후에 PE, EP, UP등에 경화제, 충전재 등을 혼합하여 예비 함침을 한 Prepreg Cloth도 있다.

(8) Surfacing Mat

세밀한 Glass Fiber를 매우 조밀하게 짜서 만든 섬유 조직으로, 적집 용액이 접촉되는 내외면의 마지막 층에 적용된다. Mat상태로 제작되며 수지에 함침(Saturated)시켜서 사용한다. 내식층이라고 부르는 층은 수지에 Saturated된 Surfacing Mat와 두 겹(Two Layer) 정도의 Chopped Strand Mat로 구성된다. FRP의 표면 마무리에 사용된다.

그림 2.17 Surfacing Mat(Surfacing Veil)

이외에 Strand를 절단하지 않고 Loop 상태로 균일한 두께로 쌓고 결합제를 사용하여 Mat상으로 형성하여 프레스 성형 등에 사용되는 Continuous Strand Mat가 있으며, GF를 미세한 분말로 만들어 FRP의 치수 안정성의 용도로 사용되는 Milled Fiber 등이 있다.

또한 섬유상태는 아니지만 Glass를 물고기의 비늘과 같은 인편성(鱗片性)으로 형성하여 내식 Lining Coating이나 굽힘 방지와 치수 안정성의 목적으로 사용되는 Glass Flake가 있다. 이러한 Glass Flake에 대해서는 Flake Lining에서 자세히 설명한다.

6) 유리섬유 사용시 FRP의 기계적 성질

FRP의 강도를 좌우하는 가장 큰 요인은 강화재이다. 성형방법에 따라 Glass Fiber의 함량이 달라지게 되고 이에 따라서 FRP의 기계적 특성도 크게 변화하게 된다.

다음의 표는 Glass fiber의 함유율과 성형방법에 따른 FRP의 기계적 특성의 변화를 간략하게 요약한 것이다.

표 2.18 Chopped Strand Mat 단독 사용의 기계적 특성

성형방법	글라스 함유율 (%)	비중	인장 강도 (kg/mm²)	인장 탄성율 (kg/mm²)	굴곡 강도 (kg/mm²)	굴곡 탄성율 (kg/mm²)	압축 강도 (kg/mm²)
Hand lay up법	25	1.48	8.1	720	14.3	760	11.3
	38	1.52	13.0	920	19.0	1,020	15.7
Metal Matched Die법	41	1.53	13.6	950	20.4	1,050	15.9
	50	1.63	15.6	1,250	22.7	1,380	16.8

표 2.19 Roving Cloth 단독 사용의 기계적 특성

성형방법	글라스 함유율 (%)	비중	인장 강도 (kg/mm²)	인장 탄성율 (kg/mm²)	굴곡 강도 (kg/mm²)	굴곡 탄성율 (kg/mm²)	압축 강도 (kg/mm²)
가열 가압 성형	25	1.65	23.1	1,700	28.0	18.2	13.5
	38	1.65	25.9	1,850	28.4	18.4	12.9
상온 무압 성형	41	1.51	18.7	1,311	18.3	13.5	10.2
	50	1.51	17.6	1,246	17.8	12.7	9.4

표 2.20 Glass Cloth 단독 사용의 기계적 특성

글라스 함유율 (%)	비중	인장 강도 (kg/mm²)	인장 탄성율 (kg/mm²)	굴곡 강도 (kg/mm²)	굴곡 탄성율 (kg/mm²)	압축 강도 (kg/mm²)	전단 강도 (kg/mm²)
40	1.53	10.8	1,200	12.2	1,340	18.6	8.7
50	1.63	15.6	1,480	18.2	1,660	19.2	9.5
60	1.76	20.0	1,820	24.2	1,940	20.5	10.0

표 2.21 Glass Fiber Mat 조합 사용의 기계적 특성

적층구조	글라스 함유율 (%)	비중	두께 (mm)	인장 강도 (kg/mm²)	인장 탄성율 (kg/mm²)	굴곡강도 (kg/mm²)		굴곡 탄성율 (kg/mm²)	압축 강도 (kg/mm²)	전단 강도 (kg/mm²)
						※A	※B			
※ CMR	43	1.59	1.9	14.3	1,180	26.3	21.0	1,040	12.0	8.4
	32	1.51	2.7	8.4	1,080	24.2	17.5	1,000	12.7	7.9
※ CMRMR	43	1.59	3.7	15.0	1,100	27.6	18.2	1,120	14.3	8.4
	33	1.51	4.9	12.4	988	24.4	14.6	960	13.2	7.5

※ 적층구조 : C : Glass Cloth M : Chopped Strand Mat R : Roving Cloth
주) A : Roving Cloth가 인장 방향 B : Glass Cloth가 인장방향

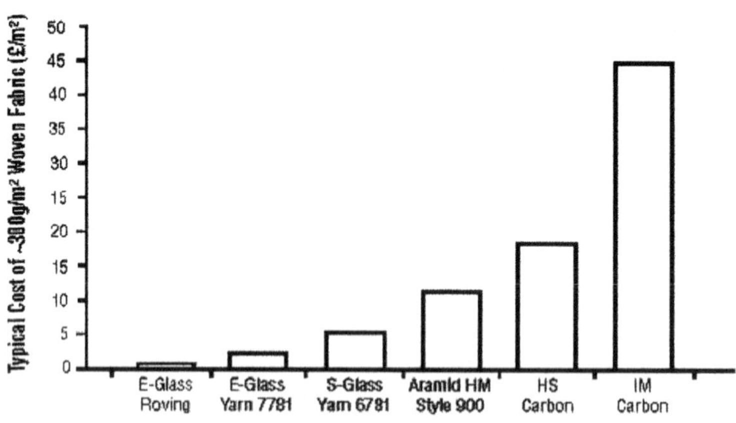

그림 2.18 FRP용 섬유 강화재의 가격 비교

2.2.2 탄소섬유(CF)

탄소섬유가 처음 알려진 것은 약 100년 전 T.A. 에디슨이 대나무 섬유를 탄화하여 전구의 필라멘트로 사용했을 때이다. 공업적으로 제조되기 시작한 것은 1959년 셀룰로오스계 섬유를 기초로 하여 생산한 것이며, 한국에서는 1990년 태광산업이 처음으로 생산에 성공했다.

원료로는 셀룰로오스, 아크릴 섬유, 비닐론, 피치(pitch) 등이 쓰이며 원료에 따라 또는 처리 온도에 따라 분자배열과 결정의 변화가 생긴다. 일반적으로 탄소의 육각 고리가 연이어 층상격자를 형성한 구조이며 금속광택이 있고 흑색이나 회색을 띤다.

강도, 비중, 내열성, 내충격성이 뛰어나며 화학약품에 강하고 해충에 대한 저항성이 크다. 가열과정에서 산소, 수소, 질소 등의 분자가 빠져나가 중량이 감소되므로 금속(알루미늄)보다 가볍고 반면에 금속(철)에 비해 탄성과 강도가 뛰어나다. 이런 특성으로 인해 스포츠용품(낚싯대, 골프채, 테니스 라켓), 항공우주산업(내열재, 항공기 동체), 자동차, 토목건축(경량재, 내장재), 전기전자, 통신(안테나), 환경산업(공기정화기, 정수기) 등 각 분야의 고성능 산업용 소재로 널리 쓰인다.

탄소섬유(CF)의 출현은 FRP의 기계적 특성을 혁신적으로 진보시킨 주역이다. 월등한 강도와 충격 흡수성, 소재의 경량성, 그리고 무엇보다도 뛰어난 내식성과 내마모성, 내열성 등으로 인해 기존의 유리섬유에 비해 놀라운 수요 증가 추세에 있다. 그러나 아직까지는 가격이 비싸서 우주 항공용 소재나, 낚싯대, 테니스 라켓 등의 제한적인 용도로만 사용이 되고 있으며, 공업용으로는 널리 확대되지 못하고 있다.

표 2.22 세계의 탄소섬유 수요의 추이

(단위 : 톤)

	미 국	유 럽	일 본	대만 외	합 계
1981	550	140	290	50	1,030
1982	600	220	470	150	1,440
1983	800	270	500	350	1,920
1984	1,200	450	560	560	2,820
1985	1,650	580	600	400	3,230
1986	1,920	690	620	500	3,730
1987	2,300	830	650	600	4,380
1988	2,600	1,000	700	700	5,000
1989	3,000	1,200	770	800	5,770
1990	3,500	1,450	850	900	6,700
1995	5,500	2,800	1,200	1,200	10,750

종류로는 피지계와 PAN계의 두 종류가 있다. 기존의 유리섬유와 개략적으로 비교한 기계적인 특성은 표 2.23에 제시되어 있다.

1) PAN계 탄소섬유

PAN계 탄소섬유의 소위 고성능품(High Performance Grade)는 그 높은 비강도(比强度), 비탄성율로 인해서 금속을 대체할 수 있는 복합재료용 강화재의 주류로서 급속하게 수요를 신장하여, 1986년에는 전세계에서 3,700톤 정도에 달한 것으로 보여진다. 그런데 구미에서는 우주, 항공분야가 과반을 점하고 있는데 반하여, 극동에서는 스포츠용도에 편중하고 있어 명백한 대조를 보이고 있다.

탄소섬유를 활용하면서 발전한 FRP의 최근 수년간의 현저한 기술의 진보는 고강도화, 고탄성화의 움직임이다. 고강도화는 7Gpa, 고탄성율화는 500Gpa를 실현하였으나, 향후 신도(伸度)1% 정도를 유지하면서 고강도, 고탄성율사를 개발할 것으로 생각된다. 이러한 섬유의 발전에 맞추어 섬유의 고성능을 살리면서, 고성능으로 취급이 용이한 수지의 등장이 기대된다.

2) Pitch계 탄소섬유

Pitch계 탄소섬유의 공업화는 PAN계 탄소섬유와 같은 1970년에 이뤄졌다. 그동안 주로 범용품을 중심으로 양산화가 이루어져 왔으나, 1976년 미국 UCC사의 고성능품의 탄소섬유가 출시되는데 자극을 받아 고성능 탄소섬유의 기술개발에 열을 올리고 있다.

범용 Grade는 역학 특성상 FRP에 관해서는 강화 섬유로서보다는 섬유형상의 탄소재로서 그 기능성(내열, 내식, 도전(導電), 마찰, 마모등)을 살려서 사용된 사례가 많았다. 그러나 Pitch계 HP그레이드(High Performance Grade)의 본격 공업화가 마무리되면, 그 기대되고 있는 가격수준 때문에 자동차 용도를 비롯하여 대량 소비 분야에로의 신장이 예상된다.

표 2.23 각종 FRP용 섬유의 물성

섬유종류		섬유경 (μm)	밀도 (g/cm^3)	인장강도 (GPa)	탄성율 (GPa)	파단신율 (%)
유리	E-glass	10	2.54	3.45	72.4	4.6
	S-glass	10	2.49	4.30	86.9	5.0
	레이온 계* GP	8~10	1.45~1.50	0.7~1.2	34~55	-
PAN계 카본	HT	6~7	1.75~1.82	3.5~4.5	230~260	
	IM		1.75~1.80	4.2~5.1	290	
	HM		1.80~1.90	2.3~2.5	390~450	
	T-300(Amoco)	7	1.76	3.2	228	1.4
	AS(Hercules Inc.)	7	1.77	3.1	220	1.2
	T-40(Amoco)	6	1.81	2.34	276	2
	HMS(Hercules Inc.)	7	1.85	2.34	344.5	0.58
	GY-70(Celanese)	8.4	1.96	1.52	463	0.38
Pitch계 카본	HM		2.0~2.15	1.9~2.2	380~725	
	P-55(Amoco)	10	2.0	1.9	380	0.5
	P-100(Amoco)	10	2.15	2.2	690	0.31
aramid Fiber	Regular	12	1.44	2.8	60	
	HM		1.45	2.8	130	
	Kevlar 49(Dupont)	11.9	1.45	3.62	131	2.8
Polyethylene	겔방사법	-	0.95	3.0	70	
탄화규소	하소법*	10~12	2.55	2.5~3.0	170~200	
	증착법	100	3.3~3.4	3.3	135	
보론	증착법	50~100	2.5~3.0	3.5~3.7	400	
알루미나	Dupont법	20	3.9	1.1	380	
	주화법*	9	3.2	2.6	250	

※ 하소법(Calcination) : 원료 물질을 높은 온도에서 처리하여, 불필요한 성분을 태워 날려 버린다.

2.2.3 아라미드 섬유(Aramid Fiber)

아라미드 섬유(AF)란 통상적인 유기섬유와 비교하여 인장강도, 탄성률이 뛰어난 방향족 포리아미드(PA) 섬유에 대하여 미국연방 교역 위원회(FTC)가 부여한 속칭이다. 보통의 나일론 옷감은 그 재료가 되는 탄소가 사슬처럼 직선으로 이어져 있고, 이러한 탄소는 온도가 올라가면 구부러지거나 비틀어지는 특징이 있다. 그런데 이렇게 변형된 탄소 여섯 개가 뭉쳐서 고리를 만들면 많은 특성이 달라진다. 옷감의 결합 상태가 단단해지고 열에도 강한 특성을 보인다.

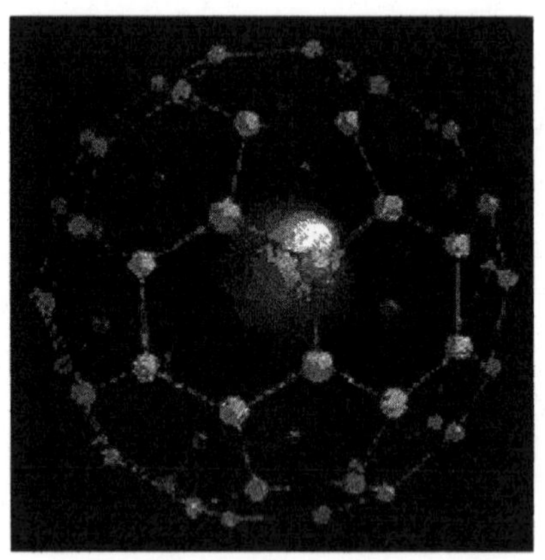

그림 2.19 아라미드 섬유 구조

사람들은 이것을 아라미드 섬유라고 불렀고 아라미드 섬유는 방탄 조끼, 타이어 등 다양한 용도로 사용되고 있다. 1972년에 Du Pont사가 "케블라(Kevlar)"라는 상품명으로 최초로 공업화하여, 현재 가장 유명한 제품으로 앞서가고 있으며, 일본 데이진의 테크노라(Technonra)도 있다. 열분해 온도는 약 500℃ 이며, 최대 사용 온도는 200℃로 적용한다. 각종 화학 약품에 대한 저항성이 우수하고, 기계적 강도도 우수한 것으로 평가된다.

참고로 각각의 주 성분은 다음과 같다.

- Kevlar : Poly-Phenylene Terrephtthalamide, PPTA
- Technora : Copolymer of PPTA and DPE (3,4-Diamino Diphenylene Ether), DPEPPTA

1) 아라미드 섬유(AF)의 특징

① 강도가 크다.
② 내열성이 크다.
③ 무게가 가볍다(경량성).
④ 내충격성이 크다.
⑤ 강인성이 있다.
⑥ 내마찰, 마모성이 있다.
⑦ 가공이 용이하다.

표 2.24 아라미드섬유(AF)의 물성 비교

항 목	케블라 29	케블라 49	탄소섬유 (T-300)	Technora	E-Glass
인장강도 (MPa)	3,620	3,620	3,100	3,000	2,410
인장탄성률 (GPa)	83.8	124.0	220.9	70.0	69.0
파단신률 (%)	4.4	2.9	1.25	-	3.5
밀도 (g/cm^3)	1.44	1.44	1.75	1.39	2.50

표 2.25 아라미드 섬유(AF)의 용도

분 야	사 용 예
고무 보강재	자동차 타이어, 각종 벨트류, 고압 호스 등
플라스틱 보강재	우주/항공기 부품, 선체, 스포츠 용품, 압력용기, 윤활부재, 사무기기 부품, Print circuit Board 등
시멘트 보강재	바닥재, 벽재, 천장재, 압출 성형품, 파이프, 철근 대체품 등
산업자재	고압가선 로프, 안테나, 낚시줄, 내연 벨트, 내열 필터 등
방 호 재	방탄조끼, Helmet, 안전 장갑, 작업복, 등산화 등
석면 대체 용품	Brake Pad, Engine용 Gasket, Gland Packing

표 2.26 탄소섬유와 유리섬유의 인장 특성 비교(代表値)

재 료 명		밀도 (g/cm^3)	인장강도 (MPa)	인장 탄성률 (GPa)	섬유계 (μm)
CF	GP	1.5~1.8	500~1,200	50~100	7~18
	HP/HT	1.75~1.8	2,500~4,500	200~250	7~8
	HP/UHT	1.75~1.85	5,000~6,100	200~250	5~7
	HP/IM	17~1.8	3,000~5,500	280~330	5~8
	HP/HM	1.8~1.9	2,000~2,500	300~400	6.5~8
	HP/UHM	1.9~2.0	2,000~2,500	450~700	6~7.5
GF	E-Glass	2.6	3,500	73	8~12
	S-Glass	2.55	4,500	87	8~12

2.2.4 폴리에틸렌 섬유

수백만 분자량의 초고분자량 폴리에틸렌을 Gel방사(紡絲)라는 특수한 공정을 이용하여 초연신시켜서 제조하는 섬유로 가벼우면서 강도가 뛰어나다. 아라미드 섬유와 함께 고강도로서 방탄용 재료로도 사용된다.

현재 시판되고 있는 상품명은 Allied Singal의 Spectra, Mitsui Petrochem의 Tech-millon, Nippon Dyneema의 Dyneema가 있다. 폴리에틸렌 섬유외에 고강도 강화섬유로 사용되는 것에는 흔히 NYLON이라고 불리는 Polyamide 섬유가 있다.

다음은 Spectra의 물성치이다.

표 2.27 폴리에틸렌 섬유 Spectra의 물성

물 성	Spectra 900	Spectra 1000
밀 도(g/cm^3)	0.97	0.97
인장강도(Gpas)	2.6	3.0
탄 성 률(Gpa)	120	175

표 2.28 각종 재료의 인장 특성 비교(代表値)

재 료 명		밀도 (g/cm³)	인장강도 (MPa)	인장탄성률 (GPa)	섬유계 (μm)
보론 섬유 (Avco)		2.6	3,900	410	140
탄화석규소섬유(일본카본)		2.55	3,000	200	10~15
AF	(케블라 29)	1.44	2,700	60	12
	(케블라 49)	1.45	3,500	130	12
Al_2O_3F(住友化學)		3.2	2,500	250	9
합성조직 (合成纖維)	나이론 66	1.14	900	6	10~15
	PET	1.38	1,000	20	10~15
철합금(鐵合金)	Maraging강 280	7.88	1,950	200	-
알미늄합금	7075-T6	2.77	520	70	-
티탄합금	6A1-4V	4.43	1,100	120	-
마그네슘합금	AZ61A	1.80	170	45	-
플라스틱	나일론	1.13	800	3	-
	PC	1.2	600	2.5	-

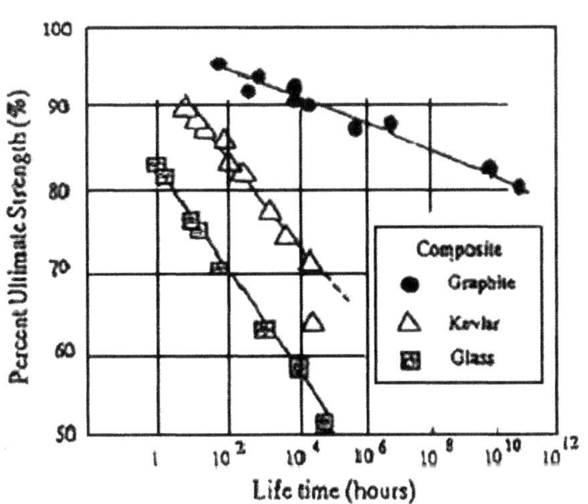

그림 2.20 FRP용 강화재의 인장과 압축 특성 비

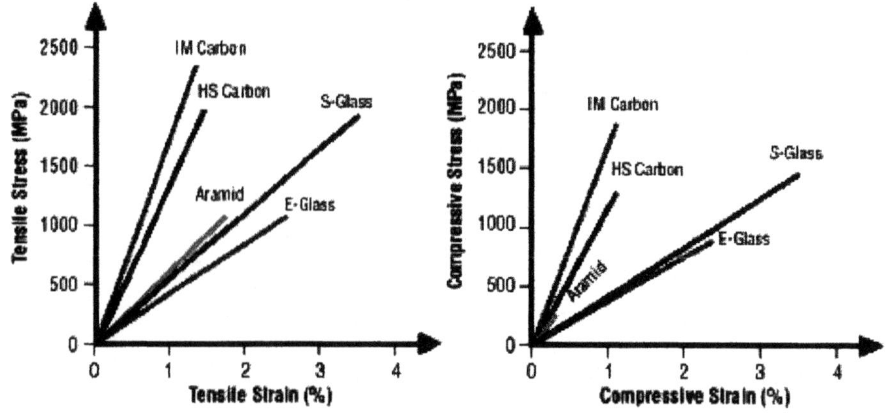

그림 2.21 FRP용 강화재의 충격강도 비교

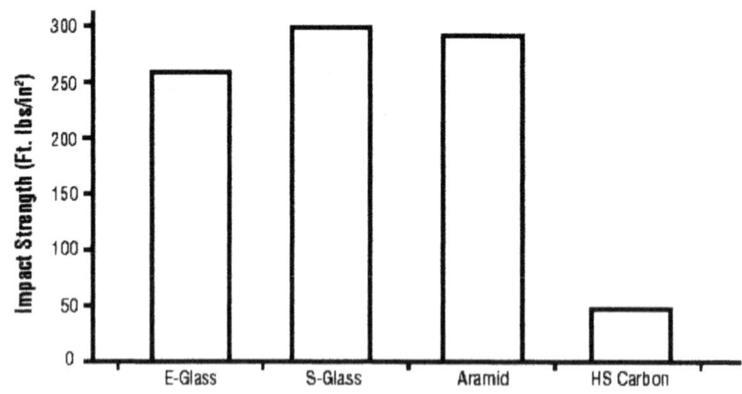

그림 2.22 FRP용 강화재의 충격강도 비교

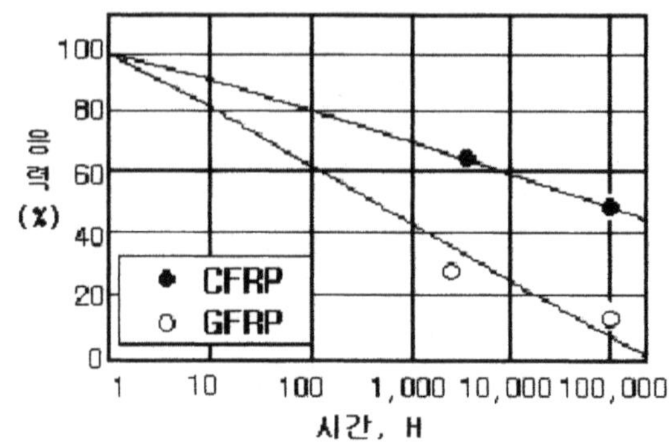

그림 2.23 휨 응력하에서 30℃의 4% 소금물에 침수한 경우의 파단시간 - 응력곡선

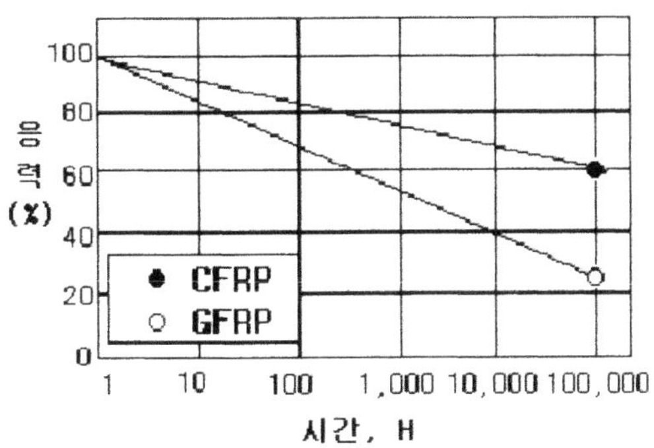

그림 2.24 휨 응력하에서 30℃ 대기중의 파단시간 - 응력곡선

표 2.29 정적 강도의 60% 및 90%의 응력을 가한 경우의 파단 추정시간

구 분		60% 응력			90% 응력		
		CFRP	GFRP	AFRP	CFRP	GFRP	AFRP
응력하	인장크립	10년 이상	1년	10년 이상	1년	4시간	2일
	염수+휨	1년	4일		10시간	2시간	
	대기중+휨	10년 이상	0.5월		1일	3시간	

표 2.30 내후성 시험 후의 초기 강도 유지율

구 분		80% 응력			90% 응력		
		CFRP	GFRP	AFRP	CFRP	GFRP	AFRP
촉진	알카리	10년 이상	0.5일	10년 이상	10년 이상	2시간	10년 이상
	자외선+살수	10년 이상	1개월	1개월	10시간	1일	1일
폭로	해양환경	10년 이상	3개월		3개월	1일	
	해양대기	10년 이상	10년 이상		10년 이상	1년	

표 2.31 FRP용 강화재의 종합 특성 비교

특 성		Aramid	Carbon	Glass
인장 강도(Tensile Strength)		B	A	B
압축 강도(Compressive Strength)		B	A	C
굽힘 강도(Flexural Strength)		C	A	B
충격 강도(Impact Strength)		A	C	B
전단 강도	Interlaminar Shear Strength	B	A	A
	In-plain Shear Strength	B	A	A
낮은 밀도(Low Density)		A	B	C
피로 저항(Fatigue Resistance)		B	A	C
난연성(Fire Resistance)		A	C	A
단열성(Thermal Insulation)		A	C	B
전기절연성(Electrical Insulation)		B	C	A
낮은 열팽창(Low Thermal Expansion)		A	A	A
낮은 비용(Low Cost)		C	C	A

※ A : 우수, B : 적절, C : 부적절

표 2.32 강화 섬유와 FRP의 기계적 특성 비교

강화 섬유 / FRP	비중	Elastic Modulus (Gpa)	인장 강도 (Gpa)
E-Glass Fiber	2.54	72.4	2.4
Epoxy Composite	2.1	45.0	1.1
S-Glass Fiber	2.49	85.5	4.5
Epoxy Composite	2.0	55.0	2.0
Aramid Fiber	1.44	124.0	3.6
Epoxy Composite	1.38	80.0	2.6
Boron Fiber	2.45	400.0	3.5
Epoxy Composite	2.1	207.0	1.6
Hi Strength Graphite	1.8	253.0	4.5
Epoxy Composite	1.6	145.0	2.3
Hi Modulus Graphite	1.85	520.0	2.4
Epoxy Composite	1.63	290.0	1.0

2.3 강화 섬유 직물의 구분

Fabric, Cloth 혹은 Mat로 명칭되는 강화 섬유 직물은 FRP 구조물의 기계적 특성을 좌우하는 매우 중요한 요소이다. 길고 얇은 강화 섬유(Fiber)가 전반적으로 더 우수한 물성을 보이나, 제조비가 더 비싸고 복합체에 균일하게 분산시키기 어렵다. 이러한 직물은 섬유의 방향성과 직조하는 방법에 따라 매우 다양한 특성을 나타내게 된다.

강화 섬유의 방향(Fiber Orientation)은 FRP의 기계적 강도를 결정하는데 중요한 역할을 한다. 짧고 무질서하게 배향된 강화 섬유는 등방성을 보이게 되고, 길고 단방향으로 배향된 강화 섬유는 비등방성의 거동을 보이며 가해진 하중이 강화 섬유에 평행할 때 가장 강하다.

섬유의 방향에 의한 구분은 ① 일방향형, ② 수직교차형, ③ 다축방향형, 그리고 기타의 ④ 무방향형으로 구분할 수 있다.

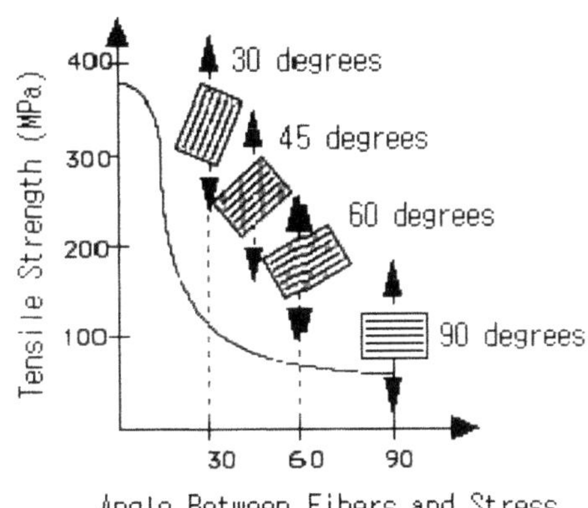

그림 2.25 FRP의 인장 강도에 미치는 강화 섬유의 방향 영향

2.3.1 일방향형(Unidirectional Fabric)

일방향형은 직물 내의 거의 모든 섬유가 한 방향으로 정렬된 상태를 의미한다. 약간의 다른 방향성을 가진 섬유가 있을 수 있지만, 약 75% 이상이 한 방향으로 정렬되는 경우를 일방향형으로 구분한다. 실제 생산 과정에서는 대부분 약 90% 이상의 섬유가 한 방향으로 정렬된다.

강화재로 사용되는 섬유가 한 방향으로 정렬하게 되면, 직물 생산과정에서 섬유가 꼬이지 않고 직선으로 사용되면서 전체적으로 섬유의 사용량을 최소화할 수 있는 이점이 있다.

제조과정의 어려움과 낮은 생산성으로 인해 단가가 비싼 것이 흠이며, Prepreg 유형의 일부 Tape 용도 이외에는 널리 사용되지 않고 있다.

2.3.2 수직교차형(0/90° Fabric)

마치 실로 옷감을 짜는 것과 같이 가로축의 섬유와 세로축의 섬유를 교차하여 직물을 짜는 것을 의미한다. 앞서 설명한 Cloth나 Mat가 여기에 속한다. 섬유의 조합과 단위 면적당 무게 등에 의해 기계적 성질이 달라진다.

직물을 짜는 섬유의 배열 방법에 따라 다음과 같이 세분한다.

1) **평직(平織, Plain)**

가로축의 섬유인 씨실과 세로축의 섬유인 날실이 하나씩 교차되어 만들어지는 아주 조밀하고 규칙적인 조직이다. 다른 종류에 비해 제직(制織) 과정에 사용되는 섬유의 변형이 심하여 표면이 매끈하게 형성되기 어렵고, 두꺼운 직물을 짜는 용도로는 적용이 어렵다.

치밀한 조직으로 인해 공극이 적고 조직 내에 수지가 침투하기 어려워서 수지와의 함침성(Saturation, Drape)은 떨어진다.

그림 2.26 평직의 구조

2) 능직(綾織, Twill)

평직이 가로축과 세로축을 담당하는 씨실과 날실이 하나씩 교차되는 것에 비해 능직은 옆의 그림과 같이 두 개 혹은 그 이상의 섬유를 교차하여 직물이 만들어진다. 구조적으로 안정성과 치밀함은 떨어지지만, 평직에 비해 비교적 넓은 섬유상 간격으로 인해 공극이 많아서 수지의 함침성이 좋다. 강화재로 사용되는 섬유의 변형이 작아서 표면이 평활하고 기계적 강도 측면에서 평직보다 우수한 특성을 보인다.

그림 2.27 능직의 구조

3) 견직(絹織, Satin)

견직은 능직에 비해 씨실과 날실의 교차가 더욱 적게 발생하는 직조 방법이다. 견직물은 경도값으로 구분하여 4번, 5번 등으로 구분하는데, 이 숫자의 의미는 대칭되는 단위 조직 내에 교차하여 지나가는 섬유의 개수를 표시한다. 견직물은 매우 균질하고 매끄러운 표면을 가지고 있으며, 조직 내 공극이 많아 수지의 함침성이 우수하다. 또한, 강화 섬유의 변형이 작아서 기계적 강도가 우수하지만, 직물 자체의 안정성과 균질성은 다소 떨어진다.

견직물을 여러 겹으로 쌓아서 사용할 때는 바로 앞 단에 놓여진 견직물의 씨실과 날실의 방향으로 확인하여 다음 단에서는 섬유의 방향이 서로 교차되도록 사용하는 것이 강도 측면에서 유리하다.

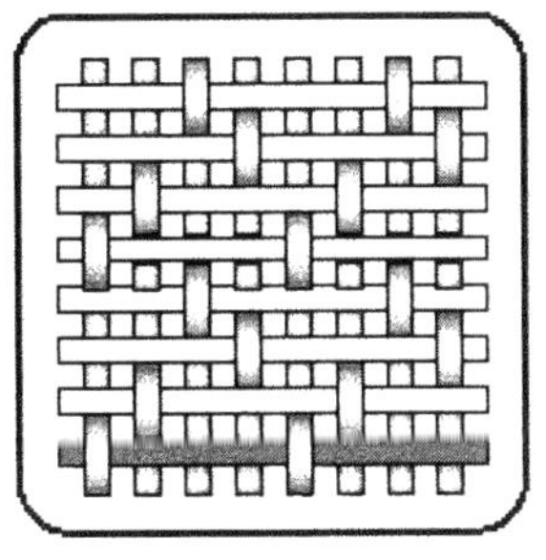

그림 2.28 견직의 구조

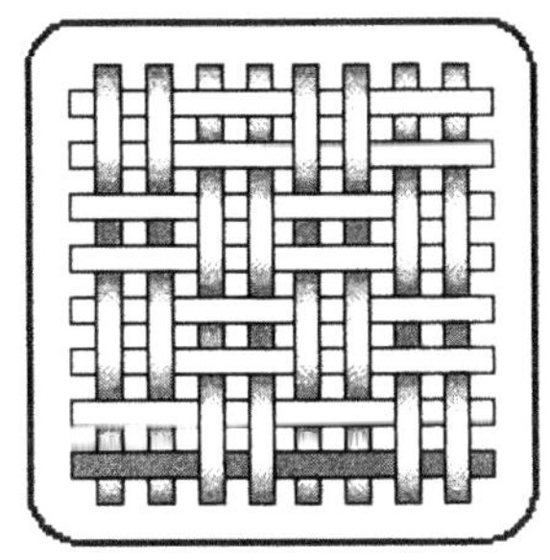

그림 2.29 바구니 조직

4) 바구니 조직(Basket)

기본적으로 평직의 구조와 동일하다. 다만, 사용되는 씨실과 날실이 옆의 그림과 같이 한꺼번에 두 개 이상씩 교차되는 것이 특징이다. 오른쪽 그림에 나타난 것은 직조 과정에서 두 개의 씨실과 두 개의 날실이(2×2) 교차하지만, 조직이 반드시 대칭적인 구조를 가질 필요는 없다. 필요에 따라서는 8×2 혹은 5×4 등의 조직도 가능하다. 섬유의 변형이 작아서 매우 평활한 조직이 얻어지고 강도도 평직에 비해 우수하지만, 구조의 안정성은 떨어진다. 바구니 조직으로 만들어지는 직물은 두꺼운 섬유를 사용하여 두껍게 직조해야 제조 과정에서 발생할 수 있는 꼬임을 방지해야 한다.

5) Leno

거의 사용 빈도가 없는 직조 방법으로서 주로 다른 직물과 병행하여 사용할 경우에만 적용한다. 그림과 같이 하나의 날실을 두 개의 씨실로 교차하여 감아서 직조한다. 섬유 사이의 공극이 매우 넓어서 날실의 간격이 고정될 수 있는 장점이 있어서 함침성은 아주 좋다.

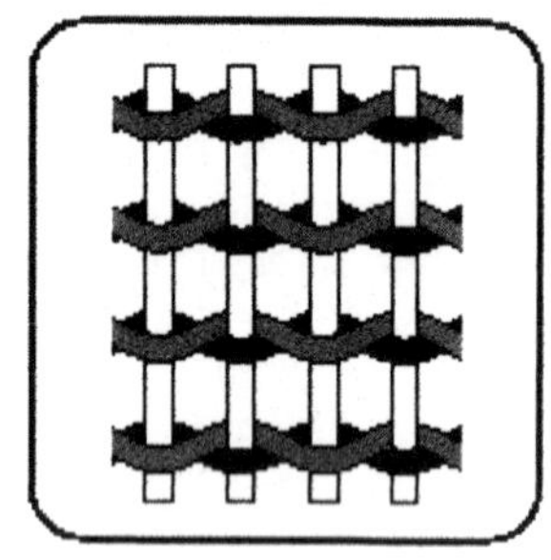

그림 2.30 Leno 구조

6) Mock Leno

평직의 변형된 형태라고 볼 수 있다. 날실과 씨실의 교차가 규칙성은 있지만, 능직이나 견직에 비해 많이 변형된 유형을 보이고 있다.

이렇게 직조를 하면 표면은 거칠어지지만, 두께가 증가되고, 공극이 많아지는 장점이 있다.

그림 2.31 Mock Leno 구조

표 2.33 직조 방법에 따른 특성 비교

Properties	Plain	Twill	Satin	Basket	Leno	Mock Leno
구조 안정성 우수 (Good Stability)	★★★★	★★★	★★	★★	★★★★★	★★★
합침성 우수 (Good Drape)	★★	★★★★	★★★★★	★★★	★	★★
기공이 작음 (Low Porosity)	★★★	★★★★	★★★★★	★★	★	★★★
표면의 매끈함 (Smoothness)	★★	★★★	★★★★★	★★	★	★★
섬유의 최소 변형 (Low Crimp)	★★	★★★	★★★★★	★★	★★ / ★★★★★	★★

★★★★★=Excellent, ★★★=Good, ★★=Poor, ★=Very Poor

2.3.3 다축방양형(Multiaxial Fabric)

최근에 들어서 구조물 제작에 다축방향형 직물의 사용이 늘고 있다.

다축방향형 직물은 섬유가 일방향으로 만들어진 직물을 여러 층 중첩되게 올려놓고 이를 섬유를 이용하여 연결하여 사용하는데, 이때에 중요한 것은 각 층에 놓여진 섬유의 방향이 앞층 및 뒷층과 나란하지 않도록 해야 한다는 것이다.

1) 다축방향형 직물 사용의 장점

다축방향형 직물 사용의 가장 큰 장점은 기계적 강도 향상과 제작 속도가 빠르다는 것이다.

(1) 기계적 강도가 우수하다.

① 직조에 사용되는 섬유의 변형이 없이 일방향성 직물을 중첩하여 사용하기 때문에 보다 우수한 강도를 나타낸다.

② 중첩된 직물 사이에 섬유의 방향이 서로 교차하여 어느 방향에서 응력이 가해져도 저항할 수 있는 방향성이 있다.

③ 보다 많은 층의 직물을 교차하여 중첩할수록 강도 향상 효과는 커진다.

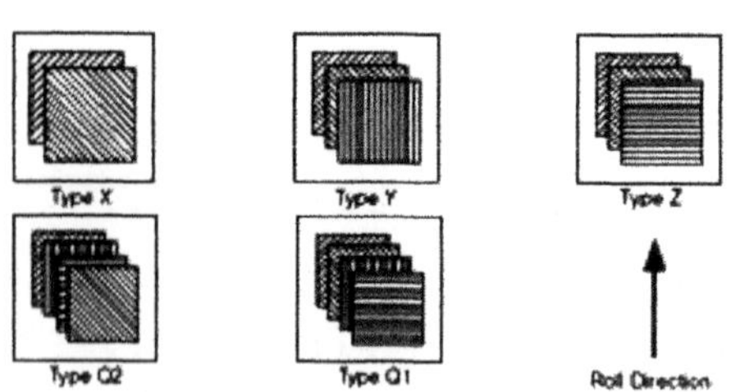

그림 2.32 다축방향성 직물의 유형과 적용

(2) 구조물 제작 속도가 빠르다.

① 섬유의 변형을 통한 직조 과정이 없으므로 직물의 제조 속도가 빠르다.

② 섬유의 중첩층의 개수만으로 두꺼운 구조물을 쉽게 만들 수 있다.

③ 섬유의 방향 교차에 의한 강도 향상으로 보다 얇은 두께만으로 구조물 제작이 가능하다.

2) 다축방향형 직물 사용의 단점

일방향성 직물을 교차하여 중첩하기 위해서는 수지를 이용한 접착에 앞서서 직물을 강제로 구속시켜서 견고하게 중첩해야 한다. 이 과정에서 바느질이 이용되는데, 바느질이 적용된 부분이 곧 섬유의 변형이 시작되고 궁극적인 결함이 발생될 수 있는 자리로 발전할 수 있다.

구조물의 제작은 쉽지만 직물의 직조 과정에 시간이 많이 소요되며, 결과적으로 전체적인 비용이 증가한다.

3) 다축방향형 직물의 적용

앞서 그림에서 설명한 바와 같이 일방향성 직물을 교차하여 중첩시켜 사용하는 방법은 비교적 전통적인 방법에 속하며, 최근에는 다음의 그림과 같이 일방향성 직물을 45° 정도 비틀어서 변형된 상태로 적용하고 있다.

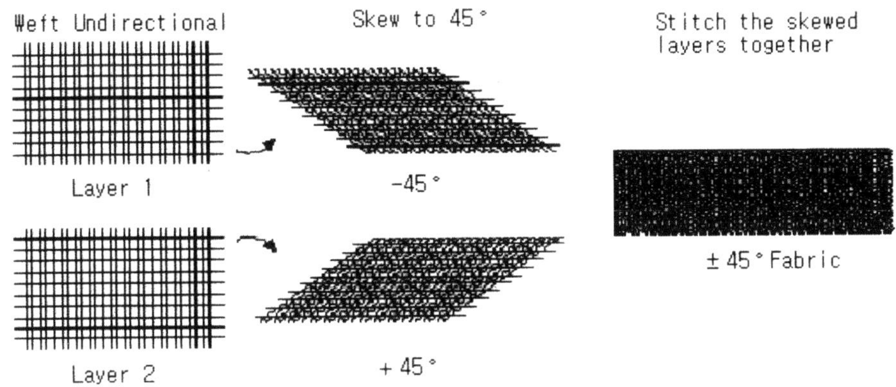

그림 2.33 다축방향형 직물의 적용

2.3.4 무방향형(Random Fabric)

1) 촙스트랜드 매트(Chopped Strand Mat)

촙스트랜드 매트(Chopped Strand Mat, CSM)는 이름에서 알 수 있는 바와 같이 잘게 자른 유리섬유를 수지 위에 불규칙하게 흩어놓고 섬유가 서로 결합할 수 있도록 결합제를 섞어서 배합한 직물 형상을 말한다. 수분의 흡수가 잘되는 경향으로 인해 표면에 부풀음이 발생하기 쉬운 단점이 있다. 최근에는 라미네이션(Lamination)이 발생하지 않게 하면서도 강화섬유의 양을 늘일 수 있는 장점으로 인해 고강도 복합성형재료로 널리 사용되고 있다.

2) 티슈(Tissues)

길게 연결된 유리섬유를 불규칙한 방향성으로 고른 두께를 가지도록 수지와 합침하여 직물 형태를 만든 것으로 의미한다. 강도는 낮은 수준이어서 구조물 제작용으로는 사용되지 않는다. 주로 강도용으로 사용되기보다는 Surface Mat와 같이 내식용 등의 특수 목적용 표면 마감재로 사용된다.

3) 브레이드(Braids)

그림 2.34와 같이 강화 섬유를 나선형으로 교차하여 만든 원통형을 직물을 의미한다. 완성된 원통의 지름은 직조에 사용되는 원주 방향의(Circumference) 강화 섬유의 갯수에 따라 결정된다. 직조 방법은 평직, 능직, 수자직 등이 사용될 수 있으며, 강화 섬유의 교차 각도로 다양하게 적용할 수 있다. 주로 기둥, 안테나 및 기타 비틀림 강도가 요구되는 원통형 구조물에 적용된다.

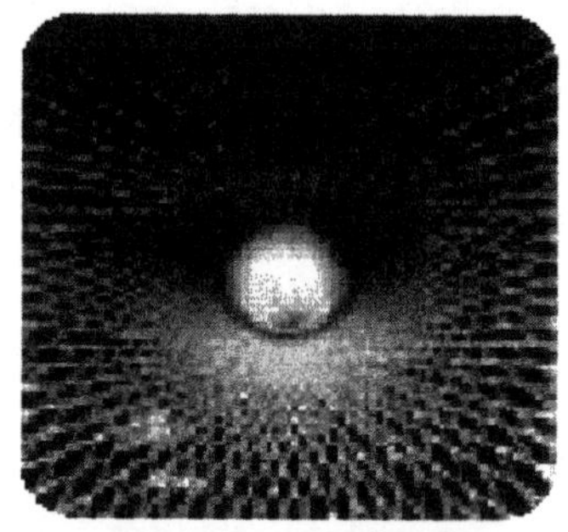

그림 2.34 브레이드(Braids)

2.4 Core 재료

기계적 강도 측면에서 어떠한 재료의 강도와 굽힘 인성(Flexural Stiffness)는 그 재료의 두께에 비례하게 된다. FRP에 적용되는 Core 재료는 여러 층으로 이루어져 있기 때문에 각 층간의 확고한 결속에 의해 충분한 굽힘 인성(Flexural Stiffness)이 확보되기 어렵다. Core 재료는 이러한 FRP의 단점을 보완하고 굽힘 인성을 확보하기 위해 적용되는 재료를 의미하며, 구조물의 기둥이나 내력벽과 같은 역할을 담당하게 된다.

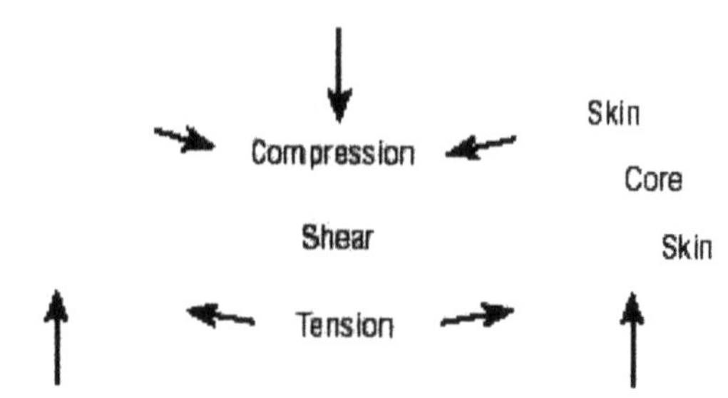

그림 2.35 굽힘 하중에서 Core가 적용된 FRP의 움직임

위 그림은 Core 재료가 적용된 샌드위치(Sandwich) 구조 FRP의 굽힘 하중에서의 움직임을 보여준다.

그림에서 Core 재의 위쪽에 위치한 표면층은 압축 하중을 받게 되고 아래쪽에 위치한 표면층은 인장을 받게 된다. 이 상태에서 Core 재가 가져야 할 가장 중요한 특성은 Shear 강도와 인성이라고 할 수 있다.

만약 가볍고 얇은 두께의 표면층을 사용하게 되면 Core 재료는 균열 발생없이 압축 응력에도 견딜 수 있어야 한다. 이러한 Core 재의 특성은 하중을 받는 구조재 얇은 표면층에 발견되는 주름 발생이나 부풀음을 예방할 수 있다.

2.4.1 Core 재의 종류

1) Foam Cores

Foam은 가장 일반적인 Core 재의 유형이다. Polyvinyl Chloride(PVC), Polyurethane(PU), Polystyrene(PS), Polyetherimide(PEI) 등의 다양한 유형의 합성 수지를 이용할 수 있다. 대개의 경우, 복합재료용으로 공급되는 수지의 밀도가 40~200kg/m^3 정도인데 비해 이들 Core 용으로 사용되는 합성 수지는 30~300kg/m^3 정도의 중량물을 사용하며, 적용되는 두께는 5~50mm까지 다양하다.

(1) PVC Foam

PVC Foam은 정적 및 동적 하중 특성을 가지고 있으며 우수한 발수(Resistance Water Absorption) 능력을 나타내고 있다. 저온 특성도 우수하여 -240℃~+80℃의 온도 영역에서 사용 가능하며 각종 화학약품에 대한 저항성도 우수하다. 일반적으로 사용되는 PVC Foam은 가연성이 있어서 화재의 위험성이 있는 곳에 적용하기 곤란하지만, 난연성 PVC도 생산이 되고 있기에 내화성 구조물로도 적용할 수 있다.

PVC Foam은 Styrene에 대한 적절한 수준의 저항성을 보유하고 있어서 Polyester 수지와의 복합 사용도 가능한 특성을 보이기에 산업용으로 가장 널리 사용되고 있다. 대부분 판상으로 공급되기에 원하는 모양으로 성형이 가능하다.

(2) Polystyrene Foam

Polystyrene Foam은 40kg/cm^3 정도의 가벼운 특징과 낮은 단가로 인해 널리 사용되고 있지만 기계적 강도가 약해서 고강도 복합재료로는 적용되지 않고 있다. Styrene에 녹는 성질이 있기 때문에 수지에 Styrene이 포함된 Polyster 수지 등과는 함께 사용할 수 없다.

(3) Polyurethane Foam

중간 정도의 기계적 강도를 가지고 있다. 장시간 사용하게 되면 Core 재와 수지 사이에 박리 현상이 발생하는 단점이 있다. 따라서 형강재 등의 단순 부재를 제작할 경우에만 제한적으로 사용된다. 경량재에 속하며 약한 강도의 벽체나 단열을 목적으로 사용된다.

소음을 흡수하는 성질이 있고 약 150℃ 정도의 고온에서도 사용이 가능하며 절단과 성형이 쉬워서 다양한 형태로 제작 가능하다.

(4) Polymethyl Methacrylamide Foam

동일한 조건에서 다른 Core 재료에 비해 가장 뛰어난 기계적 특성을 보이고 있다. 탁월한 구조적 안정성은 고온 성형을 가능하게 해준다. 그러나 가격이 워낙 비싸서 비행기 날개 등의 우주 항공분야에 제한적으로 적용된다.

(5) Styrene Acrylonitrile(SAN) co-polymer Foam

PVC Foam과 비슷한 수준의 동적 특성을 보이고 있으며, 우수한 연성과 인성을 나타낸다. SAN Foam의 우수한 인성은 그 자체의 고분자 특성에 기인한 것으로서 장시간 사용해도 급격한 인성의 변화를 보이지 않는다. 고온 사용의 안정성과 우수한 연성 인성으로 PVC를 대체해 가는 추세이다. 성형성이 우수하여 상온 및 저온에서의 성형도 유리하다.

(6) 기타 열가소성 수지 Foam

이상에서는 Core 재료로 사용되는 열경화성 수지의 특징에 대해 설명하였다. 그러나 열경화성 수지 이외에 여러 가지 단점에도 불구하고 수지를 구분할 때 소개한 열가소성 소재의 적용은 꾸준히 증가되고 있다. 가장 대표적인 것이 PEI Foam, Expanded Polyetherimide/Polyether sulphone들이다. 이들 소재는 서로 복합되어 고온에서 탁월한 내화성 기능과 함께 최저 -194℃～+180℃의 온도 영역까지 활용 범위가 넓은 것이 특징이다. 가격이 비싸다는 단점이 있지만 우수한 내화성(Fire Resistant) 기능과 고온 특성으로 인해 주로 우주 항공 분야에 많이 적용되고 있다.

2) 하니콤(Honeycombs)

종이에서부터 금속재료까지 사용되는 용도와 목적에 따라 매우 다양한 재료를 적용할 수 있는 것이 하니콤(Honeycomb) Core의 특징이라고 할 수 있다. 벌집 모양의 육각형 구조인 하니콤(Honeycomb) Core는 그 형상의 특징으로 인해 판상으로 제작이 쉽고 가열이나 압력을 가하지 않고도 특별한 성형의 어려움 없이 다양한 형태로의 변형도 가능하다.

열가소성 소재의 하니콤(Honeycomb) Core 재료는 사출로 제작된 것을 잘게 잘라서 사용하며 종이나 알루미늄등 플라스틱 이외의 재료로 만들어지는 하니콤(Honeycomb) Core는 여러 층으로 적층하여 사용한다.

이런 재료는 미리 판상의 얇은 층으로 절단한 부재에 접착제를 바르고 원하는 형상에 맞추어 조립하면서 가열이나 가압의 방법으로 완성한다.

이렇게 만들어진 것을 "Block Foam"이라고 하며, 연속된 육각형의 구조물 형상으로 펼쳐져서 사용된다.

하니콤(Honeycomb) Core의 기계적 특성을 좌우하는 것은 가장 작은 단위인 육각형 구조의 크기와 육각형을 이루는 부재의 두께와 강도라고 할 수 있다.

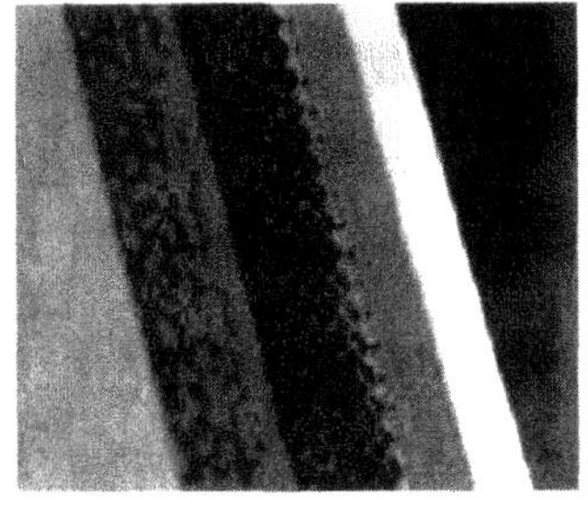

그림 2.36 대표적인 하니콤(Honeycomb) 구조와 하니콤 판넬(Pannel) 단면

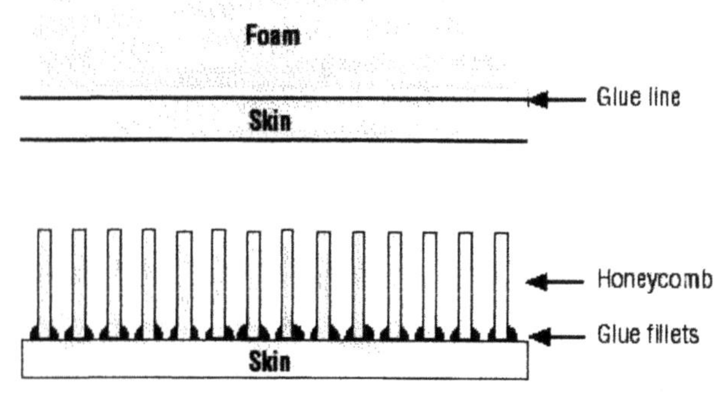

그림 2.37 Foam과 Honeycomb을 사용한 경우의 표면층과의 접촉면 비교

사용되는 부재는 보통 3~50mm 두께의 판상 재료를 사용하며, 한번에 제조되는 판넬(Pannel)의 크기를 1200×2400mm정도가 되게 한다. 하니콤(Honeycomb) Core 재료는 가벼우면서도 강한 강도와 매우 얇고 우수한 안정성을 나타내지만, 접착면이 작은 단점으로 인해 Epoxy수지 등과 같은 접착력이 우수한 주로 고기능성 수지와 함께 적용된다.

(1) 알루미늄 하니콤(Aluminum Honeycomb)

알루미늄 하니콤(Aluminum Honeycomb)은 하니콤 재료 중에 가장 우수한 수준의 비강도(Strength/Weight Ratio)를 나타낸다.

앞서 설명한 바와 같이 원소재인 알루미늄의 종류와 두께 그리고 하니콤(Honeycomb)의 크기에 따라 Core 재료의 강도가 결정된다. 현장에 공급되는 알루미늄 하니콤은 펼쳐지지 않은 상태로 공급되므로 사용 전에 펼쳐서 판상으로 만들어 사용해야 한다.

알루미늄 하니콤(Aluminum Honeycomb) Core 재료는 저렴한 가격, 우수한 기계적 특성이 있지만, 해수분위기에서는 잠재적인 부식의 위험성으로 인해 사용이 제한된다. 이런 경우에는 하니콤(Honeycomb) Core가 직접 해수에 접촉된 상태에서 탄소강과 접촉되지 않도록 해야 한다. 해수분위기에서 탄소강과 접촉한 알루미늄은 갈바닉부식(Galvanic Corrosion)으로 손상되어 구조물의 수명을 단축하고 안정성을 해칠 수 있다.

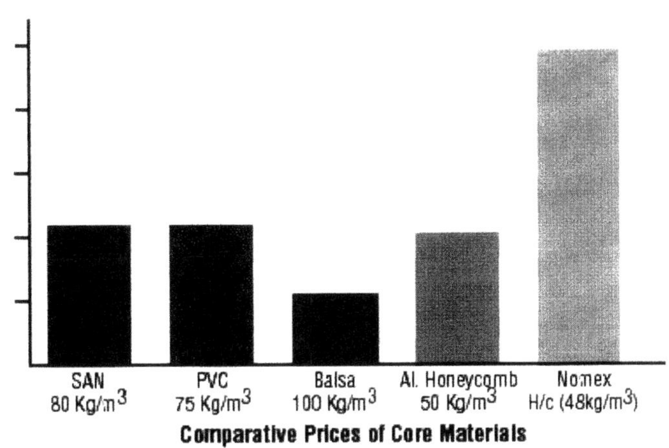

그림 2.38 Core 재료의 상대적인 가격 비교

알루미늄 하니콤(Aluminum Honeycomb)의 또 다른 주의 사항은 알루미늄은 복원성이 없다는 점이다. 알루미늄의 경우에는 외부의 충격에 의해 한번 형태가 변형되면 스스로 복구가 되지 않지만, 수지는 회복하려는 경향이 있기 때문에 외부 충격에 의해 변형된 부분에서 수지와 Core재인 Honeycomb사이에 박리가 발생하게 되어 결과적으로 구조적인 안정성이 떨어진다.

(2) 노멕스 하니콤(Nomex Honeycomb)

다른 Core재료가 섬유상의 강화재를 사용하는 것과 비교하여 노멕스 하니콤(Nomex Honeycomb)은 케블라(Kevlar)라는 합성 섬유를 기본으로 하여 종이 형태의 판재를 이용하여 만들어진다. 제조 과정 초기에 만들어진 종이 형태의 판재를 페놀수지(Phenolic Resin)에 담가서 우수한 기계적 강도와 난연성을 확보하도록 한다.

난연성과 가벼운 특성을 활용하여 주로 항공기 내장재 등의 장식용으로 사용된다. 최근에 들어서 우수한 기계적 특성과 난연성 및 가벼운 특성과 구조적인 안전성으로 인해 단가가 비싼 단점을 극복하고 그 활용도가 증대되고 있다.

(3) 열가소성 하니콤(Thermoplastic Honeycomb)

열가소성 수지를 이용한 하니콤(Honeycomb)은 가볍고 재활용이 가능하다는 장점으로 인해 활용도 증대가 기대된다. 그러나 아직까지는 수지층 및 마감층과 하니콤(Honeycomb) 사이의 접착강도가 작고 강도가 작은 것이 단점으로 지적되어 사용에 제한이 있다. 주로 실내 내장재로 사용되고 있으며 다음과 같은 종류가 있다.

표 2.34 열가소성 하니콤 Core 재료의 특성

Core 재료	대표적인 특성
ABS	강성, 충격 강도, 인성 표면 경도, 구조적 안전성이 있다.
Polycarbonate	자외선에 강하고, 침투성이 약하다. 고온에 강하며 소화(消火) 기능이 있다.
Polupropylene	화학약품 저항성이 강하다.
Polyethylene	일반적인 용도로 가격이 저렴하다.

(4) Honeycomb Sandwich Panel이 갖추어야 할 특성

① 표면은 충분한 두께를 가지고 있어 일정하중에서 인장, 압축, 전단응력을 견디어야 한다.

② 일정하중에서 Core는 충분한 강도로 전단응력에 견디어야 하며, 접착필름은 전단강도값을 충분히 Core에 전달분배해야 한다.

③ Core는 적당한 두께로 일정하중하에서 Sandwich의 전반적인 찌그러짐을 견딜 만한 전단 모듈러스를 가져야 한다.

④ Core와 표면재료의 압축 모듈러스가 충분하여 표면주름을 방지할 수 있어야 한다.

⑤ Core cell은 일정하중하에서 표면 cell사이에 움푹 들어가지 않도록 비교적 작은 최적의 cell size로 설계되어야 한다.

⑥ Core는 판넬의 표면에 작용하는 집중하중에 부러짐을 방지할 수 있는 충분한 압축강도를 가져야 한다.

⑦ Sandwich 구조는 일정하중으로 변형된 상태에서도 충분한 굴곡전단강도를 가져야 한다.

3) 목재(Wood)

목재는 가장 천연적인 하니콤(Honeycomb)재료로 구분할 수 있다. 미세구조를 보면 합성 하니콤의 육각형 구조와 가장 유사한 섬유 조직을 갖추고 있다. 목재는 방부처리 및 기타 여러 가지 화학적 처리에도 불구하고 수분에 약하여 수지로 완전하게 감싸지 않으면 썩어서 수지층과 박리되기 쉽다.

(1) 발사(Balsa)

발사목재는 현재 사용되는 목재 종류 중에 가장 대표적인 것으로, 1940년대에 수상비행기의 동체에 처음 적용되기 시작했다. 당시 알루미늄으로 외부 마감을 하고 내부에는 발사목재를 사용하여 착륙시 물의 충격저항을 이겨내도록 적용되었다. 이러한 사용 이력으로 인해 지금까지도 수상용 FRP 구조물의 Core 재료로 많이 사용되고 있다.

발사목재는 압축강도가 뛰어나고 단열의 효과가 있으며 우수한 소음 차단의 역할도 담당한다. 또한 수상 구조물로 사용될 경우에 물에 뜨는 성질이 있고, 간단한 도구만으로도 가공이 쉬운 장점이 있다.

발사목재는 진공상태나 가압상태에서 수지와의 함침성이 아주 좋다. 그러나 밀도가 크고 함침 단계에서 다량의 수지를 포함하여 다른 Core 재료를 사용할 경우에 비해 구조물의 중량이 커지는 단점이 있다.

(2) 삼나무(Cedar)

삼나무는 발사에 비해서는 그리 많이 사용되지는 않는 재료이다. 주로 선박의 길이 방향 부재로 사용되는 경향이 있다.

2.4.2 Core 재료의 기계적 성질 비교

다음의 그림은 Core 재료들의 전단응력과 압축강도를 비교한 것이다.

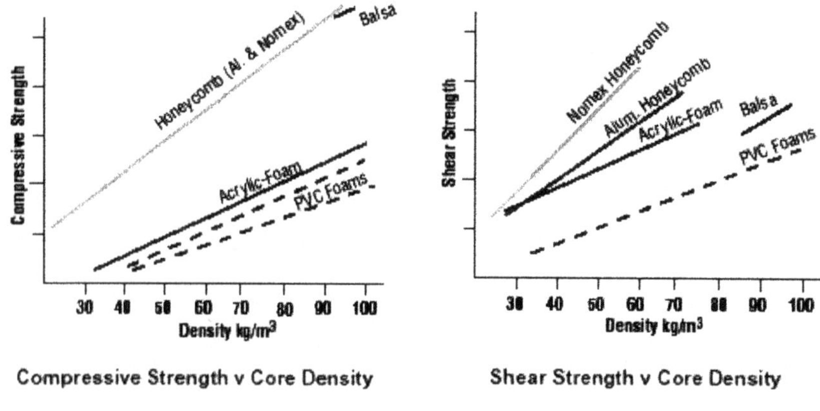

그림 2.39 Core재료의 밀도와 기계적 성질 비교

그림에서 점선으로 표시된 내용은 각 Core 재료의 밀도를 나타내고 있다. 거의 모든 Core 재료는 밀도가 커짐에 따라 기계적 특성이 향상하는 경향을 보인다.

2.5 부자재

부자재에는 수지를 경화시키는 경화재, 성형시의 경화 반응을 조절하는 촉매나 촉진제, 성형물의 특성의 향상 등을 목적으로 한 충전재가 있다.

일반적으로 Matrix 수지는 반응 개시, 생장 반응, 정지 반응 등의 과정을 거치면서 경화하지만 촉매는 스스로가 분해하여 생기는 래디칼(Radical)에 의해 반응을 개시시키는 역할을 담당하고 있다. 또 촉진제는 촉매의 분해를 도와 경화를 촉진시키는 화학 물질이지만, 이의 역할과는 별도로 화학 반응의 촉진은 열이나 자외선 등에 의해 더욱 가속된다.

이밖에 FRP 제품의 상품가치를 높이기 위하여 첨가되는 안료나 표면 층의 형성에 사용되는 Gel Coat 등이 있다. 또 성형 시에 사용되는 부자재로서 FRP 성형물을 형틀(Mold)로부터 쉽게 떼어낼 수 있도록 하는 이형제가 있다. 통상적으로 사용되는 이형제는 필름이나 왁스에 의한 외부 이형제 외에 매트릭스(Matrix) 수지에 혼합하여 사용하는 내부 이형제 등이 있다.

2.5.1 결합제(Coupling Agent)

결합제는 수지(고분자 재료)와 강화 섬유를 연결해 주는 일종의 접착제이다. 이 결합제의 성능에 따라 제품의 사용온도 등에 영향을 받는다.

1) 실란(Silane)계 결합제

실란계 결합제는 계면접착 향상을 목적으로 사용하며 유기고분자와 무기 섬유를 물리적, 화학적으로 연결시켜 줄 수 있는 화학물질로서 주로 유리섬유의 표면처리에 이용된다.

실란계 결합제는 유리섬유 표면과 반응할 수 있는 수산기(-OH)와 유기 고분자와 상호작용을 할 수 있는 활성기를 가지고 있다.

다음 그림에서 실란계 결합제의 활동을 보여주고 있다.

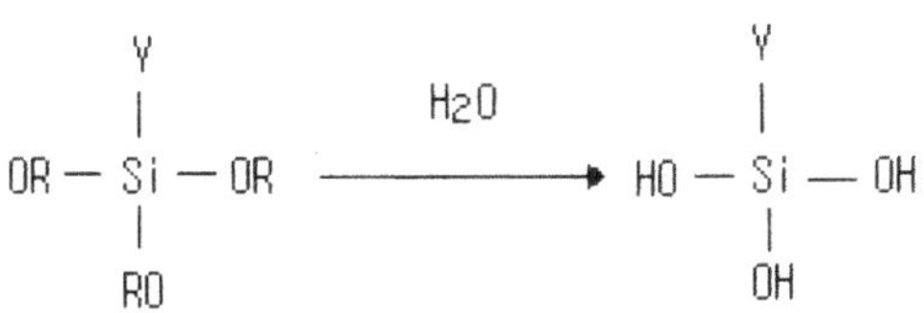

그림 2.40 실란계 결합제의 역할

여기에서 Y는 유기고분자와 상호작용을 할 수 있는 활성기로 Methacrylate, Amine, Epoxy, Styrene 등을 나타낸다.

실란계 결합제를 적절히 가수분해하여 이를 유리섬유에 도포시키면 물리적인 흡착, 용매 증발과 숙소 결합의 과정을 거쳐 표면 중합이 일어나게 된다. 실란계 결합제의 수산기는 유리섬유 표면으로 배열하게 되고 유기 고분자와 상호작용을 할 수 있는 활성기는 바깥으로 정열하게 된다.

상업적으로 시판되고 있는 실란계 결합제의 종류는 다음과 같다. 각각의 결합제는 그 효과가 유기고분자의 종류에 따라 다르므로 사용하고자 하는 유기고분자의 종류에 따라 적절한 결합제가 선택되어야 한다.

2) 비실란계 결합제

비실란계 결합제로는 Organic Titanates가 상업적으로 널리 사용되고 있다. Organic Titanates계 결합제는 다음과 같은 형태를 가진다.

$$(RO)_M - Ti - (OX - R^2 - Y)_N \quad \text{여기서 } 1<M<4,\ M+N<5\text{이다.}$$

무기섬유 혹은 무기 충전재와 Organic Titanates 결합제의 반응으로 복합재료 시스템의 점도를 떨어뜨리고 계면 접착을 향상시킴으로써 복합재료의 최종 물성을 대폭 증가시킬 수 있다.

2.5.2 경화제, 촉진제

불포화 폴리에스터(UP)의 성형방법에는 여러 가지 종류가 있으나, 크게 온도를 기준으로 구분하면 상온경화, 중온경화, 고온경화 등으로 구분된다.

이들 가열 온도에 의한 분류외에 자외선 경화, 광경화등 조사(照射)에 의한 경화 구분 방법도 있다. 상온경화는 Hand Lay Up, Spray Up 등의 접촉압 성형법(接觸壓 成形法)이 대표적이다.

중온경화는 Filament Wind법, 연속 Pannel 성형법 등이다. 이 방법들은 특히 상온에서의 Pot Life(사용 가능 시간)을 길게 하는 효과도 있기 때문에 일반적으로 상온경화보다 촉진제를 적게 넣고 사용한다.

고온경화는 SMC, BMC 성형법 등이 대표적이다. 이것들은 100℃ 이상에서 경화시키는 것이 일반적으로 상온에서는 극히 안정하며, 고온에서 급격히 Radical을 발생하여 분해하는 것이 적합하다. 사용 목적에 적합한 경화제의 선정에 필요한 기초 자료는 JIS K 6901등에 제시된 가열경화 시험에 의한 겔화시간, 경화시간, 최고 발열 온도 등의 데이터를 사용한다.

에폭시(EP) 수지의 경화제는 그 자체가 경화 후의 구조에 들어가는 경우가 있기 때문에, 경화물의 물성에 커다란 영향을 준다. 이러한 이유로 경화제는 점도와 경화조건을 포함하여 신중하게 선정할 필요가 있다.

2.5.3 충전재

충전재는 증량재라고 불려지는 경우도 있으나, 이것은 충전재의 하나의 기능을 표현하고 있는데 불과하며 적절한 표현은 아니다. 그러나 충전재의 체적당 가격이 수지보다 싼 것이 많기 때문에 충전재에 의한 증량 효과를 기대할 수는 있다.

증량 효과 이외에 충전재의 역할로서 생각되는 것은 점도 조절 작용이다. 특히 Hand Lay Up법에서는 수지가 흘러내리는 것을 방지하는데 요변성 부여(搖變性 附與) 충전 재료로서 미분(微粉) 실리카를 충전한다.

요변성의 정도는 요변도(搖變度)로서 표시된다. 성형품의 형상에 따라서 필요한 요변도가 있기 때문에 수지의 검사표 등으로 확인한다. 성형품에 투명성이 요구될 경우 요변도를 크게 할 수 없기 때문에 주의를 요한다.

SMC, BMC에서는 가압(Press) 성형, 압출(Injection) 성형을 할 때, 유리섬유(GF)와 수지가 최대한 함께 유동하는 것이 바람직하여 상당한 량의 충전재를 첨가한다. 일반적으로 탄산칼슘을 충전재로 사용한다.

충전재는 그 목적에 따라서 입도분포(粒度分布), 표면처리, 입자의 형상, 재질을 결정한다. 첨가량을 증가하면서 점도의 상승을 억제하고 싶을 때는 구성(球狀)으로 입도(粒度)가 큰 것이 좋으며, 반대의 경우에는 불규칙한 형상의 미립(微粒)으로 된 것이 적합하다.

충전재는 종류에 따라서는 특별한 효과를 나타낼 때가 있다. 예를 들면, 수산화(水酸化) 알루미늄은 화염 등으로 가열되면 결정수(結晶水)를 방출하여 냉각효과를 발휘한다. 따라서, 수산화 알루미늄은 뛰어난 난연성 충전재로 사용된다. 무기질 충전재에서는 투입량이 많으면 결과적으로 유기물(수지 등)의 비율이 줄어들게 되어 그 만큼이라도 다소의 난연효과가 나온다.

할로겐(Halogen)계 난연성 수지와 삼산화(三酸化) 안티몬의 조합과 같이 연소에 대하여 억제 효과를 나타내는 경우도 있다.

충전재의 첨가에 의해서 수지의 경화수축, 냉각수축에 의한 뒤틀림이 완화되는 효과도 있어서 수지 크랙의 발생을 억제하는 효과도 있다.

속이 빈 실리카 바룬, 그라스 바룬 등을 충전재로 첨가하면 일반적인 효과 이외에 경량화 효과가 나타난다. 또 빠데 등을 사용한 경우에는 연마하기가 쉽다는 특징도 있다. 또한 나사를 이용한 결합, 못치기에 대하여도 비교적 간단하게 할 수 있다는 이점도 있다.

충전재의 사용에 있어서 가장 주의할 점은 내약성(耐藥性)이다. 탄산칼슘은 산에 대하여는 대단히 약하며 간단하게 녹아버린다. 규석분(硅石粉)은 산성에는 유효하다. 유산바륨은 산, 알카리 양쪽에 대하여 견딘다.

Carbon Black은 좋은 내약품성을 가지고 있으나 품종에 따라서는 경화지연 또는 촉진을 일으키는 일이 있기 때문에 신중하게 사용할 필요가 있다.

2.6 안료

불포화 폴리에스터(UP)에 사용하는 안료는 분말안료를 전색제(展色劑)로 혼련(混練), 분산시킨 Color Toner가 쓰여진다. 조색은 전문적 Toner Maker에게 의뢰하는 일이 많으며 사용하는 수지의 색, 충전재의 량, 유리섬유(GF) 함유율을 등 부대적인 여러 조건을 이해하고 Color Sample을 만들도록 배려할 필요가 있다. 또 사용되는 장소에 따라서는 특히 내후성을 고려하지 않으면 조기에 퇴색하는 경우가 있다.

이러한 일은 유기안료에 흔한 일이기 때문에 신중하게 선정하는 것이 좋다. 일반적으로 안료선정에 있어서는 아래 사항에 주의할 필요가 있다.

- 수지의 경화 특성에 커다란 영향을 주는 수가 있다. 이미 설명한 Carbon Black은 그 예로서 종류에 따라 작용이 다르다.
- 수지의 점도 특성에 영향을 주거나 성형시에 변색하여 버리는 일이 있다.
- 성형 경화물의 제특성에 영향을 주는 수가 있다.
- 압축성형 등과 같이 GF와 수지배합물이 마찰되거나 압박되는 경우에는 안료의 딱딱한 입자가 섬유에 상처를 입히거나 강도저하를 일으키는 일이 있다.
- 사용되는 전색제(展色劑)에 따라서는 적합하지 않는 경우가 있다.

이상과 같이 안료의 선정에는 충분한 지식과 경험이 필요하기 때문에 토너(Torner) 메이커와 사용조건을 잘 상담한 후에 결정하는 것이 바람직하다.

2.6.1 이형제

1) Hand Lay Up용

왁스 상태의 물건이 일반적으로 사용된다. 목형으로 직접 성형하는 경우에는 몰드(Mold) 표면을 Surface Primer 등으로 마무리하고, 그 위에 충분하게 왁스를 바르고 닦는다. 몰드를 처음 사용하기 때문에 이형성(離型性)이 불안한 경우에는 PVA 용액을 사용하는 것도 유리할 것이다.

Silicon계의 이형제는 이형 성능은 좋으나 성형품 표면을 도장할 경우에는 겉돌기 쉬우므로 주의를 요한다.

2) 가열 금형용

SMC, BMC 등은 내부에 이형제가 들어 있기 때문에 금형을 사용하기 시작할 때에 왁스를 충분히 사용하면 나중에 꽤 쉽게 이형을 할 수 있게 된다. 또 낙인형(烙印型)의 것도 많은 횟수동안 사용할 수 있다.

가열형에서는 성형품의 자웅(雌雄) 어느 쪽이 금형에 남아 있느냐에 탈형작업의 난이도가 영향을 받기 때문에, 붙이고 싶은 쪽에 적극적으로 Under-Cut를 붙이거나 온도의 차이를 준다거나 하는 연구를 해야 한다.

3) 기타 성형법

SMC 등에서는 스테아린산아연이 흔히 사용되나 이들 내부 이형제는 사용 방법에 따라서는 대단히 효과적이다. 인발성형에서도 내부 이형제는 중요하다. 인산에스터계 이형제는 효과적이나 탄산 칼슘과의 사이에서 중화증점(中和增粘) 작용을 일으킨다. 이미 중화된 것을 사용할 경우도 있다.

2.7 성형재료

성형 재료는 섬유를 수지, 경화재 등에 미리 혼입한 것으로서 프레스 성형법 등에 의해 가열가압 성형하기 위한 재료이다. 이와 같은 것은 섬유를 Matrix에 균일하게 분산시켜 기계 성형에 의해 양산화하기 위한 방법으로 수지의 경화특성을 이용한 것이다.

이들의 종류에는 섬유를 Cloth, Roving, Mat의 상태에서 미리 Matrix 수지에 함침(Saturation, Wetting, Penetration)시켜 경화시킨 Prepreg와 점성을 증가시키고 섬유를 함침시켜 경화되지 않도록 처리한 Compound가 있다.

이것은 열, 빛(UV), 압력과 같이 경화 또는 부형(賦形)에 필요한 외적인 조건만을 제공함으로서 성형품을 만들 수 있는 다성분계의 재료이며, 열경화성 FRP 성형재료로서는 SMC, BMC, Prepreg를 소개하고 열가소성 FRP 성형재료로서는 Pallet 형태의 FRTP, Stampable Sheet에 관해서 소개한다.

2.7.1 성형재료의 특성

이들 성형재료는 다음과 같은 공통적인 특징을 가지고 있으며, 응용범위가 더욱 확대되어 시대의 흐름에 알맞은 재료가 되고 있다.

1) 성형재료의 장점

① 가열, 가압성형을 하는데 그치는 재료로서 취급이 간단한 위생적인 재료 또는 옥내에서 제조할 수 있는 재료

② 성형 사이클이 빠르고, 대량생산에 적합함. 공정의 자동화가 쉽다. 조건이 확립되면 기능차가 발생하기 어렵다.

③ 성형형상의 자유도가 크며, 일체성형이 가능한 재료이다.

④ 내열성, 강도, 탄성률, 치수안전성이 뛰어나다.

2) 성형재료의 단점

① 성형시의 유동 또는 연신(延伸), 섬유의 배향 등에 의해 강도(Strength)나 외관 문제가 발생하기 쉽다.

② 성형재료를 한번 제조하여 실패하면 수정하여 고치기가 매우 어려운 재료이다.

③ 설계 Data가 부족하여서 경험에 의한 문제 해결이나 시행 착오적 요소가 많다.

④ 실비 투자 경비가 많다.

2.7.2 성형재료의 종류

1) SMC(Sheet Molding Compound)

SMC는 UP, 충전재, 이형재, 착색제, 경화제 등을 섞은 혼합물에 증점제(增粘劑)를 혼합한 Compound를 PE Film 위에 도포하고 GF를 그 위에 뿌려서 양자를 압착 함침(Saturation)시켜 Sheet형태로 하여 감아서 실내 온도 혹은 적절히 가열한 상태에서 숙성시켜 제조한다. 증점재로는 불포화 폴리에스터 중의 Carboxyl기와 반응하여 얻어지는 산화마그네슘(MgO), 수산화마그네슘($Mg(OH)_2$) 등 알카리토류 금속의 산화물, 수산화물이 사용되는 것이 일반적이다. Compound가 GF를 함침한 후에 이 증점재가 수지 말단의 산기와 반응하여 분자량을 높이거나, 혹은 분자 중의 Carbonyl기와 수소 결합화하여 분자운동을 구속함으로서 점착성이 없는 성형재료가 된다.

SMC는 금형 내에서 유동되는 재료이기 때문에 유동에 따른 GF의 배향이나 접힘 혹은 접착점이 생겨서 강도의 이방성 결함부가 되어 외관을 해치는 일도 있다. 그러므로 성형재료의 선택과 그것에 합당한 성형조건 설계나 금형설계, 제품설계가 극히 중요한 요소가 되므로 특히 주의를 요한다. 주로 욕조 등의 제작에 많이 적용된다.

표 2.35 고강도 SMC의 성질

주요물성	이소계 폴리에스터 MgO	이소계 폴리에스터 우레탄계
SMC의 성분 : 그라스/수지	65/35	65/35
휨 강도(MPa)	356.7	377.3
휨 탄성률(MPa)	13,720	14,406
인장 강도(MPa)	223.4	226.4
인장 탄성률(MPa)	13,720	15,092
신장률(%)	2.0	2.1
Izod 충격 에너지(J/m)*	1,060	1,910
층간 전단강도(쇼트빔법)(Mpa)	22.5	24.5

* Test 조건은 ASTM D256에 따라 23±2℃(73.4±3.6°F)에서 50±5%의 습도

표 2.36 SMC의 배합 예

재료구분		일반형	저수축성형	무수축성형
폴리에스터 수지	OCF-E-600	100부	-	-
	OCF-E-955	-	75	-
	OCF-E-933	-	-	60
저수축부여 수지	OCF-E-571	-	25	-
	OCF-E-573	-	-	40
분말 폴리에티렌		6	6	-
촉 매	tBPB	1	1	0.5
	tBPO	-	-	0.5
이 형 제	스테아린산아연	4	4	4
충 전 제	탄산칼슘	150	150	150
착 색 제		8	8	-
중 점 제	MgO	1	1	-
	Mg(OH)2	-	-	4
유리섬유(%)		25~30	25~30	25~30

SMC는 아래 그림에서 보여지는 것과 같이 섬유 강화재의 형태에 따라 크게 4가지로 구분된다. SMC-R은 Random 섬유를 사용하며, 섬유의 길이는 4~8mm 정도이다. 형상이 복잡하고 Rib, Boss 등이 많은 구조물에 사용하며, 최종 제품은 각 방향에 대하여 강도가 대체적으로 균일한 것이 특징이다. SMC-C는 일방향으로 정렬된 강화 섬유가 들어 있는 것으로 한쪽 방향의 강도가 크게 요구될 때 사용된다. SMC-C-R은 연속섬유와 Random 섬유의 복합상이며, SMC-D는 단섬유를 방향성이 있도록 배열한 것으로 각각의 특성에 맞게 사용된다.

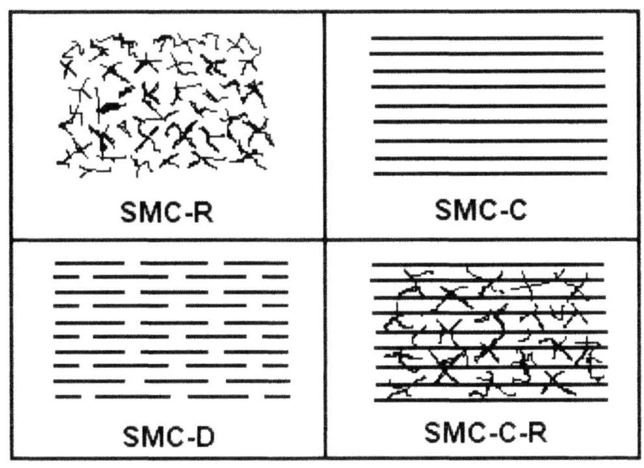

그림 2.41 보강재에 따른 SMC의 구분

2) BMC(Bulk Molding Compound)

제조 방법은 UP에 경화제, 이형제, 착색제를 혼합한 것과 충전재를 혼합하고, SMC와 마찬가지로 증점제(增粘劑)를 혼합한 후에 GF를 균일하게 분산 혼합한다. 혼합이 완료되면 소정의 크기나 형상으로 만들어 숙성해서 BMC로 만든다.

BMC 중에는 증점제를 사용하지 않는 습식 Pre-Mix 또는 DMC(Dough Molding Compound)와 Styrene Monomer를 사용하지 않은 건식 Pre Mix가 있다. 이것들은 BMC와 마찬가지로 압출 혼련기(押出混練機)로 제조한다.

BMC 원료면에 있어서 SMC와 거의 같은 방법으로 사용되며 배합비율과 GF의 길이나 함유율에 특색이 있다.

GF는 1/4~1/2 인치의 Chopped Strand의 형태로 5~30% 함유되지만 혼련 공정을 거치기 때문에 GF 함유율은 10~20%로 SMC보다 낮은 것이 많다. 그만큼 충전재를 많이 사용하는 것이 일반적이다. 이것은 나중에 설명하겠지만 BMC의 장점과 결점에 영향을 미치는 특징적인 사항이다.

BMC의 제조는 배치(Batch) 방식으로 행해지고 있으나 에너지 절약, 생산성의 향상 등의 관점에서 압축 혼련기에 의한 연속 자동 혼련 장치도 사용되고 있다.

BMC의 문제점으로는 성형재료를 제조할 때의 GF의 손상, 혼련(混練)의 어려움으로 강도가 떨어지는 일이다. 이러한 강도 저하는 GF의 길이의 짧음이나 함유량의 한도, 충전재가 다량으로 사용되는 점 등에 원인이 있다. 따라서, BMC나 Premix의 품질 개선은 혼련시 및 성형시의 GF의 손상을 어떻게 적게 하며, 성형품의 강도를 얼마나 향상시키느냐가 커다란 과제이며 적정한 혼련기의 선택이 필요하다.

한편 SMC에 비하면 GF가 짧고 손상을 입을수록 분산되며 또한 충전재가 많기 때문에, BMC 성형재료는 복잡한 성형품의 단부(端部)까지 비교적 균일계(均一系)로 유동하고, 또 GF의 분산의 균일성이나 내압이 걸리기 쉽기 때문에 성형품의 표면 평활성, 핀홀(Pin Hole) 등에서 우수하다.

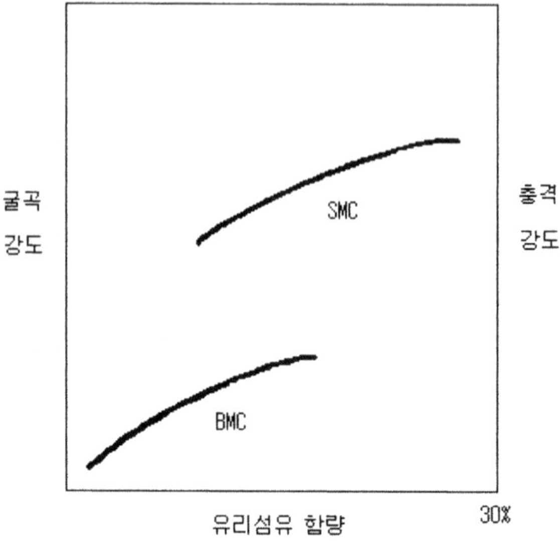

그림 2.42 SMC와 BMC의 강도 비교

BMC의 형상은 채택되는 성형법에 따라서 결정된다. 사출 성형에서 습식 BMC는 괴상(塊狀)이 적용되고, 건식 BMC는 Pallet상이 주로 적용된다. 압축성형이나 Transfer 성형에 채택되는 습식 BMC는 봉상(捧狀)이나 지상(枝狀)으로 압출기에서 일정한 중량으로 계량(計量)된 것이 많다.

사출성형에 있어서의 양산성(量産性)이나 자동화의 특징을 살려서 최근에는 강도 개량을 꾀하는 방식이 몇 가지 실용화되고 있다.

SMC 그 자체를 사출 성형하거나 사출 압축 성형으로 GF의 손상을 적게 하기도 하고 재료 혼합시 로러(Roller) 방식을 채용하거나, 공중에서 Compound를 Spray하여 함침시키거나, 재료 자체 또는 성형시의 강도 향상책이 채용되어 종래의 SMC와 BMC의 경계가 없어지는 경향이 나타나고 있다.

3) 프리프레그(Prepreg)

섬유 보강재와 고점도 수지를 사용한 복합재료 공정은 수지를 섬유 보강재에 함침하는 Impregnation과 고온 및 고압을 이용하여 Laminate를 압축하는 Consolidation 두 단계로 이루어져 있다. Consolidation 공정은 열경화성 수지에서 경화반응이 열가소성 수지에서는 결정화 반응이 수반된다.

프리프레그(Prepreg)는 용어에서 의미하는 바와 같이 Prepregrnated 소재로서 수지와 섬유가 최종 제품에서 요구하는 비율로 이미 함침되어 있으며, 부수적인 화학처리가 불필요하고, 복잡한 구조물 형상을 용이하게 제작할 수 있다는 장점을 갖고 있다.

프리프레그(Prepreg) 제조 공정에서 가장 기본적인 수지 함침 공정은 수지가 섬유 보강재에 고루 함침되고, 그 과정에서 강화 섬유의 변형이 없어야 하며, 내부에 기공이 남아 있지 않아야 한다.

완성된 프리프레그(Prepreg)는 주로 한쪽면에 접착제가 도포되어 있는 Tape 형태이다.

(1) 프리프레그(Prepreg)의 종류

프리프레그(Prepreg)는 사용되는 섬유 보강재의 종류에 따라 Unidirectional Type 및 Woven Type Prepreg 두 가지로 구분된다. 또한 Woven Prepreg는 직물의 형태에 따라 Plain Weave, Satin Weave, Twill Weave로 세분된다.

프리프레그(Prepreg)제조에 사용되는 섬유 보강재는 거의 모든 강화 섬유가 사용되며, 대표적으로 사용되는 수지도 특별한 구분이 없다.

(2) 프리프레그(Prepreg) 제조 공정

분자량이 상대적으로 작은 열경화성 수지의 상업용 프리프레그 공정은 크게 분류하여 용액속에서 함침하는 Solution Impregnation과 고온에서 반 용융 상태로 함침하는 Hot-Melt Impregnation의 두 가지로 구분된다.

① Solution Impregnation

섬유 보강재를 점도가 낮은 용매와 혼합된 수지에 통과시킴으로써 수지 함침을 하는 방법으로 일반적으로 직물의 함침에 널리 사용되었다. 이 방법은 수지의 양을 정확하게 조절하기 어렵고 수지 함침 후 수지에 함유된 용매을 제거하기 위하여 건조기가 부착되어야 하는 어려움이 있다.

② Hot-Melt Impregnation

용매를 사용하여 수지를 녹이지 않고 고형상으로 굳어진 수지를 얇은 필름 상으로 절단하고 미리 분산된 섬유 보강재 표면에 점착시킨다. 고르게 점착된 수지와 섬유 보강재를 함침로를 통과하면서 고온 및 고압하에서 압축하여 수지를 함침하는 방법으로서 Unidirectional Tape에 널리 사용되고 있다. Hot-Melt Prepreg 공정은 섬유분산(Fiber Pre-Spreading), 수지흡착(Resin Coating), 수지함침(Resin Impregnation), 냉각(Cooling) 및 제품 완성(Take-Up) 등의 5가지 기본 공정으로 이루어져 있다.

㉮ 섬유분산(Fiber Pre-spreading)

수지함침에 앞서서 섬유 보강재를 균일하게 분산시키는 단계로서 프리프레그 제작사들이 가장 노출을 꺼리는 부분이며, 나름대로의 고유한 know-how에 의해 수행된다. 일반적으로 금속 혹은 실리콘 계통의 고분자로 제작된 적은 반경의 튜브를 일렬로 배열하거나 Roller의 좌우 상하 진동을 이용한 방법이 적용된다.

㉯ 수지흡착(Resin Coating)

균일한 두께를 갖는 수지층을 연속적으로 생산하는 공정이다. 직물을 수지가 담겨있는 통을 통과하도록 하여 균일한 두께의 수지가 입혀지도록 한다. 수지의 두께는 속도와 수지의 점도에 의해 결정된다.

㉰ 수지함침(Resin Impregnation)

수지를 섬유 보강재에 함침하는 과정은 서유 보강재의 투과도, 온도, 압력, 속도 등 여러 가지 변수에 의해 결정된다.

온도는 수지 점도를 결정하며, 속도는 수지가 함침 영역에 체류하는 시간을 결정한다. 실제 생산 공정에서는 경험치에 의해 이들 변수가 결정되곤 한다.

㉱ 냉각(Cooling)

수지와 섬유가 함침된 프리프레그(Prepreg)는 함침 영역을 통과한 후에 공기나 물을 이용하여 냉각된다. 프리프레그(Prepreg) 제조단계에서 냉각은 완성품의 물성을 결정하는 가장 중요한 공정이다. 프리프레그(Prepreg)는 여전히 온도가 높을 뿐만 아니라, Roller에 의한 기계적 압력이 완화되어 섬유 보강재의 고유한 탄성에 의하여 팽창하게 된다.

따라서 냉각단계에서 이와 같은 이완 현상을 방지하고 함침 공정에서 만들어진 양호한 외관을 그대로 유지하기 위해서는 가능한 빠른 시간 내에 냉각시켜야 한다.

㉲ 제품 완성(Tank-Up)

완성된 프리프레그(Prepreg)를 상품화하기 위해 최종적으로 릴에 감는 단계이다. 이때 프리프레그의 꼬임을 방지하기 위해 적당한 장력을 유지해야 하고, 균일한 장력을 확보하는 것이 중요하다.

4) FRP Pallet

열가소성수지의 내열성, 수축율, 기계적 특성 등을 보완하기 위하여 GF로 강화한 열가소성 수지를 FRTP라고 하며 성형법은 주로 사출 성형법이 사용된다. 수지와 Chopped Strand를 직접 사출 성형기에 넣어서 성형하는 건식 혼련법도 있으나, 여기서는 FRTP의 성형재료로서 널리 사용되고 있는 Pallet에 관해서 소개한다.

Pallet를 만드는 방법에는 연입법(緣入法), 용융 피복법(熔融被服法), Super Concentrate법이 있다. 연입법이란 수지와 Chopped Strand를 압입기에 혼합해서 Pallet화하는 방법으로서 가장 흔한 방법이다.

압출기에는 Screw의 본 수에 따라 단축 압출기와 2축 압출기가 있다. 용융 피복법은 Roving에 용융 수지를 피복한 후 Pallet화하는 방법이다.

Super Concentrate법은 Chopped Strand 수지용액을 피복하여 높은 GF 함유량을 가진 Pallet를 만드는 방법이다. 이들 Pellet는 GF의 함유량 등에 따라 각종 등급이 있으며 용도에 따라 선택할 수 있다.

5) Stampable Sheet

Stampable Sheet는 열가소성 수지와 GF 및 충전재로 이루어지는 Sheet상의 성형 재료를 말하며 그 최대의 특징은 문자 그대로 Stamping(압형성형, 押型成形)이 가능한 점이다. 즉, 성형방법은 열가소성 수지의 특징을 살린 성형법을 취한다. 우선, 성형재료를 미리 가열하여 무르게 한 후 이것을 금형 속에 주입하여 프레스 가공함과 동시에 수지를 냉각하여 성형하는 방법으로서, SMC에 비하여 수지의 성형시간이 짧으며, FRP Pressing Machine이 아니더라도 성형을 할 수 있고(적은 설비 투자로도 가능), 성형품의 경량화 외에 FRTP와 마찬가지로 폐품의 재이용을 꾀할 수 있는 등의 장점을 가지고 있다.

결국 SMC의 FRTP이라고 할 수 있는 것이다. 현재 사용 가능한 수지로서는 PP, PET, PBT, PA, PPS 등이다.

표 2.37 각종 재료의 물성 비교(代表値)

항목 / 재료명	비중	인장강도 (MPa)	휨강도 (MPa)	휨탄성 (GPa)	압축강도 (MPa)	아이조트 충격강도	록크웰 경도	상용온도 한계(℃)
BMC (20% Glass)	1.8 ~ 2.1	75 ~ 69	69 ~ 186	9.7 ~ 13.7	98 ~ 206	2.0 ~ 10	H80 ~ H112	115
POM (20~40% Glass)	1.55 ~ 1.69	75 ~ 89	103 ~ 120	5.5 ~ 9.0	77 ~ 85	0.8 ~ 2.8	M78 ~ M94	120
PA (5~50% Glass)	1.47 ~ 1.7	89 ~ 216	48 ~ 304	1.4 ~ 13.2	-	0.8 ~ 4.5	-	120
PC (20~40% Glass)	1.34 ~ 1.52	97 ~ 147	118 ~ 206	5.2 ~ 17.1	103 ~ 169	1.5 ~ 4.0	M75 ~ M100	120
PE (5~40% Glass)	1.16 ~ 1.28	30 ~ 75	33 ~ 83	1 ~ 5.1	-	1.2 ~ 4.0	-	90*
PP (20~40% Glass)	1.04 ~ 1.22	38 ~ 62	48 ~ 76	2.4 ~ 5.7	41 ~ 55	1.0 ~ 4.0	R95 ~ R15	110
PS (20~30% Glass)	1.20 ~ 1.29	69 ~ 97	69 ~ 118	5.5 ~ 8.3	-	0.4 ~ 2.5	M70 ~ M95	50*
ABS 수지 (20~40% Glass)	1.24 ~ 1.38	102 ~ 137	159 ~ 179	6.4 ~ 12.4	103	1.0 ~ 2.4		80
PVC (15~35% Glass)	1.45 ~ 1.62	97 ~ 122	137 ~ 172	6.2 ~ 11.1	93 ~ 116	0.8 ~ 1.6		75*
알루미늄	2.6 ~ 2.8	41.2 ~ 372.4	138	68.6	176		E59	
철	7.19	98 ~ 205.8	69	196.0	176	18 ~ 19	B93	

※ 표는 글라스 섬유를 포함하지 않음.

표 2.38 FRP의 기계적 성질(Mechanical Properties of FRP)

Resin system	fiber glass by weight %	Fiexural strength psi×10^3	Flexural modulus psi×10^5	Impact strength (Izod).ft Lb/in notch	Tensile strength at yield psi×10^3	Temso:e modulus psi×10^3	Ultimate tensile elonga-tion %	Compre-ssive strength psi×10^3
Thermosets								
SMC(Polyester)	15-30	18-30	14-20	8-22	8-20	16-25	0.3-15	15-30
BMC(Polyester)	5-25	18-24	30	1-6	7-17	26-29	0.25-0.6	14-35
Phenolic	20-40	11-19	25-33	0.4-15.0	6-11	4-22	2-5	25-35
Diallyl phthalate	30	15-23	-	0.6-18.0	5-10	24	0-5	20-35
Melamine								
Thermoplastics								
Acetal	20-40	15-28	8-13	0.8-2.8	9-18	8-15	2	11-17
Nylon	6-60	7-50	2-26	0.8-4.5	13-33	2-20	2-10	13-24
Polycarbonate	20-40	17-30	7-15	1.5-3.5	12-25	5-17	2	14-24
Polyethylene(H.D.)	10-40	7-14	2-6	1.2-4.0	6.5-11	4-9	1.5-3.5	-
Polypropylene	20-40	7-11	3.5-8.2	1-4	6-10.5	4.5-9	1-3	6.8
Polystyrene	20-35	10-20	8-12	0.4-4.5	10-15	8.4-12.1	1.0-1.4	13.5-19
Polysulfone	20-40	21-27	8-16	1.3-2.5	13-20	15	2-3	21-26
PPO(Modified)	20-40	17-31	8-15	1.6-2.2	15-22	9.5-15	1.7-5	18-20
ABS	20-40	23-26	8-13	1-2.4	8.5-19	6-10	3-3.4	12-22
SAN	20-40	22-26	8-18	0.4-4.0	8.5-20	4.0-14	1.1-1.6	12-23
Polyester (thermoplastic)	20-35	19-29	8.7-15	1.0-2.7	14-19	13-15.5	1.5	16-18
Polyphenylene sulfide	40	37	22	8	21	11.2	3	-
polyvinyl Chloride	20	15.8-21	8-10	1.0-1.6	11.8-14	10-18	2.3	9
Urethane Elastomer (thermoplastic)	20-40	5.0-7.0	1.5-3.6	10	5-10	3.0-7.5	20-30	-

Source : Owens/Corning Fiberglass Corporation

표 2.39 FRP의 물리적 성질(Physical Properties of FRP)

Resin system	fiber glass by weight %	Specific gravity	Density Lb/in^3	Heat distortion °F, 264 psi	Continuous heat resistance deg. °F	Thermal coeff. of expansion psi×10^{-6}	Thermal conductivity BTU/hr/Ft^2/°F/Ft	Specific heat BTU/lb deg.°F	Flammability (UL)	Rockwell hardness
Thermosets										
SMC(Polyester)	15-30	1.7-2.1	.061-.075	400-500	300-400	8-12	1.3-1.7	.30-.35	94V0	H50-112
BMC(Polyester)	15-35	1.8-2.1	.065-.075	400-500	300-400	8-12	1.3-1.7	.30-.35	94V0	H80-112
Phenolic	5-25	1.7-1.9	.061-.069	400-500	325-350	4.5-9	1.1-2.0	.20-.30	94V0	M90-99
Diallyl phthalate	20-40	1.67-1.8	.058-.065	330-540	300-400	10-36	0.5-15	-	94V0	E80-87
Melamine	30	1.8-2.0	.065-.072	400	300-400	15-17	1.5	-	94V0	-
Thermoplastics										
Acetal	20-40	1.55-1.69	-	315-335	185-220	19-35	-	-	94HB	M87-94
Nylon	6-60	1.47-1.7	.049	300-500	300-400	11-21	-	.30-.35	94HB	-
Polycarbonate	20-40	1.24-1.52	-	285-300	275	17-18	-	-	94V1	M75-100
Polyethylene(H.D.)	10-40	1.16-1.28	-	150-260	280-300	17-27	-	-	94HB	-
Polypropylene	20-40	1.04-1.22	-	230-300	270-330	16-24	-	-	94HB	R95-115
Polystyrene	20-35	1.20-1.29	.045-.048	200-220	180-200	17-22	-	.25-.35	94HB	M70-95
Polysulfone	20-40	1.38-1.55	-	333-370	-	12-17	-	-	94V0	M85-92
PPO(Modified)	20-40	1.20-1.38	-	220-315	240-265	10-20	-	-	94V0	M95
ABS	20-40	1.20-1.36	-	210-240	200-230	16-20	-	-	94HB	M75-102
SAN	20-40	1.22-1.40	-	190-230	200-200	16-21	-	-	94HB	M77-103
Polyester (thermoplastic)	20-35	1.45-1.61	-	380-470	275-375	24-33	1.3	-	94HB	R118-M70
Polyphenylene sulfide	40	1.64	-	425	-	22	-	-	94V0	R123
polyvinyl Chloride	20	1.49-1.58	-	170-180	400-500		-	-	94V0	M80-88
Urethane Elastomer (thermoplastic)	20-40	1.33-1.55	-	200-220	-	14-45	-	-	-	R45-55

Source : Owens/Corning Fiberglass Corporation

표 2.40 FRP의 내식성(Corrosion Resistance of FRP)

Resin system	Weak acids	Strong acids	Weak Alkalis	Strong alkalis	Organic solvents	Notes on chemical corrosion properties
Thermosets						
SMC(Polyester)	G-E	F	F	P	G-E	E=Excellent P=Poor G=Good F=Fair 1. Attacked by oxidizing acids 2. Disitegrates in sulfuric acid 3. Soluble in aromatic and Chlorinated hydrocarbons 4. Soluble in ketones and esters, aromatic and chlorinated hydrocarbons 5. Below 176°F(80℃) 6. Softens in some aromaic and Chlorinated aliphatics.
BMC(Polyester)	G-E	F	F	P	G-E	
Phenolic	E	P	F	P	F	
Diallyl phthalate	-E	F	G	F	G-E	
Melamine	G-E	P	G-E	E-F	G-E	
Thermoplastics						
Acetal	F	P	F	P	E	
Nylon	G	P	E	F	G	
Polycarbonate	E	G1	G	F	P3	
Polyethylene(H.D.)	E	G1	E	E	G5	
Polypropylene	E	G1	E	E	P3	
Polystyrene	E	G1	G	G	P3	
Polysulfone	E	E	E	E	G	
PPO(Modified)	E	E	E	E	G6	
ABS	E	G1	E	E	P4	
SAN	G	G2	G	G	P4	
Polyester (thermoplastic)	F	P	P	P	E	
Polyphenylene sulfide	E	E	E	E	G-E	
polyvinyl Chloride	E	E	E	E	G-E	
Urethane Elastomer (thermoplastic)	F-P	P	F-E	P	G-E	

Source : Owens/Corning Fiberglass Corporation

제 3 장 FRP의 성형법

3.1 복합재료 성형의 3요소
3.2 핸드 레이업(Hand Lay-up)법
3.3 스프레이 레이업(Spray Lay-up)법
3.4 레진 인젝션(Resin Injection)법
3.5 냉간 가압(Cold Press) 성형법
3.6 프리폼 매치드 다이법
(Preform Matched Die Method)
3.7 SMC(Sheet Molding Compound) 성형법
3.8 BMC(Bulk Molding Compound) 성형법
3.9 프리프레그(Prepreg) 성형법
3.10 인발(Pultrusion) 성형법
3.11 연속 패널법
3.12 필라멘트 와인딩(Filament Winding) 성형법
3.13 기타 방법

제 3 장 FRP의 성형법

FRP는 다른 공업 재료와는 달리 소재로부터 제품까지 하나의 흐름 속에서 제조할 수 있으며, 그 크기와 모양의 제한이 거의 없는 재료이다. 그렇기 때문에 상품의 형상이나 요구 성능에 따라 다양한 성형 방법이 개발되어 실용화되고 있다.

성형법은 상온 경화에 의한 접촉압 성형법이 가장 기본적인 것으로서 성형 틀의 한 면을 사용하여 형상을 설정하고 섬유, 수지를 공급하는 방법으로 이것을 일반적으로 Open Mold(개방형 성형법)라고 한다.

3.1 복합재료 성형의 3요소

복합재료의 성형의 과정을 대별하면 다음 3요소로 나눌 수 있다.

1) 부형(賦形)

성형을 위한 틀(Mold)의 준비 과정을 의미한다. FRP는 기본 틀(Mold)을 활용하여 제작이 되므로 성형에 적합한 틀(Mold)을 준비하는 것이 중요하다.

2) 함침(含浸)

Mold 위에 수지와 강화 섬유층을 놓고 섬유 사이 사이에 수지가 충분하게 스며들도록 하는 과정을 의미한다. 포화(Saturation), 젖음(Wet), 침투(Penetration) 등으로 표현하기도 하며, 모두 동일한 의미로 해석된다.

3) 경화(硬化)

수지는 그 자체로 경화성이 있기도 하지만 성형을 위해서는 경화제를 섞어서 사용한다. 구조물의 형상의 변형이 없고 아름다운 외관을 유지하는 성형을 위해서는 경화 과정이 매우 중요하다.

현장 제작 과정에서는 매우 다양한 성형법이 적용되며 성형법의 선정은 위에 설명한 3요소로 만들어지는 제품의 요구성능, 상정가격에 따라서 변화하게 된다.

3.2 핸드 레이업(Hand Lay-up)법

3.2.1 핸드 레이업(Hand Lay-up)법의 개요

상온에서 가압하지 않고 경화시킬 수 있다. 불포화 폴리에스터(UP)의 특성을 살린 성형방법이며, 유기 또는 무기섬유를 미리 이형처리 시킨 Mold에 사람의 손으로 수지를 붓이나 Roller로 함침(Saturation, Penetration, Wet)시키고 또 탈포(脫泡)시키면서 소정의 두께까지 적층하여 경화 후 성형품을 얻은 방법이다.

3.2.2 핸드 레이업(Hand Lay-up)법의 특징

접촉압(接觸壓)만으로 성형을 할 수 있기 때문에 목형 혹은 수지형(FRP제)을 이용할 수 있어서 복잡한 형상 또는 소형에서 대형까지 광범위하게 응용되고 있는 일반적인 성형

방법이다. 또 적층 공정 중 부분적으로 섬유의 구성을 바꾸거나 다른 강화재 등을 넣을 수 있기 때문에 필요에 따라 강도 또는 두께를 바꿀 수 있다.

일반적으로 성형품의 표면은 Gel Coat라고 칭하여 수지층이 0.3~0.5mm 정도의 두께로 성형되나 그 사용되는 수지의 종류에 따라서 내열성, 내약품성, 내후성(耐候性) 등을 향상시킬 수 있다. 또 필요에 따라 자유롭게 착색할 수 있어서 도장(Paint)이 불필요한 FRP 특유의 성형품이 된다.

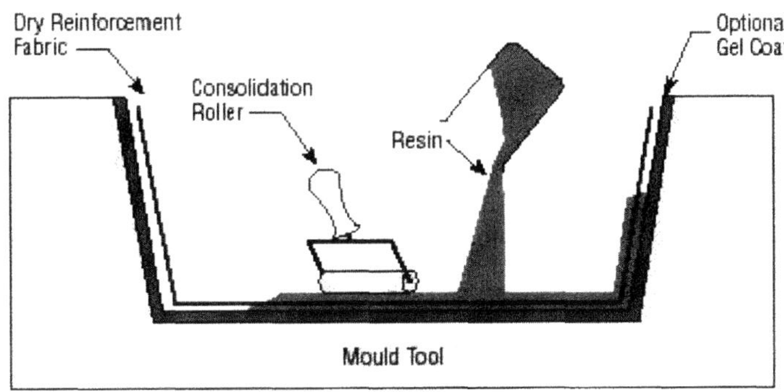

그림 3.1 핸드 레이업(Hand Lay-up) 작업공정

1) 핸드 레이업(Hand Lay-up)법의 장점

① 다품종 소량생산에 적합하다.
② 설비투자가 적어도 된다.
③ 대형제품을 만들 수 있다.
④ 복잡한 제품의 성형이 가능하다.
⑤ 수지 및 강화재의 조합이 자유롭다.
⑥ Stiffener 등에 의한 국부 보강이 용이하다.
⑦ 착색이 가능하고 자유롭다. 색채를 가질 수 있다.
⑧ FRP재의 Mold를 이용할 수 있기 때문에 Mold 비용을 저렴하게 할 수 있다.

2) 핸드 레이업(Hand Lay-up)법의 단점

① 사람의 손에 의존하기 때문에 생산비 중에서 노무비가 점하는 비율이 크다.

② 완성되는 부분이 한 개의 면이다.

③ 품질이 작업자의 숙련도에 좌우된다.

④ 무압 성형이기 때문에 강화섬유(GF)함유량이 적다.(강도 저하의 요인)

3.2.3 핸드 레이업(Hand Lay-up)법의 작업 공정

핸드 레이업(Hand Lay-up)법의 작업 공정은 다음과 같은 작업 순서로 진행된다.

① Mold의 준비 → ② Gel coat의 도포 → ③ 적층 (수지+섬유 강화재) → ④ 경화 → ⑤ 이형 → ⑥ 끝마무리

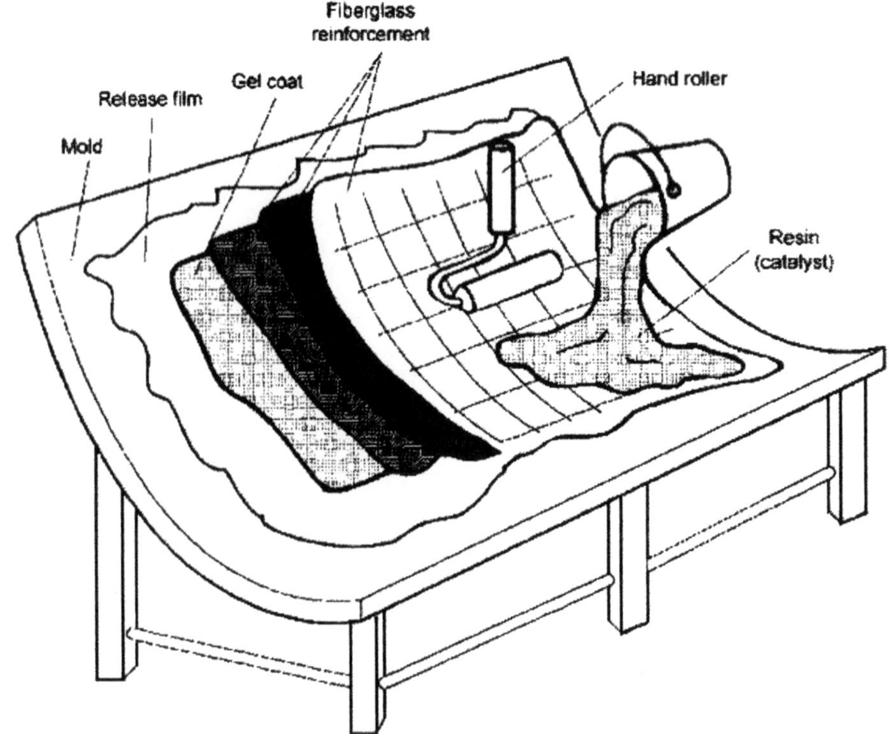

그림 3.2 핸드 레이업(Hand Lay-up) 성형으로 구조물 제작 과정

이상과 같이 일견상 매우 간단한 공정으로 제품이 생산되나, 실제적으로는 모든 공정이 수작업이기 때문에 제품의 품질은 작업자의 기능에 크게 의존되고 균일한 품질의 제품을 대량 생산하기 어렵다.

3.3 스프레이 레이업(Spray Lay-up)법

3.3.1 스프레이 레이업(Spray Lay-up)법의 개요

스프레이 레이업(Spray Lay-up)법은 핸드 레이업(Hand Lay-up)법의 공정 중에서 스프레이 레이업(Spray Lay-up) Gun을 이용해서 수지 함침(Saturation) 공정을 수지의 Spray로 바꾸고 강화재인 촙스트랜트 매트(Chopped Strand Mat) 대신에 Roving을 적당한 길이로 절단하면서 Mold에 동시에 Spray해서 성형하는 방법으로서, 그외 공정은 핸드 레이업(Hand Lay-up)법에 준하는 성형 방법이다. 수지 Spray시에는 촉진제가 혼합된 불포화 폴리에스터(UP)와 경화제가 Spray Gun의 각 노즐로부터 일정량의 비율로 Spray되고, 여기에 혼합되어 절단된 강화섬유가 다른 노즐로부터 나와서 함침되면서 성형되는 과정을 거친다. 수지의 공급은 촉진제가 들어간 불포화 폴리에스터(UP)와 경화제가 들어간 불포화 폴리에스터(UP)를 조합하는 방법이 대표적이다.

섬유 강화재로 사용되는 유리섬유(GF)의 공급은 Spray Gun 앞부분에서 회전하는 Cutter에 의해 이루어지며, 이 Cutter의 Blade의 조합에 의해서 Roving의 절단 길이가 달라진다.

대형 성형품의 경우 핸드 레이업(Hand Lay-up)법으로 제작할 경우에는 촙스트랜드 매트(Chopped Strand Mat)의 겹침이 생기지만, 스프레이 레이업(Spray Lay-up) 방법에서는 Mat를 잇지 않고 일체(一體)성형이 가능하면서 성형능력도 향상된다. 그러나 성형 조작은 숙련을 요하며 품질적으로는 수지와 GF의 함유율 등 공정관리가 핸드 레이업(Hand Lay-up)법 이상으로 중요하다.

3.3.2 스프레이 레이업(Spray Lay-up)법의 특징

1) 핸드 레이업(Hand Lay-up)법과 비교한 장점

① 유리섬유 재단공정의 절감

② 복잡한 형상의 성형이 용이

③ 성형 능력이 좋음

④ 대형 성형이 용이

2) 핸드 레이업(Hand Lay-up)법과 비교한 단점

① 설비자금이 소요된다.

② 소형, 얇은 성형품의 Control이 곤란

③ 성형작업 공정의 관리가 어렵다.

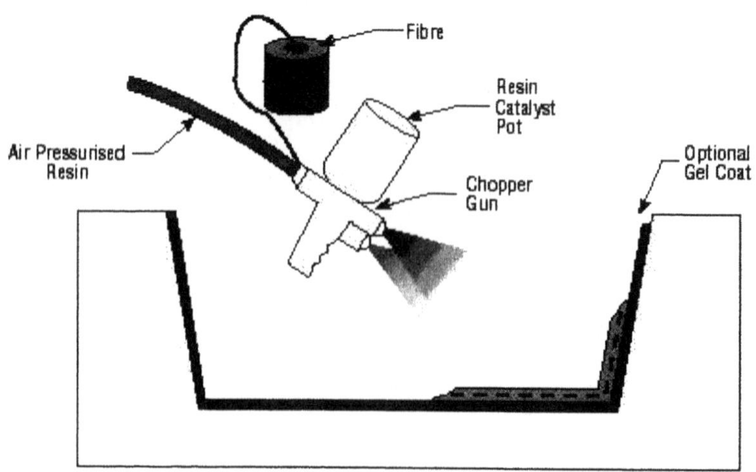

그림 3.3 스프레이 레이업(Spray Lay-up)작업 공정

3.4 레진 인젝션(Resin Injection)법

3.4.1 레진 인젝션(Resin Injection)법의 개요

금형에 압력을 가하여 레진을 주입하는 방식으로 성형이 이루어진다.

보온성이 좋은 암(雌), 수(雄) 한 쌍의 수지형 (樹脂型) 혹은 60~70℃ 정도의 중온(中溫)까지 가열할 수 있는 간이 금형(簡易金型)을 이용한다.

금형(Mold) 속에 Glass Fiber, Carbon Fiber 등의 섬유 강화재나 필요에 따라 우레탄폼(Urethane Form), 나왕 합판 등의 심재(心材) 및 Bolt, Nut 등을 삽입하고, 금형(Mold)을 설치한다. 레진 인젝션(Resin Injection) 법은 Mold에 있는 수지 주입구로부터 촉진제를 첨가한 수지에 촉매를 혼합하면서 비교적 낮은 압력(1MPa 이하)에서 주입하여 성형하는 방법이다. 이 성형법은 Gel Coat가 있는 제품을 기계 성형할 수 있는데 커다란 특징이 있다.

3.4.2 레진 인젝션(Resin Injection)법의 성형 공정

강화재는, 주로 GF가 사용된다. 필요에 따라서 CF, AF 등도 사용할 수 있으나 국부적인 증강(增强)을 목적으로 부분적으로 사용된다.

레진 인젝션(Resin Injection)법의 성형공정은 Mold 청소 → 이형제 처리 → Gel Coat 도포와 경화 → 강화재, 삽입물 등의 Setting → Mold 결합과 잠금 → 수지의 주입과 경화 → Mold 열기(開型) → 끝마무리가 된다.

일반적으로 수지 몰드(Mold)를 사용하여 1개 Mold를 성형하는데 필요한 시간은 목욕조(Bath Unit) 정도의 경우에 약 2~2.5시간이다.

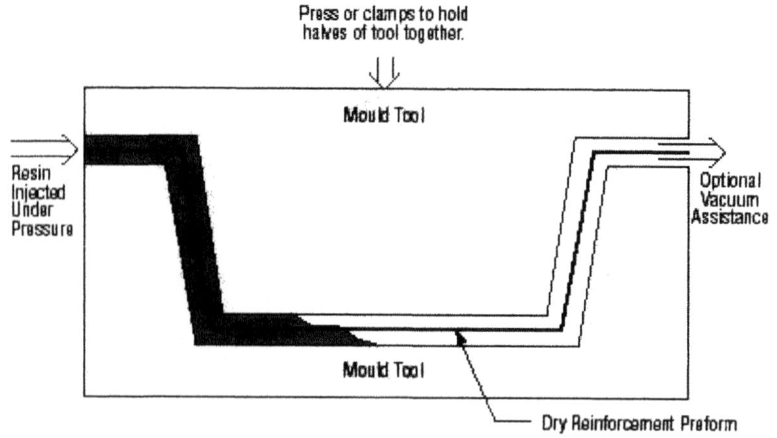

그림 3.4 레진 인젝션(Resin Injection) 방법의 개요

1) 강화재의 성질

레진 인젝션(Resin Injection) 법에 적용되는 강화재의 성형상의 성질은 다음과 같다.

① 수지의 유동에 대한 저항이 적어야 한다.

② 수지의 유동에 따라 강화재가 이동하지 않아야 한다.

③ 형상(形狀)에 알맞아야 한다.

이러한 요구를 만족시키는 강화재로는 프리폼 매트(Preform Mat), Chopped Strand Mat(2차 바인더가 스티렌모노마(Styrenen-monomer)에 녹지 않음), Continuous Strand Mat, Surface Mat 등을 들 수 있다.

강화재는 형상과 생산 수량 및 요구 성능에 의해 적절하게 선택해야만 하나, 특별한 제약이 없으면 프리폼 매트(Preform Mat)가 일반적이다.

2) 수지의 특성

레진 인젝션(Resin Injection)법에 적용되는 수지는 통상적으로 UP가 사용되며, 성형상 요구되는 특성은 다음과 같다.

① 점도가 낮아야 한다.

② 경화후에 균열이 생기기 어려워야 한다.

③ 겔화(化)에서 경화, 탈형까지의 시간이 짧아야 한다.

④ 경화시 발열이 적어야 한다.

⑤ 충분한 사용(유효)기한을 가져야 한다.

등을 들 수 있으며, 그밖의 용도에 따라서 특성이 별도로 요구된다.

탄산칼슘 등의 충전재를 혼합한 것은 내(耐)균열성이 향상되나, 점도가 증가하는 단점이 있다.

3) 성형 틀(Mold)의 특성

원료 다음으로 중요한 요소는 성형 몰드이다. 성형품의 형상, 치수, 요구 표현 정도(精度), 생산량에 따라서 적절한 몰드 구조를 결정하여야 한다. 일반적으로 사용되는 수지 몰드에 요구되는 항목은 다음과 같다.

① 1Mpa 정도의 주입 압력에 충분히 견딘다.(1,000회 이상의 반복 하중에 견딘다.)

② 주입 압력에 의해 국부적으로 커다란 변형이 없으며, 변형은 수 분 이내에 복원하는 몰드 강성(剛性)을 갖는다.

③ 보온성이 뛰어나다.

④ 표면층은 내열성, 내용제성(耐溶劑性), 내균열성이 풍부하고 견고하다.

⑤ 가볍고 취급과 이동이 용이하다.

일반적으로 몰드의 구조는 FRP의 샌드위치 구조를 용접 프레임으로 보강한 형태를 사용한다.

일반적으로 수지 몰드를 사용하여 1개 몰드당 성형에 필요한 시간은 Unit Bath(유니트 욕조) 정도의 것은 약 2~2.5시간이다.

사용되는 이형제는 Gel Coat를 도포할 경우에는 PVA, 미러 글라스(Mirror Glass), 프리코트(Pre-Coat)를 사용하며, Gel Coat가 없는 경우에는 몰드 스트리퍼(Mold Stripper), 프리코트(Pre-Coat)가 흔히 사용된다.

이 성형법에 있어서 성형 사이클의 단축과 성형품의 표면 품질을 향상시키기 위하여 더욱 양산화, 자동화를 시도하고 있다. Gel Coat 도포는 로봇에 의해서 자동 도포를 하고, 전용 몰드 잠금 프레스를 준비하여 승온 가열 가능한 간이 금형을 프레스 내에 장착하여, 프레스 내에서 수지를 주입, 경화시키는 시스템이 그 대표적인 사례이다. 성형 사이클은 종래의 1/4~1/5 정도가 되어 외관이 아름다운 성형품을 빠른 시간 안에 얻을 수 있는 장점이 있다.

3.5 냉간 가압(Cold Press) 성형법

3.5.1 냉간 가압(Cold Press) 성형법의 개요

냉간 가압(Cold Press) 성형법은 보온성이 좋은 암(雌), 수(雄) 한쌍의 간이 Mold(簡易金型)를 사용하여 상온 혹은 상온보다 높은 온도(상온~60℃)에서 성형하는 방법이며, Mold는 Press에 고정되어 Press로 개방된 Mold 속에 GF 등의 강화재와 수지를(통상적으로 UP) 함께 공급한다. 이어서 서서히 Mold를 닫아 잠그면서 가압 성형하여 탈형 가능한 경화상태가 될 때까지 유지한 후 Mold를 열고 성형품을 꺼내는 방법이다.

3.5.2 냉간 가압(Cold Press) 성형법의 특징 및 작업 공정

냉간 가압(Cold Press) 성형법은 보온성이 뛰어난 성형 Mold를 사용하는 점, 상온에서 저압 성형하는 점, 설비가 다른 기계 성형에 비하여 값이 싸다는 점 등이 레진 인젝션(Resin Injection)법과 유사하지만 대략 다음과 같은 차이점이 있다.

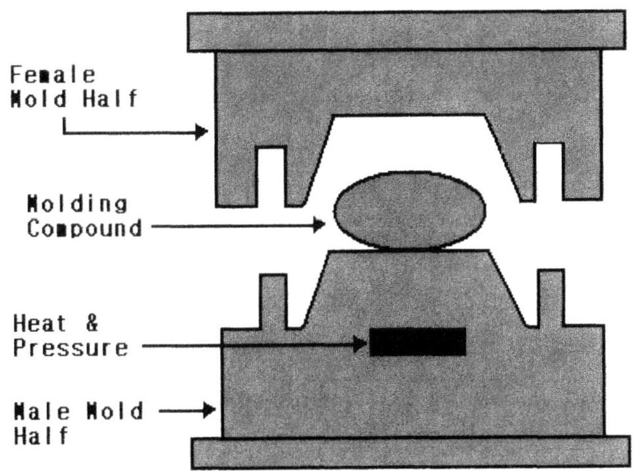

그림 3.5 냉간 가압 성형법의 작업 개요

냉간 가압(Cold Press) 성형법은 Press 한 대에 한 종류의 Mold밖에 놓을 수 없기 때문에 Press 가동율을 향상시키기 위하여 회전 사이클을 빠르게 해야 한다. 또한 전술한 바와 같이 강화재와 수지를 동시에 공급하는 점을 들 수 있다.

냉간 가압(Cold Press) 성형법은 Press를 사용하는 점에서 Preform Machine Matched Die법(MMD)과도 유사하지만 상온에서 저압 성형한다는 점에서 성형에 요하는 기본적인 시간이 길어진다. 그러나 저압에서 성형하기 때문에 동일 용량의 Press라면 Cold Press법 쪽이 훨씬 큰 제품의 성형이 가능하다. 즉, 성형시간은 길지만 큰 제품을 대상으로 함으로서 효율이 좋은 성형법으로 만들 수 있다.

1) 수지의 특성

냉간 가압 성형에 사용되는 재료로서 수지는 통상 UP가 사용되며, 요구되는 특성은 다음과 같다.

① 공기 경화성이다.

② 보관(사용) 시간은 길고 경화시간은 짧다.

③ 점도가 낮다.

④ 경화시에는 스티렌의 증발이 적다.

⑤ 내(耐) 균열성이 있다.

2) 강화재의 특성

강화재로서는 일반적으로 GF가 사용되어 프리폼 매트(Preform Mat), Continuous Strand Mat, Surface Mat가 사용되며 Surface Mat는 좋은 표면 품질이 요구되는 경우 또는 새로운 Mold가 길들여질 때까지 Mold 표면의 이형막 보호층으로 사용된다. 극히 단순한 형상의 경우를 제외하고는 일반적으로 프리폼 매트(Preform Mat)가 사용된다. GF 함유량은 수지 Compound에 대하여 중량으로 30%정도이다.

3) 성형 Mold의 특성

냉간 가압 성형용 몰드(Mold)로서 요구되는 항목은 다음과 같다.

① 성형압력이 7kgf/cm^{2}에서 커다란 변형을 일어나지 않는 충분한 강성(剛性)을 갖는다.

② 수지의 반응열을 분산시키지 않는 보온성을 갖는다.

③ 재료의 손실을 줄인다.

④ 값이 싸고 수명이 길다.

종래, 표면층에 비닐에스터계의 수지를 사용하므로서 균열이 잘 생기지 않는 광택도 오래도록 유지되는 견고한 표면층을 가지고, 내열 EP와 Chopped Strand Mat와 Roving Cloth의 조합(組合)을 갖는 FRP층으로 이면(裏面)을 발라서, 치수 안전성이 좋은 보온성이 뛰어난 구조로 만들고, 또한 강체(剛體)로서 치수 안전성이 좋은 EP 콘크리트를 채용하여 왔다. 최근에 이르러, 전주(電鑄)기술이 진보함에 따라 비닐에스터 수지를 사용한 표면층 대신에 금속 표면층을 전주(電鑄)에 의해 얻으므로서 보다 뛰어난 표면층을 갖는 성형 몰드도 늘고 있다. 배접층(背接層)에 보온용 배관을 넣으므로써 몰드면의 온도 제어도 가능하게 되어 성형 사이클도 높이고 몰드의 수명도 연장시키는 방안도 적용되고 있다.

냉간 가압 성형용 프레스는, 프레스 가압(加壓) 용량에 비하여 몰드를 장치하는 면적이 크다. 따라서, 가압용량이 낮음에도 불구하고, 프레스의 높은 강성이 요구된다.

3.6 프리폼 매치드 다이법(Preform Matched Die Method)

3.6.1 프리폼 매치드 다이법(Preform Matched Die Method)의 개요

상화섬유(GF)와 접착세(Binder)를 사용해서 제품 형상으로 미리 형체를 만든 프리폼(Pre-form)을 금형(Mold)에 고정한 후 수지, 경화제, 충전재, 내부 이형제, 착색제 등을 혼합한 Compound를 그 위에 Charge하여 가열 가압 성형 시키는 MMD(Machine Matched Die)성형법이다. 구분상으로는 냉간 가압(Cold Press)법의 한 종류로 인식될 수도 있다.

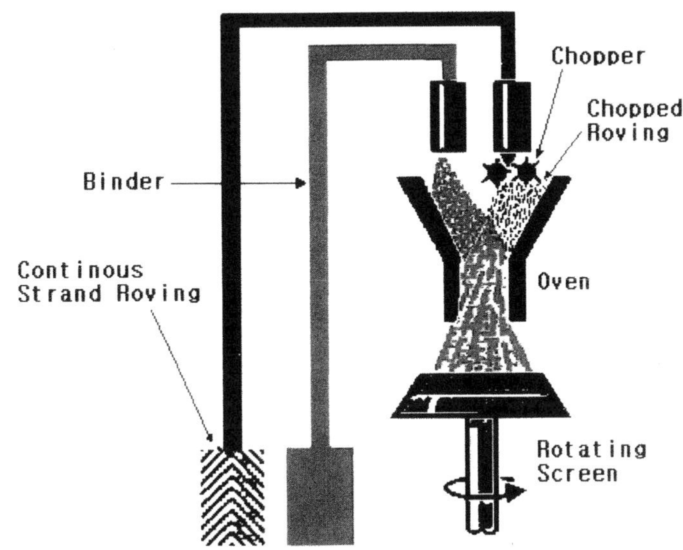

그림 3.6 프리폼 매치드 다이법(Preform Matched Die Method) 작업 개요

3.6.2 프리폼 매치드 다이법(Preform Matched Die Method)의 특징

이 성형법의 특징은 비교적 고강도 성형품을 얻을 수 있으며 강도가 전체적으로 안정되어 있다는 것이다. 결점으로는 액상수지를 사용하기 때문에 노동 위생 대책이나 자동화가 어려운 점, 작업 공수(工數)가 많은 점, Rib나 Insert 성형이 어렵다는 점 등이다.

1) Preform 제조 공정

Preform을 만드는 방법에는 Roving을 절단하여 공기중에 분산시켜 제품 형상의 Screen에 흡인(吸引)하는 건식법(乾式法)과 수중에 유리섬유(GF) 등과 함께 부유(浮遊)시켜서 Screen에 흡입하는 습식법이 있는데 일반적으로 건식법이 사용된다.

건식법은 밀폐식과 개방식으로 나뉘어진다. 밀폐식은 절단한 Roving을 흡인팬으로 Prefom 실내에 흡인하여 회전하는 Screen에 균일하게 분산시키고 몰드가 이그러지지 않도록 소량의 Binder를 Spray하면서 가열해서 고착시키는 방법이다. 비교적 소형의 두께가 균일한 제품에 적합하며 Helmet이나 의자 등에 응용된다.

개방식은 Roving을 절단하면서 인위적으로 회전하는 Screen에 Spray하여 똑같이 Binder로 섬유를 고착시키는 방법으로서 대형 성형품이나 두께에 변화가 있는 성형품에 적합하나 작업자의 숙련을 요한다. 회전하는 Screen의 이동 방법에 따라서 Shuttle형과 Rotary형으로 구분한다.

Preform Screen은 구멍이 뚫린 철판을 단금(鍛金) 용접해서 만들거나 FRP 성형품에 구멍을 뚫어서 만든다. Roving의 흡인정도를 바꾸기 위하여 개공율(開孔率)을 부분적으로 바꾸거나 공기의 흐름을 흐트러지게 하는 판을 장치한다.

2) 금형의 특성

금형의 재질로서는 일반적으로 대형물에는 고급주철이 쓰여지나 성형 수량이나 제품 형상에 따라서 탄소 공구강(炭素工具鋼)이나 기계 구조용 강이 사용된다. 금형의 표면에 경질 크롬도금을 하여 놓는 것이 내구성, 이형성, 표면 마무리라는 점에서 일반적이다.

금형의 가열 방법에는 증기(Steam)가열과 전기히터(Electric Heater) 가열이 있으며, 일반적으로 대형제품은 증기로, 작은 제품은 전기히터로 가열되고 있다.

금형(金型)은, 수(雄)와 자(雌)형이 습동(褶動)하는 펀치 오프(Pinch-Off)부를 대단히 정밀하게 만들고 이 부분에 소입(燒入)을 해서 충분한 경도를 갖게 한다. 충분한 경도를 가진 Pinch-Off부는 성형시에 몰드에서 삐져나오는 유리를 절단함과 동시에 수지의 유출을 방지하고 내압이 충분히 걸리도록 한다.

금형사이의 공극은 일반적으로 0.05mm가 좋다. 공극이 이것보다 작으면 금형가공 기술이 극도로 어려워지게 된다. 또한 두께가 얇은 제품일 경우에는 공기가 빠지지 않아 성형품에 결함이 발생한다.

또 지나치게 크면 몰드 내에 내압이 발생하지 않아 제품 표면의 아름다움에 손상을 입을 뿐만 아니라 수지가 몰드 밖으로 많이 유출되어 재료의 손실이 커진다.

트래블(Travel, 행정)은 제품의 두께에 따라서 가감되며 일반적으로 그 두께의 1.0~1.5로 되어 있다. 트래블이 크면 몰드의 근소한 기울임에도 갉아버리는 일이 있기 때문에 몰드를 닫아 잠글 때 GF가 트라블로 짓눌려 분포(分布) 불량이 되거나 몰드를 여는데 큰 힘이 필요하게 되기도 한다.

프레스는 몰드 개폐(開閉)의 고속화나 성형면(成形面)의 관찰이 용이하므로, 일반적으로 하압식(下押式)이 채택되고 있다. 트래블이 짧기 때문에 4본주(本株) 형으로도 성형할 수 있으며, 또 성형압력이 10~5kgf/cm^2 정도로 낮아도 성형이 되기 때문에, 프레스 능력은 성형재료의 경우와 비교하면 적어서 좋다.

몰드를 여는 데에 필요한 힘은 일반적으로 몰드를 잠그는 힘의 30% 정도라고 한다. 하지만 성형품과 몰드가 밀착하고 있으며 게다가 전체둘레에 걸쳐서 적은 Clearance로 GF를 물고 있기 때문에 의외로 몰드를 여는데 커다란 힘이 필요하게 된다.

프레스의 몰드를 닫고 이형하는 속도는 제품의 품질이나 성형사이클에 영향을 주기 때문에 몰드를 닫는 속도는 2~3단계로 이형속도는 2단계로 설정된다.

3) 제품의 설계

제품의 설계조건은 부분적인 두께의 변화는 적게 하고 Under-Cut(탈형할 때 걸리는 상태가 되는 형상)이나 두께가 얇고 깊은 것은 피하고 3~5도 정도의 탈형 구배(勾配)를 갖게 하고, 모퉁이에는 반경 3mm 이상의 곡율(曲率)을 갖게 할 필요가 생긴다.

다소의 인성(靭性)을 갖는 UP에 때로는 저수축제를 배합하고 경화제로서 BPO나 t-PBP 등을 사용하여 탄산칼슘 등의 충전재를 30~80% 정도 혼합한다. St-Zn나 착색 페이스트를 다시 혼합한 콤파운드를 일반적으로 사용하여 90~130℃ 정도의 온도 조건에서 1~5분정도의 성형을 한다.

Preform 대신에 Chopped Strand를 스티렌 불용성(不溶性) 바인다로 고착한 Mat를 사용할 경우가 있으나, 각각 Over Lap부의 유리 함유율의 증대나 성형시의 Glass가 잘라지는 문제 등 때문에 Container Pannel이나 Pannel Tank와 같이 비교적 형상이 간단한 성형품에 사용한다. Mat Matched Die 성형이라고 불린다.

3.7 SMC(Sheet Molding Compound) 성형법

3.7.1 SMC 성형법의 개요

SMC는 섬유 FRP용 액상 불포화 폴리에스테르수지(UP)와 충진제, 촉매, 이형제 등을 혼합하여 유리 섬유을 함침 보강시킨 뒤 화학적으로 점도를 높여 접착성이 높고 성형성이 뛰어난 시트를 합침시킨 우수한 FRP 복합 성형 재료이다.

SMC(Sheet Molding Compound) 성형법은 SMC를 재단, 계량하여 금형에 주입하고 가열 가압하여 경화시켜서 탈형, Trimming을 하여 제품으로 만드는 MMD법 중의 주요한 성형법이다. SMC 성형법의 잇점은 성형재료와 금형 내에서 유동되는 성형법이라는데 있다.

3.7.2 SMC 성형법의 특징

1) SMC 성형법의 장점

① 주름이 없어서 취급하기 쉬우며, 작업 환경이 좋아서 위생적이다.
② 성형 작업 공수가 적어 대량 생산이 적합하다.
③ 성형이나 조립 작업의 자동화가 비교적 쉽다.
④ 비강도(比强度)가 크며 형상 자유도가 크다.
⑤ 강도 부족을 Rib, Stiffener로 보강할 수 있다.
⑥ Rib, Boss, Insert, 나사 등과 동시 성형이 되며 치수 안정도도 좋다.
⑦ 재료의 제조, 성형, 조립의 일관 생산이 가능하며 전체적인 원가절감을 추구할 수 있다.
⑧ 원재료 배합을 바꿔서 정밀도, 난연성, 강도성능 및 성형성을 바꿀 수 있다.
⑨ 성형 기능차가 별로 없으며 품질이 비교적 안정하다.
⑩ 성형과정에서 원자재 손실이 적다.

2) SMC 성형법의 단점

① 유동되는 성형법이기 때문에 강화재의 배향(配向)이나 겹침이나 접합점을 수반하기 쉽다.
② 강도의 이방성(異方性)이 결함부로 되어 외관을 해치는 경우가 있다.
③ 이방성이 나타나지 않도록 성형재료, 배합, 제품설계, 금형설계,
④ Charge 패턴 등을 충분히 검토할 필요가 있다.

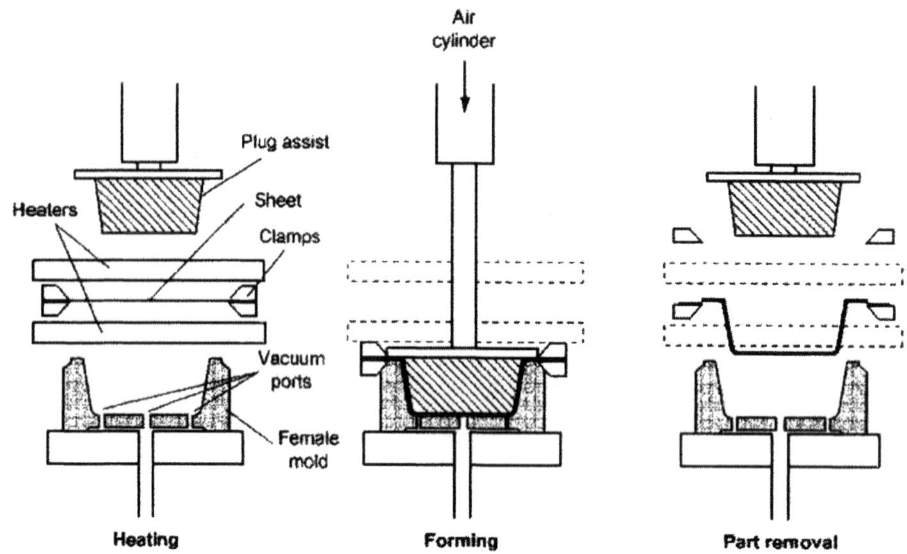

그림 3.7 가열 가압 성형법을 적용한 SMC 성형 공정

3.7.3 SMC 성형 기구

1) 프레스(Press)

프레스기는 사이드 프레임 형이 주류를 이루고 있으며 위치, 속도제어, 열에 대한 배려, 편하중(扁荷重) 등에 한층 높은 정밀도가 필요하다.

성형품도 대형으로 복잡해지고 표면 품질의 욕구도 높아감에 따라 프레스 능력이 커지는 경향이 있다. 자동차 부품용에서는 고속, 고정밀도, 고기능 프레스가 사용되며 미국에서는 1분에 전체 성형 사이클이 가능한 프레스 성형이 출현하였다.

2) 금형의 특징

금형의 기본구조에는 3종류가 있으며, 압입형(押入型), 반(半)압입형, 유출형(流出型)이다.

이 중에서 SMC성형에는 전자의 두 가지가 사용된다. 유출형에서는, 재료에 압력이 걸리기 힘들고, Pin Hole(미세한 구멍)의 원인이 되기 쉽기 때문에 널리 사용되지 않고 있다. 성형압을 걸기 위해서는 Pinch-off 구조가 중요하며, 이 기능은 Clearance, 트래블(Travel)로 발휘한다.

SMC에서 흔히 채택되고 있는 Clearance값(수치)은 0.05~0.2mm이다. 또 Clearance는 전체 둘레에서의 변동을 적게 하지 않으면 취약한 부분에서 재료가 유출하여, 배향에 의한 강도 저하를 초래하기 쉽다. 원래는 좁은 쪽이 좋으나, 온도차로 상하 몰드를 갉아먹을 가능성이나 기포가 많이 남아 있게 되는 경우가 있다.

트래블(travel)부는 3~20mm의 범위에서 사용되고 있다. 재료의 겹치기를 많이 해야 할 필요가 있는 성형품이나 좌우 비대칭(非對稱)으로 흐르는 방식에 큰 차이가 있는 성형품 등의 경우에는 트래블을 길게 하는 일이 많다.

가이드 기구(機構)는 조그만 몰드에서도 Clearance를 조절할 수 있는 강구조(剛構造)의 가이드를 Pinch off부의 보호외에 성형품의 품질 향상을 위해서 채용하는 경향이 강해지고 있다.

성형품이 비대칭으로 복잡한 경우에는 금형의 온도 분포차를 적게 하기 위한 배관, 배수관 배치, 압력 조절기구 등의 배려가 필요하며, Thrust 하중에 대한 금형 설계도 재검토되어 보다 강성구조로 발전하는 경향이 생기고 있다.

3) 설계상의 특징

SMC의 제품 설계상의 자유도를 다른 성형법과 비교하면 SMC의 성형 자유도는 가장 높은 부류에 속한다. 그러나 그 성형을 위해서는 제품 설계, 금형 설계, 성형조건 설계 등에 있어서 주의할 필요가 있다.

최근에는 SMC재단, 주입(Charge), 탈형, 트리밍(Triming), 천공 등의 각 공정을 자동화하는 예도 많다. 또 면상태나 Pin hole 등의 결함을 문제삼는 성형품이 많아져서 재료에 걸리는 압력이 높아지도록 흐르는 양이나 흘리는 거리를 크게 할 수 있도록 성형재료나 성형조건을 설계하는 것외에 진공하에서의 금형 성형, SMC의 함기량 감소, 재료의 예비가열, 편하중(扁荷重) 방지기구 등의 새로운 기술을 채용하는 경우도 많아지고 있다.

성형 사이클의 단축이나 고강도의 구조부재의 전개도 가속화되고 있다.

4) SMC 성형 과정

① 원재료는 불포화 폴리에스터수지(UP)와 경화제, 충진제, 이형제, 안료, 증점제 등을 혼합하여 판상으로 만든다.

② 유리섬유를 균일하게 합침시킨다.

③ CPP필름으로 양면을 감싼 후 ROLL 혹은 컨테이너 용기에 포장한다

④ 40~50℃의 온도를 유지 4시간 정도 숙성시킨 후 저온 19℃ 창고에 보관한다.

⑤ 수요에 필요한 SMC를 창고에서 꺼내어 제작 준비를 한다.

⑥ 합침시킨 원료를 금형에 의해 유압 프레스기로 가압, 성형한다.

표 3.1 SMC 성형 조건 예시

Sheet 크기	가압력	적용압력 kg/cm^2	금형온도	성형시간	프레스 속도	금형온도 분포
1.0×2.0	1500TON 이상	80kg/cm^2	상 145℃ 하 135℃	400sec	1속-25mm/sec 2속-2mm/sec 3속-0.5mm/sec	±2℃ 이내
1.0×1.0	1000TON 이상					
1.0×0.5	500TON 이상					
0.5×0.5	500TON 이상					

3.7.4 SMC 성형법의 적용

SMC는, Pannel Tank, 욕조 및 Unit Bath, 정화조, 자동차 부품, 냉각탑, Parabola Antennar 등 비교적으로 대형인 성형품에 많이 응용된다.

Unit Bath를 비롯해서 주거 설비 부품의 Press화 계획이나 자동화 분야에로의 적용이 더욱 확대되어 가는 성형법이라고 말할 수 있으며, 원가절감 경쟁, 성능개량, 평가방법에서 커다란 기술전개도 이루어질 것으로 생각되는 성형법이다.

그림 3.8 SMC Tank 시공 사례

3.8 BMC(Bulk Molding Compound) 성형법

3.8.1 BMC 성형법의 개요

BMC의 성형법에는 압축성형, 이송(移送)(트랜스퍼) 성형, 사출성형의 3종류가 있다. 압축성형은 프리폼 매치드 다이(Preform Matched Die) 성형법이나 SMC법과 본질적으로 동일한 성형법으로 구분되며, 이송성형과 사출성형법이 BMC 특유의 성형법이라고 할 수 있다.

3.8.2 BMC 성형법의 특징

1) BMC 성형법의 장점

BMC성형법을 다른 성형법과 비교하면 다음과 같은 특징을 가진다.

① 성형사이클이 빠르고 사출성형도 할 수 있으며 다량생산에 적합하다.
② 복잡한 형상도 일체성형을 할 수 있다.
③ 저렴한 충전재를 다량 사용이 가능해서 원료비를 절감할 수 있다.
④ 표면 정도(表面 精度)나 치수 안정성을 향상시킬 수 있다.
⑤ 난연제도 다량으로 사용할 수 있어서 난연화가 용이하다.
⑥ 수지를 그대로 사용하지 않기 때문에 작업환경이 개선된다.
⑦ 공정의 간략화, 합리화, 에너지의 절약이 용이한 성형법이다.
⑧ 다이캐스트 제품에 비하여 치수 정도가 우수하기 때문에 절삭(切削)가공이 필요 없어서 원가를 절감할 수 있다.
⑨ 표준화하여 놓으면 작업자의 기능을 엄격하게 요구하지 않는다.
⑩ 범용 열가소성 수지에 비하여 내열성, 전기절연성, 내(耐) Tracking성, 탄성율이 뛰어나다.

2) BMC의 단점

① 강도가 SMC의 약 70% 정도로 SMC보다 강도가 낮다.
② 흐름에 의한 배향(配向)이나 접합점이 발생하기 쉬우며 딱딱하면서도 무른 성질이 있다.
③ 충전재가 많기 때문에 내후성(耐候性)이나 내약품성에 주의할 필요가 있다.

3.8.3 BMC의 성형 공정

1) BMC 압축 성형의 기본 공정

① 정해진 Charge Pattern으로 재료를 투입한다.
② 가열・가압에 의해 성형한다.
③ 경화 후 이젝터 장치의 작동에 의해 탈형한다.

2) BMC 트랜스퍼 성형의 기본 공정

① 트랜스퍼 Pot(Transfer Pot)에 재료를 투입한다.

② 램이 상승하여 금형, Pot, Plunger가 일체가 되어 주입구에 압입된다.

③ 경화가 완료되면 성형품을 탈형한다.

표 3.2 불포화 포리에스터(UP) 수지 성형재료 성형법의 종류와 특징

성형법	압축성형	트랜스퍼 성형	사출성형
성형재료	SMC, BMC(프리프레그, 프리믹스)	BMC(프리믹스)	BMC(프리믹스)
특기, 장점	• 대형성형품 가능 • 유리 열화가 적다. • 강화 섬유 함량을 높일 수 있다. • 원자재 손실이 적다. • 금형마모가 적다.	• 원료 장입이 용이 • 복잡한 형상의 성형 가능 • 평량(枰量) 필요없음 (압출기에서 평량 필요) • 여러 개를 꺼낼 수 있다. • 프리폼(Preform) 불필요 • 성형 사이클이 짧다.	• 성형 사이클이 짧다. • 양산성이 뛰어나다. • 자동화가 용이 • 복잡한 성형품이 가능. • 대량 생산에 적합
단점	• 프리폼이 필요하다. • 예열이 필요한 경우도 있다. • 평량(枰量)이 필요 • 사람의 손이 필요하다. • 생산성이 낮다.	• 유리 열화가 크다. • 유리배향이 크다. • 강도가 떨어진다. • 대형품에는 불가 • 예열이 필요한 경우도 있다.	• 유리 열화가 크다. • 유리 배향이 크다. • 강도가 떨어진다. • 대형품에는 불가 • 손실분이 크다.
성형조건	• 온도 130~150℃ • 압력 5~20Mpa • 경화시간 40~180초 (3mm 두께)	• 주입속도 2~10초 • 주입압력 20~40Mpa • 성형온도 140~160℃ • 경화시간 20~40초 (3mm 두께)	• 노즐온도 50℃ • 실린더온도 40℃ • 사출시간 2~20초 • 보압시간 10초 • 사출압력 80~100Mpa • 금형온도 140~160℃ • 경화시간 20~40초 (3mm 두께)

3) BMC 사출 성형의 기본 공정

① 재료 투입 : BMC를 Loading Hopper 속에 투입하여 프런저(Plunger)로 압축한다.

② 재료 계량 : Screw를 후퇴시켜 BMC를 Cylinder 속에 공급한다.

③ 사출 성형 : 금형을 닫고 BMC를 노즐로부터 금형 속에 사출한다.

④ 금형을 열고 경화된 재료를 꺼낸다.

3.8.4 BMC 성형기계

압축 성형에서의 금형구조는 SMC법과 동일하지만 사출이나 트랜스퍼 성형에서는 몰드를 잠그고 폐쇄된 상태에서 재료를 유동시키기 때문에 공기순환이 용이한 유출형이 바람직하다.

BMC법은 일반적으로 소형 제품으로 복잡한 성형물이 많으며 여러 개를 한꺼번에 꺼내는 방법도 채용되기 때문에, 프리폼 매치드 다이(Preform Matched Die) 성형법이나 SMC법보다 제품을 꺼내는데 용이한 녹크 아우트 핀(Knock out pin)을 여러 개 사용하는 것이 보통이다.

유압 혹은 기계적으로 유동시키지만, 프레스기나 사출성형기의 동작과 연동시켜 핀이 나와 있는 상태에서 성형을 하지 않도록 해야 한다.

또 언더 컷(Under Cut) 부분을 미끄러지게 하여 제품을 이형(離型)하는 Slide Core도 많이 사용되며, 그 간격에 BMC가 들어가 성형상 불편을 야기하기 때문에 주의해야 한다.

이송(移送) 성형에는 압축성형과 동일한 사양의 프레스재가 필요하며 사출 성형에는 사출 성형기가 필요하다.

사출시 GF의 손상 억제, 사출압(射出壓)에서 재료의 역류 억제, 계량의 정도(精度) 상승, 성형조건이나 성형품 요구의 다양화 등에 어떻게 대처할 것인가에 따라 각 메이커의 설계사항이 바뀌고 있다.

또 사출성형기는 사출통(射出筒)의 방향에 대하여 몰드를 잠그는 방향에 두 가지가 있으며, 양자가 같은 방향의 것을 횡형(橫型), 직각방향의 것을 종형(縱型)이라고 한다. 일반적으로 횡형의 경우에는 제품의 중앙에 사출구가 오고, 종형의 경우에는 제품의 단부(端

部)에서 사출된다. 제품의 형상이나 성능에서 사출 위치가 선정되며, 재료의 유동은 강도와의 연관이 있으며, 성형기의 선정은 전용기적 성격이 강하기 때문에 주의를 요한다.

사출 성형은 양산성과 자동화에 뛰어나기 때문에 자동차부품, 전기부품을 중심으로 주목을 모으고 있지만 강도 열화가 최대의 난점이다.

또 최근에는 강도를 향상시키기 위하여 GF 길이가 긴 BMC나 SMC 그 자체를 사출 성형하는 방법도 사용되어 성형기도 다소 가공 여유을 가진 상태에서 사출하여 그 후 압축 성형하는 사출 압축 성형 방법도 실용화되고 있다. 미세기공(Pin hole)과 같은 결함을 억제하기 위하여 성형시에 금형을 진공상태로 하여 사출하는 방법도 실용화되고 있다.

BMC는 비교적 작은 부품으로서 복잡한 형상의 물건이 많으며 자동차 전조등 반사경이나 공기 흡입구 등 자동차부품, Fuse Braker나 전기 스위치 등의 전기부품, 복사기나 프린터 등의 기구 부품, 각종 Housing 등에 응용된다.

3.9 프리프레그(Prepreg) 성형법

프리프레그(Prepreg) 성형법은 강화 섬유와 수지를 미리 함침시켜 놓은 중간 성형물을 가열하면서 용매 혹은 압력을 가하거나 진공 상태를 만들면서 촉매 처리된 수지를 이용하여 성형하는 방법을 의미한다. 촉매 처리된 수지는 상온에서 장시간 보관이 가능하며, 장기간 보관을 위해서는 냉동 보관을 하기도 한다. 대부분 테이프(Tape) 형태로 제조되며 한쪽면에 접착제 처리가 되어 있는 경우가 많다.

3.9.1 가열 프리프레그(Vacuum Prepreg) 성형법

원하는 성형물의 금형 위에 수동으로 감아 놓고 120~180℃ 정도로 가열하면서 진공을 가하면 촉매 처리된 수지의 경화가 일어나면서 성형이 된다. 압력을 가하는 경우는 가열을 해서 성형할 경우에만 적용되며, 이때의 압력은 약 5기압 이내의 압력 정도로 한다.

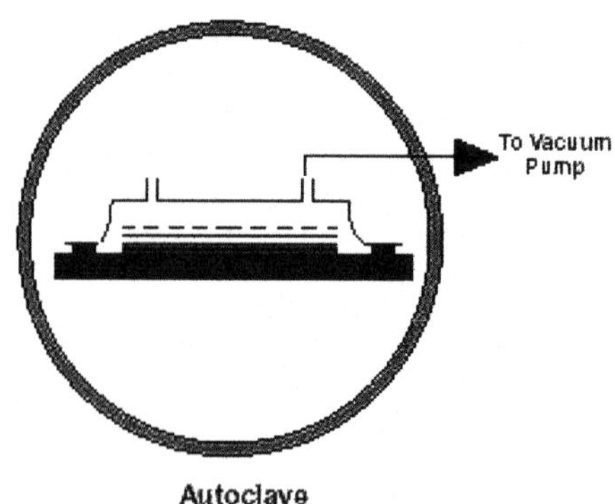

그림 3.9 진공 프리프레그(Vacuum Prepreg) 성형법의 개요

사용되는 수지는 에폭시(Epoxy), 폴리에스터(Polyester), 페놀(Phenolic), 그리고 폴리이미드(Polyimide) 등과 같은 고온용 수지들이 사용된다.

1) 가열 프리프레그(Vacuum Prepreg) 성형법의 장점

① 프리프레그 제작 업체에서 수지와 섬유의 비율을 정확하게 조정할 수 있다. 섬유의 함량을 크게 할 수 있다.
② 수지와 섬유의 함침 과정이 없기에 작업 환경이 좋다.
③ 강화 섬유의 직조 과정이 없으므로 섬유 가공비가 절약된다.
④ 자동화가 가능하다.

2) 가열 프리프레그(Vacuum Prepreg) 성형법의 단점

① 중간 성형물인 프리프레그를 사용하여 원자재 비용이 비싸다.
② 경화과정의 가열이 필요하여 에너지 비용이 크다.
③ 성형기구의 단열 처리가 필요하고, 작업자의 주의가 필요하다.
④ 성형온도에 견딜 수 있는 Core 재료만 사용 가능하다.

3.9.2 저온 프리프레그(Low Temperature Curing Prepreg) 성형법

앞서 설명한 가열 방식과의 차이점을 온도를 기준으로 구분한 것이다. 보통 60~100℃ 정도의 영역에서 이루어지는 성형을 의미한다. 가열 방식과의 가장 큰 차이점은 가열 방식에 비해 사용할 수 있는 수지가 에폭시(Epoxy) 이외에는 곤란하다는 점이다.

60℃ 이하의 온도에서는 촉매 처리된 수지라고 해도 보존 기간이 1주일 정도를 넘기 어렵다. 하지만, 60℃ 이상의 온도에서는 보존 기간이 몇 달까지 가능하게 된다. 진공 상태를 통해 성형하는 방식은 가열 프리프레그와 동일하지만 가열은 적용하지 않는 것이 차이점이다.

3.9.3 프리프레그(Prepreg) 성형물의 용도

고강도와 우수한 기계적 특성이 요구되는 경주용 자동차, 요트, 테니스 라켓, 낚시대 등의 용도로 많이 사용되고 있다. 국내에서는 낚시대 수요로 가장 많이 사용되고 있다.

3.10 인발(Pultrusion) 성형법

3.10.1 인발(Pultrusion) 성형법의 개요

인발(Pultrusion) 성형법은 충분한 강도를 가질 정도로 강화재와 Matrix의 혼합재를 경화한 후에 가열된 Mold를 통과하면서 연속적으로 성형하는 방법이다. 이를 위해서는 요구하는 강도 특성에 맞춰서 Chopped Strand Mat, Roving, Cloth 등의 강화재를 정열하고 이것에 수지를 함침시킨다.

함침된 재료를 성형품의 횡단면과 동일한 형상을 한 몰드(Mold)에 끌어 넣고, 강화재와 Matrix의 혼합 배합 비율을 조정하여 몰드 내 또는 몰드로부터 나온 직후에는 충분하게 보형성(保形性)을 가질 정도로 경화(예비성형이라고도 함)시킨다.

보형성을 유지할 정도로 경화가 되면 최종 경화하여 연속적으로 성형하는 방법이 인발(Pultrusion) 성형법이다.

3.10.2 인발(Pultrusion) 성형법의 특징

1) 인발(Pultrusion) 성형법의 장점

① 성형 속도가 매우 빠르다.

② 수지의 함량이 정확하게 조절될 수 있다.

③ 강화 섬유의 직조 가공이 필요 없기에 가공비가 작다.

④ 강화 섬유의 함량이 높아서 기계적 특성이 좋다.

⑤ 수지함침 과정에서 유해성분으로 인한 작업자 피해가 적다.

2) 인발(Pultrusion) 성형법의 단점

① 다양한 형상의 제품 생산이 어렵다.

② 가열 장비가 표함된 성형 기계 비용이 크다.

3.10.3 인발(Pultrusion) 성형법의 공정

끌어당기는 방향에 따라, 수평(횡)형 인발(引拔)법과 수직(종)형 인발법이 있다. 수직형은 중력의 영향을 받지 않으면서 정도(精度)가 높은 단면형상을 얻을 수 있으나, 설비가 커지는 점과 성형품의 길이에 제약이 생기기 때문에 거의 수평형이 사용되고 있다.

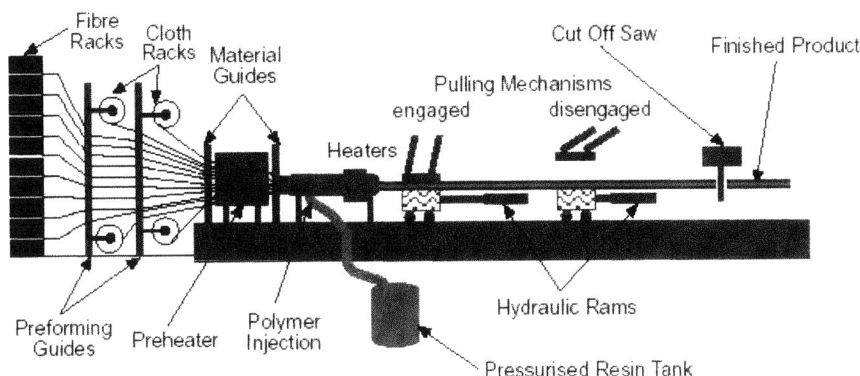

그림 3.10 인발(Pultrusion) 공정

3.10.4 인발(Pultrusion) 성형법의 강화재

인발(Pultrusion) 성형법에 사용되는 강화재로는 일반적으로 Roving이 주로 사용된다. 또한, 인발 제품은 긴 구조재로서 사용되는 일이 많기 때문에 축방향에 Roving을 많이 사용하여 강도와 강성을 증가시키는 쪽이 유리하지만, 얇은 형재(型材)나 속이 빈 제품의 경우에는 Roving을 보강하기만 하여서는 종방향(세로)의 균열을 일으키기 쉽기 때문에 Mat나 Cloth를 병용하거나 Roving의 가로 감기가 필요하다.

3.10.5 인발(Pultrusion) 성형법의 수지

Matrix로서는 UP, EP 등의 열경화성 수지가 주로 사용되며 전기적 특성, 내구성 등을 필요로 하는 경우를 제외하고는 일반적으로 UP가 사용된다.

열경화성 수지는 경화가 완료할 때까지 가열에 의한 팽창이 발생하고, 반응 진행에 수반되는 발열과 수축, 일시적인 점도 저하, Gel 상태로부터 고체(固體)로 변화하기 때문에 Mold면과 접촉, 이동하면서 발생하는 Mold면과의 마찰, 겔화 수지의 Mold면에로의 점착(粘着)이 장해가 된다. 또한 가열로 속에서 경화할 경우에 수지가 유출하기 쉬우며 정해진 단면성을 유지하기가 어렵다.

3.10.6 인발(Pultrusion) 성형 기계

길이가 한정된 라인 내에서 강화재에로의 함침과 경화를 어떻게 능률적으로 행할 것인가가 성형의 포인트이다. 성형용 몰드(Mold)는 표면에 크롬 도금을 한 금형이 일반적으로 사용된다.

최근에는 인발속도를 빠르게 할 수단으로서 고주파(高周波). 가열방식을 채택하는 경우가 있으며, 제품의 두께가 얇을 경우에는 효과가 적으나 두께가 15mm 정도의 것이 가장 효과가 많다.

고주파 가열은 Mold 내부에서 균일하게 진행하기 때문에 성형품 내에 결함이나 균열이 적어서 품질이 뛰어난 것을 얻을 수 있다. 인발속도는 일반적으로 1~2m/min이다.

3.11 연속 패널법

건재용의 파판(波板)이나 농업 온실용의 평판 등을 연속적으로 제조하는 방법으로서 역사도 오래되었고 기술적으로 완성에 가까운 방법이다.

수지(UP, PMMA 등)를 Cellulose판 등의 필름 위에 정해진 양을 도포하고, 그 위에 Glass Roving을 1~2인치로 자른 Chopped Strand를 균일하게 뿌리면서 함침시켜, 형태를 만들고 최종 성형을 위한 Die를 통과시키면서 가열로 속에서 경화시키는 성형법이다.

Chopped Strand Mat를 사용하는 방법과 Roving을 연속적으로 절단하여 행하는 방법이 있으나, Roving을 사용하는 방법이 생산성이 높고 경제적이기 때문에 거의 Roving을 사용하는 방법을 채용하고 있다.

Chopped Strand의 강하량(降下量)에 따라 성형품의 두께, Glass 함유량 등을 비교적 자유롭게 조정할 수 있다. 또 Chopped Strand Mat와는 다르게 Roving에는 2차 Binder가 포함되어 있지 않기 때문에 수지의 함침성이 좋고 양질의 파, 평판(波, 平板)을 얻을 수 있다. 특수한 용도의 우레탄이나 목재 등을 중간에 배치한 샌드위치 판넬도 얻을 수 있다.

3.12 필라멘트 와인딩(Filament Winding) 성형법

연속된 강화재를 한 번에 1~수 본씩 수지를 함침시키면서 회전하는 금형 위에 규칙적으로 감아서 정해진 두께에 도달하면 경화한 후에 금형에서 탈형하여 성형하는 방법이다.

감는 방법에는 나선형(Helical) 감기, 평행(Circumferential, Parallel, Hoop) 감기, Level(인프레인) 감기, 폴라(Polar) 감기의 4종류가 있다. 가장 많이 사용되는 것이 나선형 감기, 평행 감기이며, 다른 두 가지는 특수한 경우에만 사용된다.

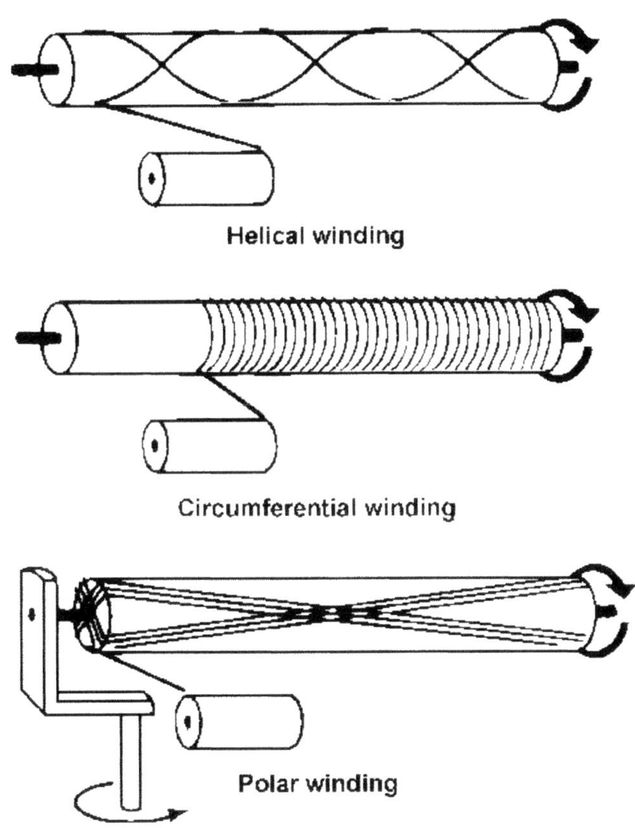

그림 3.11 Filament Winding의 강화 섬유 감는 방법

필라멘트 와인딩(Filament Winding) 성형법에는 그 제조 방법에 따라 Batch식과 연속 방식이 있다. Batch방식은 정밀한 고강도를 가지는 제품의 성형에 유리하며 내압 파이프, 탱크, 용기의 성형에 적합하다.

또 감는 방식에 따라 장치가 선반형, 회전 암(Arm)형으로 분류된다. 현재 가장 넓게 사용되고 있는 것이 선반형이다.

필라멘트 와인딩(Filament Winding) 성형법에 사용되는 강화재는 GF, CF, AF 등이 있지만, 섬유형태로서는 기본적으로 Roving과 같은 연속섬유이다.

3.12.1 필라멘트 와인딩(Filament Winding)용 강화재의 특성

필라멘트 와인딩(Filament Winding) 성형법에 적용되는 강화재에 요구되는 특성은 다음과 같은 것이 있다.

① 함침 속도가 빠르다. 통상적으로 15~30/min의 속도로 감겨지기 때문에 수지속을 통과할 시간은 극히 짧으며 빠른 함침속도가 요구된다.

② 작업성이 좋아야 한다.

③ 맨드렐에 감을 때 균일한 장력이 유지될 수 있도록 품질이 균일해야 하고 잔털 등이 없어야 한다.

④ 수지와의 접착성이 좋아야 한다.

내면에 내식층이 필요할 때에는, Surface Mat, Chopped Strand Mat도 사용된다.

3.12.2 필라멘트 와인딩(Filament Winding)용 수지의 특성

필라멘트 와인딩(Filament Winding) 성형법에 사용되는 수지는 UP와 EP가 사용되며 요구되는 특성은 다음과 같다.

① 함침속도가 빠르다.

② 점도가 적절하다.

③ 경화시 수축이 적으며 균열이 잘 생기지 않는다.

④ 경화온도가 낮으며 단시간에 경화한다.

3.12.3 필라멘트 와인딩(Filament Winding) 성형 공정

Mandrell의 재질은 일반적인 파이프류에 대해서는 강관(鋼管), 혹은 알미늄 합금이 사용된다.

강관은 값이 싸고 임의의 크기의 것을 입수할 수 있으며 취급중 손상이 적다. 알미늄 합금은 경량으로 선팽창계수(線膨脹係數)가 크기 때문에 탈형은 용이하지만 가격이 비싸고 수명이 짧다.

압력용기와 같은 돔(Dome) 형상의 단부도 일체(一體)로 성형할 경우에는 석고, 저융점 합금용해성염(低融點合金溶解性鹽) 등을 사용하여 제품의 경화후에 구금부(口金部)부터 용융(溶融), 용해해서 꺼낸다.

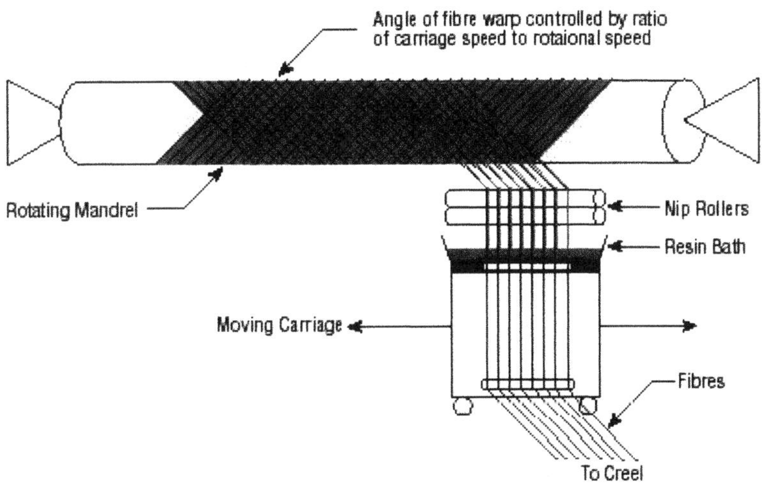

그림 3.12 필라멘트 와인딩(Filament Winding) 성형 공정

필라멘트 와인딩(Filament Winding) 성형의 성형 공정은 다음과 같다.

① 재료의 준비 : 수지와 촉매의 계량하여 혼합하여 준비한다.

② Roving을 가이드로 통과시킨다. 기타 재료의 준비

③ 맨드렐(Mandrell)의 청소 : 표면에 붙은 수지 파편 등의 제거, 상처 등의 유무의 확인

④ 이형제 도포 : SMC나 MMD 성형용 금형과 마찬가지로 시리콘 오일 소부처리(蔬付處理)한 Mandrell 위에 왁스 처리한다.

⑤ 와인딩 성형 : 통상적으로 Roving의 감기 속도는 15~30m/min이다.

⑥ 경화 : 포리에스터 수지의 경우는 가열 경화가 일반적이며, 통상 100℃ 전후에서 행한다. 물론, 상온 경화도 있다. EP의 경우에는 거의 대부분 가열 경화하며 가열 온도는 150℃전후이다.

⑦ 탈형 : 금형으로 사용되는 맨드렐(Mandrell)로부터 성형품 분리

⑧ 트리밍(Trimming) : 성형품의 표면 요철 제거

그림 3.13 필라멘트 와인딩법을 적용한 FRP Pipe 제조 과정

3.12.4 필라멘트 와인딩(Filament Winding) 성형의 장 · 단점

1) 필라멘트 와인딩(Filament Winding) 성형의 장점

① 매우 빠른 성형 속도로 경제적이다.

② 수지의 공급량을 조절할 수 있다.

③ 직조 과정에 생략되므로 강화섬유의 가공비를 최소화할 수 있다.

④ 직선형의 강화 섬유를 다양한 방향으로 감기 때문에 기계적 특성이 우수하다.

2) 필라멘트 와인딩(Filament Winding) 성형의 단점

① 굴곡이 있는 형태의 가공이 어렵다.

② 기계 작업 반경의 한계로 인해 가공품의 크기가 제한된다.

③ 성형에 필요한 금형(맨드렐, Mandrell)의 가격이 비싸다.

④ 성형품의 외면이 매끈하지 않다.

3.13 기타 방법

3.13.1 원심 성형법(Centrifugal Casting)

파이프 혹은 탱크의 동체를 만들 때 사용되는 방법으로서 고속으로 회전하고 있는 Mold 속에 수지와 GF를 따로 혹은 동시에 공급하여 원심력(遠心力)으로 성형하는 방법이다. 최근에는 대형 약품 탱크나 가정용 물 탱크의 제작에 널리 사용되고 있다.

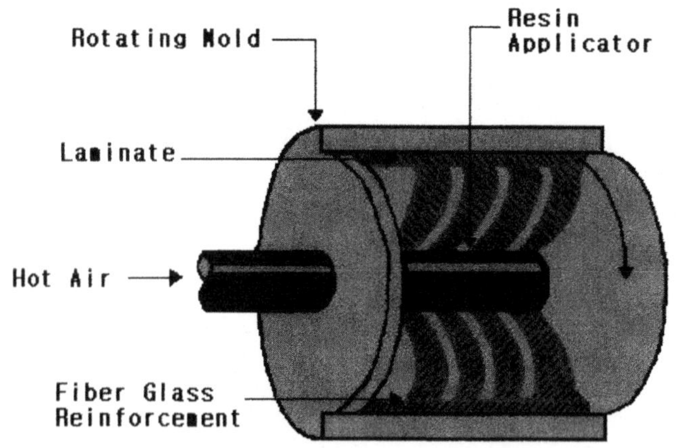

그림 3.14 원심 성형법의 개요

3.13.2 회전 성형법

완전 밀폐된 Mold 속에 수지와 GF를 동시에 공급하고 뚜껑을 닫은 후 천천히 그 축에 대하여 회전시켜, Mold 내면에 수지와 GF를 수지의 점착성(粘着性)만으로 부착시켜 성형하는 방법으로서 마네킹 등의 제조에 사용되고 있다.

3.13.3 백 성형법(Bag Method)

주자직(朱子織) 또는 평직(平織)의 비교적 고급 Glass Cloth를 핸드레이업(Hand Lay-up)법으로 적층한 후 그 위에 Bag(주머니)을 덮어서 함침탈포(含浸脫泡)하는 방법이다. 함침 탈포할 때 외부로부터 가압하는 방법을 가압 백법, 백속을 진공으로 해놓고 행하는 방법을 진공 백법이라고 부르며, 항공기의 레이더 Dome이나 잠수함의 Sonar Dome 등의 고급 FRP를 만들 때 사용된다.

1) 백 성형법의 장점

① 기공이 작은 성형품을 얻을 수 있다.
② 다른 성형법에 비해 강화 섬유의 양을 크게 가져갈 수 있다.
③ 백(Bag) 안에 충분한 수지를 공급할 수 있으므로 함침 효과가 크다.
④ 수작업에 비해 작업자의 안정성이 확보될 수 있다.

2) 백 성형법의 단점

① 백(Bag)을 형성하는 작업 비용과 처리 비용이 추가로 필요하다.
② 작업자의 숙련된 기술과 주의가 필요하다.
③ 수지와 강화섬유의 혼합 비율이 작업자에 따라 다르게 변한다.

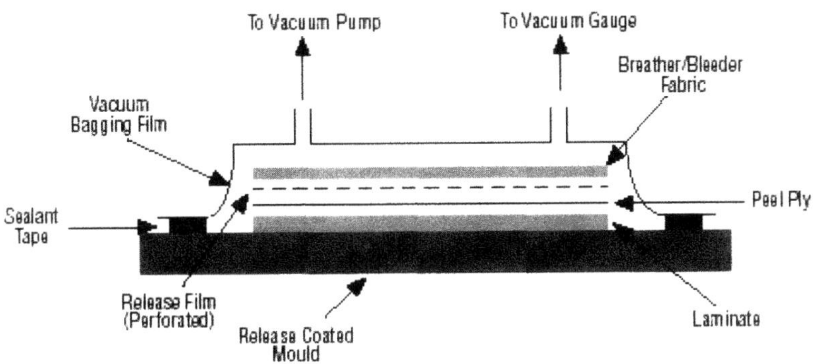

그림 3.15 진공 백(Vacuum Bagging) 성형법의 개요

3.13.4 R-RIM(Reinforced-Reaction Injection Mold) 성형법

R-RIM(Reinforced-Reaction Injection Mold) 성형법이란 사출 성형의 고압(高壓)의 몰드속에 액상의 수지를 강화재, 경화재 등과 혼합 주입하여 발포 경화 반응을 일으켜서 경질(硬質)폼을 성형하는 방법이다.

사용되는 재료는 초기에는 폴리우레탄이 실용화되었으나, 최근 EP 등을 이용한 RIM도 개발중이다.

RIM 성형의 선팽창 계수 감소(線膨脹係數減少), 강도, 강성(剛性)의 향상을 위하여 강화재(Glass Chop)을 동시에 혼입하는데, 프리폼 매트(Preform Mat)를 몰드속에 놓고 혼입하는 복합화가 진행되는 R-RIM법이 개발되고 있다.

제 4 장 FRP의 가공

제 4 장
FRP의 가공

4.1 기계 가공

FRP는 강화섬유와 수지의 복합재료서 기계 가공이 쉽지 않은 난가공재(難加工材)이기 때문에 공구의 마모는 현저하다. 특히 섬유 함유율이 높을수록 마모하기 쉬우며, 탄소섬유 강화프라스틱(Carbon Fiber Reinforced Plastic, CFRP)일 경우 더욱 심하다.

또 작업중에 발생하는 가공 먼지의 처치는 소홀히 할 수 없다. 집진설비가 없는 곳에서의 FRP 가공은 갑작스럽게 분진이 공중으로 날아서 수습하기 어려운 상태가 된다. 따라서, FRP의 기계 가공에 집진 설비는 불가결한 것이다.

뿐만 아니라, FRP는 다품종 소량 생산이 주류이고 성형의 용이성으로 복잡 형상의 것이 많기 때문에 범용(汎用) 공작기계는 이용하기 어려우며 수도구(手道具)에 의한 작업비율이 대단히 많다. 따라서, 환경 보전에 대하여 지나칠 정도의 주의가 필요하다.

4.1.1 수작업에 의한 가공

트리밍(Trimming)작업이 압도적으로 많으며, 그 다음으로는 부품을 설치하기 위한 구멍을 뚫거나 표면을 매끄럽게 하는 샌딩(Sand Blasting), 기타 필요에 따라 행해지는 절삭작업(切削作業)이 행해진다.

특히 샌드 블라스팅(Sand Blasting)은 다음 작업에 예정되는 적층작업의 전공정으로서 행해지는 경우가 많으며 이 경우에는 작업 면적이 커지기 때문에 큰 작업이 된다.

사용되는 공구에는 칼, 줄, 쇠톱, 그라인더, 다이아몬드 디스크, 드릴 등이 있다. 이것들을 가공 부분이 직선이나 곡선 혹은 절단이나 절삭(切削) 용도로 구분해서 사용한다. 동력을 사용하는 공구에는 전동식과 압축 공기식이 있으나, 보통은 후자인 압축공기식이 사용되는 일이 많다.

4.1.2 절단가공

종전부터 널리 사용되고 있는 것은 원판상의 저석(低石)이나 다이아몬드 디스크를 장착한 절단기이다. 원판형의 절단기는 직선부의 가공에 국한되지만, 절단면은 극히 양호하다. 소정의 치수정도(寸法精度)로 가공될 수 있도록 노력하면 그대로 끝마무리 면(面)으로 사용할 수 있는 상태이다. 저석과 다이아몬드 디스크의 선택은 경제성의 면에서 고려해야 하겠지만, 일반적으로 다이아몬드 디스크 쪽이 널리 사용되고 있다.

최근에 이르러 워터젯(Water Jet)이나 레이저 절단기가 FRP에 사용되게 되었다. 로봇 등의 도입에 의해 자동화를 도모하여, 품질의 안정화, 생산성의 향상을 지향하고 있는 것이다. 주로 성형품의 마무리 트리밍(Trimming)이나 3차원곡면(3次元曲面)의 절단에 효과가 있다. 함침이 좋지 않은 성형품은 절단면 근처가 백화(白化)하거나, 박리(剝離)가 생길 염려가 있다.

표 4.1 워터젯(Water Jet)에 의한 절단의 예

적층재 종류	두께 (mm)	노즐 직경 (φmm)	압력 (kgf/cm^2)	절단속도 (m/min)
GFRP	4	0.2	3,000	0.2
GFRP	17	3.0	2,000	0.5
AFRP	6	2.0	2,000	0.3
CFRP	8	0.2	3,000	0.2
CFRP	5	1.0	2,000	0.3

표 4.2 CO_2 레이저에 의한 절단의 예

적층재 종류	두께 (mm)	출력 (kW)	절단속도 (m/min)
GFRP	5	0.5	3
보론 / EP	3	3	1.5
보론 / EP	19	4	0.3

4.1.3 천공(穿孔)가공

통상적으로 초경(超硬)드릴이 사용되고 있으나 강화 섬유 함유율 및 강화섬유의 종류에 따라서 칼날 끝의 소모는 현저하게 다르다.

여러 개의 천공으로 가공면이 나빠지는 경우도 있다. 드릴의 수명에 관해서는 보통 감각적인 판단에 의존하는 경우도 있지만, 가공면이 불량했을 때의 상태 견본을 미리 준비하여 놓고, 그것과 같은 상태가 되었을 때를 한계로 보는 비교 방법도 있다.

드릴의 날이 무뎌짐에 따라, 구멍 주변에 층간 박리(層間 剝離)가 생길 확율이 커진다. 드릴에 의한 가공은, 드릴의 끝에서 섬유를 끌어 베끼는 힘이 발생하고, 그와 동시에 절단하는 날에 의한 전단력(剪斷力)도 발생한다.

그때 마모된 날로는 섬유를 절단하기 어렵게 되기 때문에, 쌍방의 힘이 증가하며 약한 쪽의 층간박리가 일어난다.

4.1.4 절삭(切削)가공

선반 등의 공작 기계가 사용되기도 하지만 절삭가공의 분야에서는 단도(單刀)에 의한 연속 절삭이 가공의 기본이 되고 있다. 절삭방향에 대하여 순목(順目)의 경우에는 섬유의 파단(破斷)형태가 인장(잡아끄는 것)이며, 역목(逆目) 쪽은 전단(剪斷)파괴가 된다. 순목(順目)의 경우가 절삭 저항이 크며 공구의 마모율도 수배 이상 크다. 역으로, 끝마무리면에서는 순목(順目)보다 역목(逆目) 쪽이 수배 거칠게 되어 버린다.

GFRP와 CFRP에 사용되는 공구로서는 소결(燒結) 다이아몬드, 초경합금(超硬合金) K01종(種)과 K10종이 적합하다. K10에 비하면, K01은 수배, 소결 다이아몬드는 100배 이상의 공구수명을 가지고 있다.

4.1.5 연삭(硏削)가공

범용의 기계로서 평면 연삭반이나 원통 연삭반이 있다. 보통은 저석(低石)의 원통면으로 가공하기 때문에 가공하고자 하는 재료도 평면 혹은 원통에 한정된다. 공작기계 중에서는 정밀급의 부류에 들어가며 치수 정도도 끝마무리 면이 평활성(平滑性)을 요구할 때에 극히 유용하고 또 가공성도 양호하다.

이 가공법을 가장 효율적으로 활용하고 있는 것은 낚시대와 Golf Shaft의 제작 분야라고 할 수 있을 것이다. 센테레스(Centerless)의 연삭을 하는 전용 가공 장치가 사용되고 있다. 이와 같이 FRP의 연삭가공이 사용되고 있는 것은 가공 정밀도는 물론이거니와 또 안정된 가공성을 지향하고 양산을 목적으로 한 전용 자동 가공을 목표로 한 것이다.

4.2 FRP의 연결

FRP의 연결 방법은 크게 기계적 결합과 접착결합으로 나눠진다. 전자에는 FRP 특유의 2차 적층에 의한 접합법이 포함된다.

4.2.1 기계적 결압법

리벳(Rivet)이나 나사류를 사용하여 FRP 구조 부재를 연결하는 방법이다.

리벳에는 5mm 정도까지의 일방향 리벳(One Way Rivet)가 많이 사용되며, 단지 결합을 목적으로 하는 것과 다른 부품을 설치하기 위한 나사가 붙어 있는 것이 있다.

Bolt, Nut를 이용한 결합법의 경우에는 작은 부품의 설치에서 분할성형에 의한 대형 성형품의 조립에 이르기까지 여러 가지 용도에 이용되고 있다. 파이프류 등의 배관재 연결에는 FRP에 직접 나사 가공을 하는 경우도 있다.

어느 것이나 이들 결합법은 작은 부품류의 설치를 제외하면 접착제의 병용이나 결합부의 보강 혹은 보호를 위하여 FRP를 2차 적층(Overlay)을 하는 일이 많다.

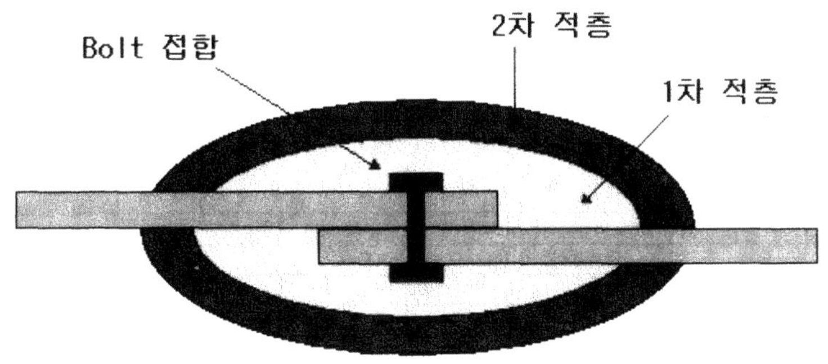

그림 4.1 FRP 결합부의 2차 적층

4.2.2 접착

용도나 목적에 따라서 UP계, EP계, 아크릴계, PU계, 고무계 등의 접착제가 사용된다. 접착면은 솔벤트(Solvent) 등의 용제로 잘 세척하고 필요시에는 표면의 접착력을 증대하기 위해 샌드 블라스팅(Sand Blasting) 후에 접착한다.

경우에 따라서는 접착제에 Chopped Mat 등을 삽입하여 접착효율을 높이는 노력도 이루어지고 있다. 접착제를 사용하여 접합하는 FRP 기기나 배관의 접합부가 충분한 강도를 가지기 위해서는 접착시에는 온도와 양생 시간의 유지가 매우 중요하다. 따라서, 더운 현장과 추운 현장에서 접착을 할 경우의 관리 방법에는 약간의 차이가 있다.

1) 추운 현장의 접착

① 접착은 가능한 실내에서 할 수 있도록 관리하며, 접착제는 시공 전에 최소한 6~12시간 정도를 20~25℃ 정도의 실온에서 보관한다.

② 이렇게 상온에서 충분한 시간을 보관하게 되면 접착제 시공후에 양생 시간을 절약할 수 있는 이점이 있다. 그러나 실내 온도가 38℃를 넘는 상황에서 수지와 경화제 및 촉매의 혼합은 삼가한다.

③ 접착부재는 접착제 시공전에 미리 예열을 가하는 것이 좋다. 예열을 가한 부분은 양생 시간이 빠르고 접착부의 기계적 특성이 향상되는 이점이 있다.

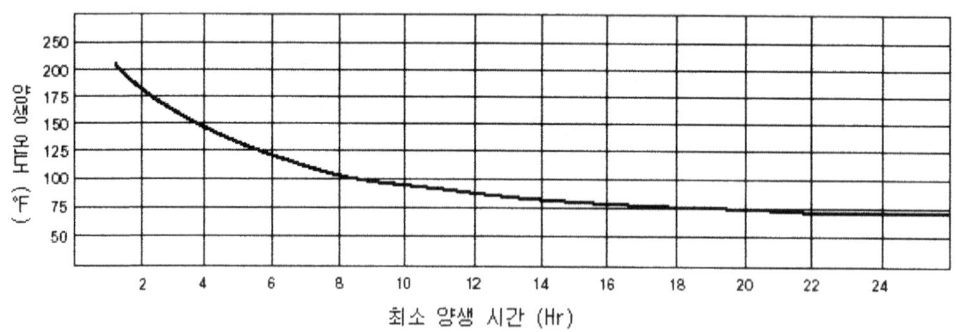

그림 4.2 비닐에스터계 접착제의 양생 온도와 시간 관계

2) 더운 현장의 접착

① 접착 시공 현장을 가능한 실내로 하여 수지와 경화제 및 강화섬유가 직접 자외선에 노출되지 않도록 한다.

② 수지와 경화제를 냉각하여 사용하는 것이 급속한 경화로 인한 문제점을 최소화할 수 있다.

③ 접착부는 가능한 50℃ 미만으로 유지되도록 한다.

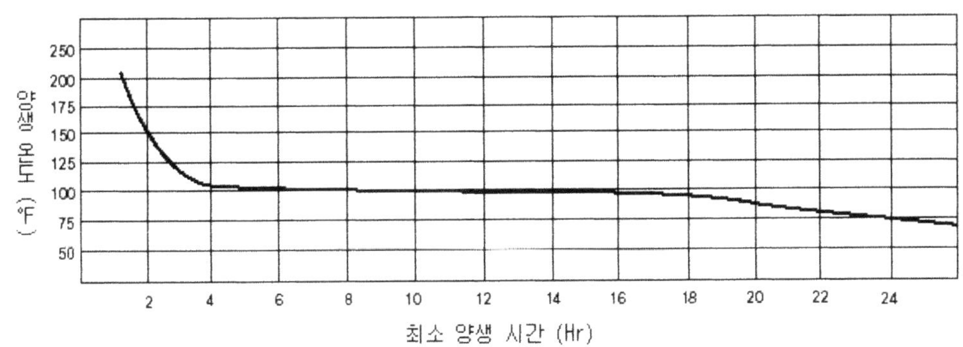

그림 4.3 에폭시계 접착제의 양생 온도와 시간 관계

3) 탱크 동체부의 접합

탱크를 분할하여 만든 후 접합에 의해 완성하는 경우 접합은 FRP로 하여 충분한 강도를 유지하도록 한다. 접합의 두께는 적어도 접합된 부분의 최고 두께와 같지 않으면 안 되며, 섬유 강화재는 접합부를 중심으로 등분하여 적층하고 적어도 탱크벽과 같은 강도를 가지도록 해야 한다. 일반적으로 탱크벽체의 1.5배 정도의 두께를 가지도록 시공한다.

접합부는 다음의 표에 표기된 최소 접합 폭보다 작아서는 안 된다.

표 4.3 탱크 Shell 접합시의 최소 Mat 폭

탱크 두께 (mm)	4.8	6.4	8.0	9.6	11.2	12.7	14.3	15.9	17.5	19.0
외면 접합 최소폭	100	100	125	150	175	200	225	250	275	300
내면 접합 최소폭	100	100	125	125	150	150	150	150	150	150

접합은 탱크의 내외면에 모두 적용하지만 내면은 내식층을 만들어 주는 것뿐이고 구조재로서의 강도를 고려하지 않는다. 따라서 적층부의 강도를 고려할 때는 내면의 내식층은 제외하여야 한다.

내면의 접합은 최소 450g/m^{2}의 Mat 2층과 0.25~0.5mm 두께의 Surface Mat를 사용한다. 접합부는 연속한 적층 구조를 갖는 모양으로 최종 마무리해야 하며, 접합된 부재와 같은 정도의 강도를 갖도록 해야 한다.

제1층의 폭은 적어도 50mm로 하며 제2층부터는 그 폭을 똑같이 늘리며 접합부의 위치를 중심으로 적층하여 적층 최종 Mat의 폭이 규정된 최소치를 만족하도록 해야 한다.

(1) Shell 접합부의 적층법

Shell 접합부의 적층은 내·외 양면에서 실시한다.

양면 두께의 합은 본체 동체부의 1.5배 이상의 두께로 시공한다.

접합부의 단면은 다음과 같이 적층한다.

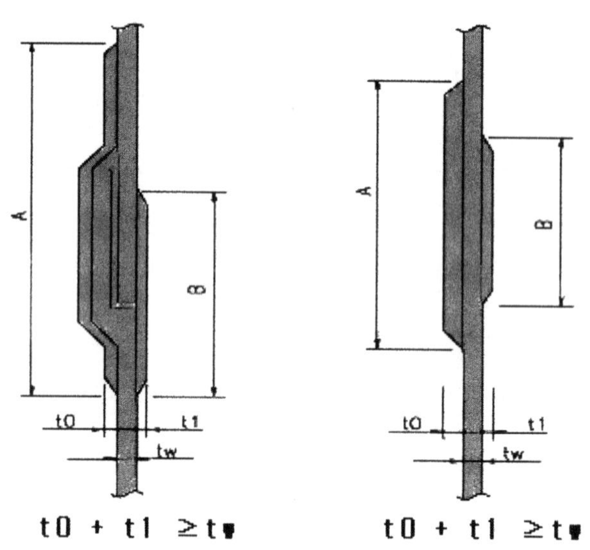

그림 4.4 탱크 접합부의 단면 예시

표 4.4 탱크 접합부의 적층법

판 두께 (tW)	외면 접합부 A (min)	내면 접합부 B (min)	적층 Ply 수(數)	
			내벽	외벽
4.5t	200	150	4	4
4.5t	200	150	5	5
6t	250	200	5	7
8t	250	200	5	9
9t	250	200	6	11
12t	250	250	6	15
16t	250	250	6	19
20t	300	250	7	23

- 적층 Ply 수에는 표면 끝마무리의 Surface Mat를 포함한다.
- 내면 적층은 전부 Chopped Strand Mat로 한다.
- 외면 적층은 Mat + Mat + Resin + Mat … + Mat + Resin + Mat + Surface Mat의 순서로 한다.

접합부 표면은 충분히 건조시키고 나서 요철 부위가 없도록 깨끗하게 연마한 다음, 연마에 사용된 연마제를 제거하고 위의 그림과 같이 적층한다. 적층 두께가 두꺼운 경우에는 수회에 걸쳐 나누어서 적층하고, 마지막 외각층은 Surface Mat로 마무리한다. 공기 차단제는 폴리에스테르(Polyester)나 세로판 Film을 사용하며, 곤란한 경우에는 파라핀 왁스를 사용한다.

(2) Shell to Top / Bottom Plate Corner부의 적층법

Shell to Top / Bottom Plate Corner부의 두께 보강과 접합부의 R값은 다음에 예시된 바와 같이 한다. 적층 방법은 FRP의 Shell 접합부와 같이 한다.

표 4.5 탱크 용적에 따른 Corner부의 적층 예시

탱크 용적	R(min)	L(min)	M(min)
1~5m^3	0	200	75
6~39m^3	100	300	100
40~100m^3	100	400	100

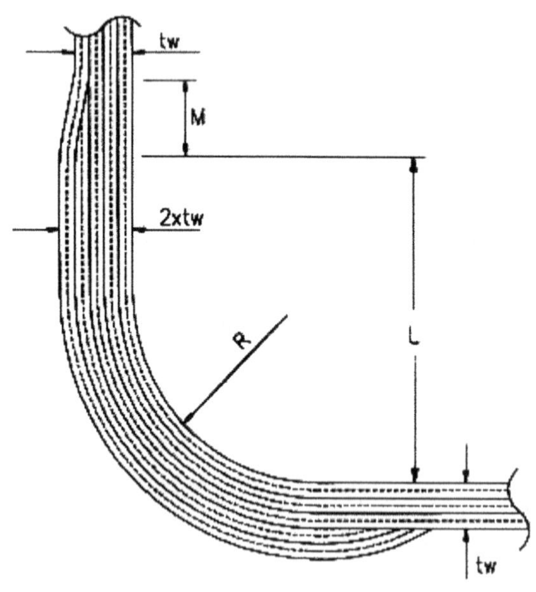

그림 4.5 Shell to Top / Bottom Plate Corner 접합부의 예시

4) Nozzle의 부착

(1) 접합부의 연마

Nozzle을 부착하기 위해서는 Nozzle 내·외면의 2차 접착 부분을 충분히 연마하고 분진을 깨끗이 제거한다. 이때 습기가 있지 않도록 주의한다.

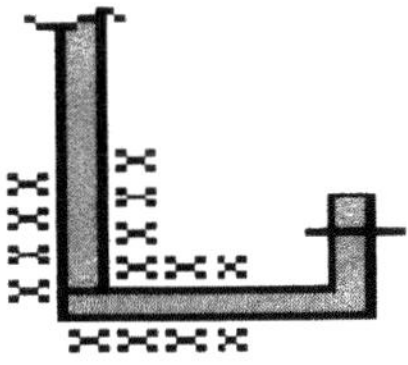

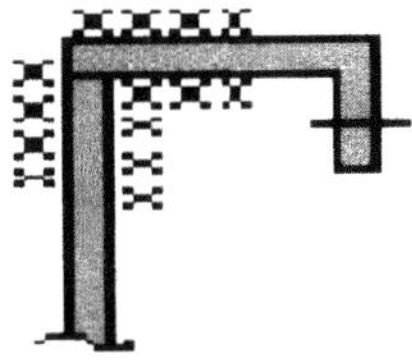

그림 4.6 Nozzle 접합부의 연마(xxx는 연마부분)

(2) Nozzle 접합법

① 작업시 수분이나 습기를 철저히 차단해야 한다.

② 경화시간이 조정된 수지를 Nozzle 접합면에 붓이나 Roller로 도포한다.

③ 필요에 따라서는 표면에 Surface Mat를 대고 함침 탈포(含浸脫泡)한다.

④ Nozzle의 외주(外周)와 Shell 동체사이를 Smooth하게 하고 Corner부는 5R 이상이 되도록 한다.

⑤ 외면의 적층은 Chopped Strand Mat → Cross Roving의 순서로 적층한다. 적층은 Ply수가 많을 때는 수회로 나누어 실시하고 보강재의 사용은 가급적 피하면서 접합부의 강도가 충분하도록 실시한다.

⑥ 내면의 적층은 Chopped Strand Mat를 필요 두께만큼 충분하게 적층하고 최후에 Surface Mat를 적층한다.

⑦ 내·외면 적층은 Surface Mat로 하고 공기 차단제는 가능한 한 Polyester나 Cellophane Film을 사용하며, Paraffin Wax로도 대체 가능하다.

표 4.6 Shell Thickness에 따른 Nozzle 접합부 두께(D : Nozzle 직경)

접합부	Shell Thickness Tw(단위 : mm)						
	4.8t	6t	8t	9t	12t	16t	20t
L1	½D	½D	½D	½D	½D	½D	½D
L2	100	100	100	100	100	100	100
L3	⅜D	⅜D	⅜D	⅜D	⅜D	⅜D	⅜D
L4	100	100	100	100	100	100	100
T1	4.8	6	8	9	12	16	20
T2	4	4	5	6	6	6	7

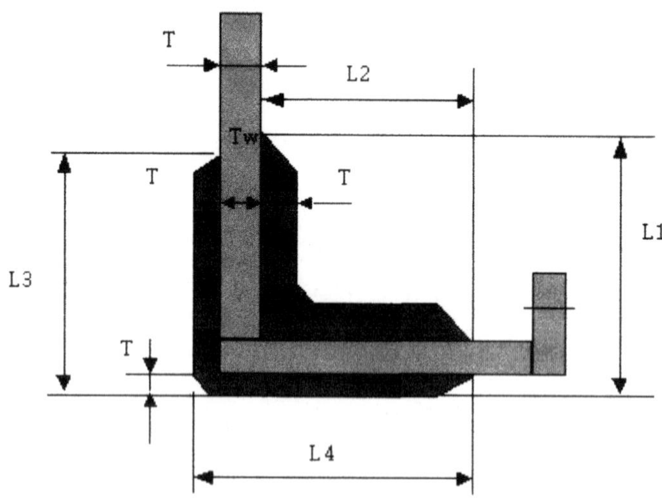

그림 4.7 Nozzle 접합부(2″ 이상)의 적층 두께 예시도(Tw : Shell Thickness)

⑧ 직경 2″ 이하의 Nozzle일 경우에는 Shell을 관통하여 Nozzle Neck을 부착하고, 직경 2″ 이상의 Nozzle일 경우에는 다음 그림과 같이 Shell을 관통하지 않고 Nozzle Neck을 부착한다.

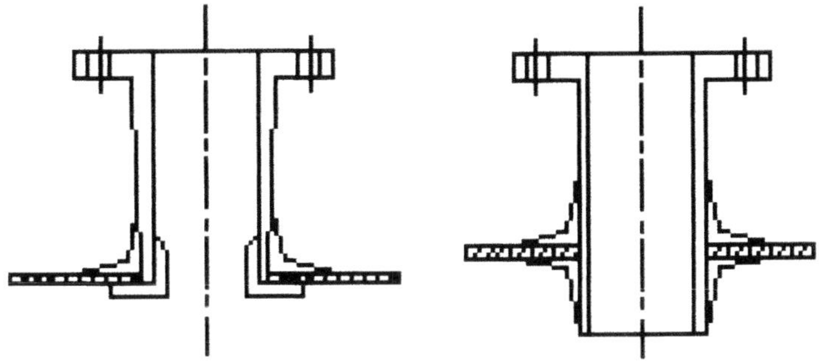

그림 4.8 Nozzle취부 요령(2″ 이상(좌), 2″ 이하(우))

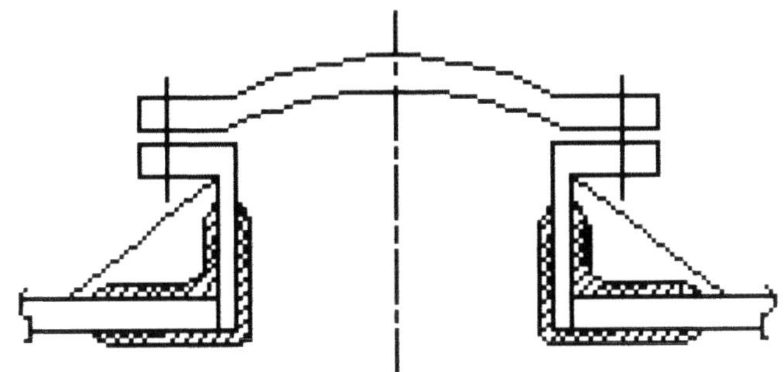

그림 4.9 Manhole의 취부 예시도

⑨ Flange Nozzle의 보강을 위해 Gusset을 부착할 경우에는 다음 그림과 같이 한다. 이때에 Flange 면에서 Shell 면까지의 거리는 최소 100mm 이상이어야 한다.

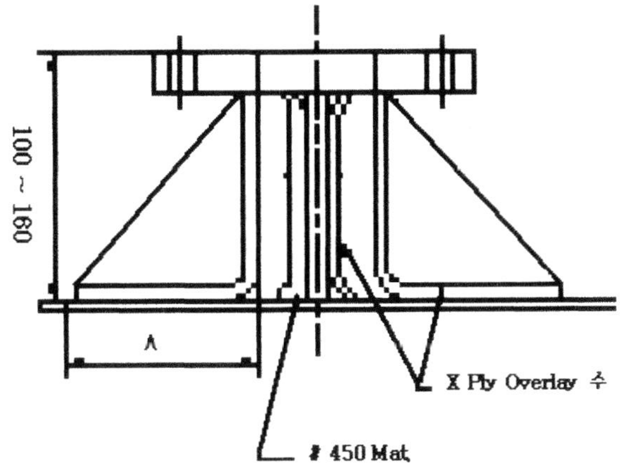

그림 4.10 Flange Gusset의 취부 요령

표 4.7 Nozzle 직경에 따른 Gusset 취부 요령

Nozzle 직경	Overlay 수	Gusset 수	Gusset 두께 (T)	Gusset 폭 (A)
2″	3	4	6.4mm	120mm
3″	3	4	6.4mm	130mm
4″	3	4	6.4mm	135mm
6″	3	4	9.6mm	135mm
8″	4	4	9.6mm	140mm
10″	4	8	9.6mm	145mm
12″	4	8	9.6mm	160mm

(3) Tank의 Drain Nozzle

Tank Bottom에 위치하는 Drain Nozzle은 용도에 따라 다음과 같은 방법으로 실시한다.

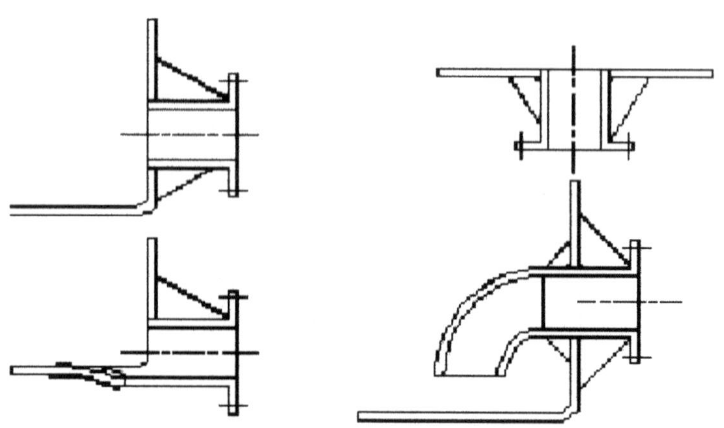

그림 4.11 탱크 하부 Drain Nozzle의 설치 예

5) Tank의 지붕 연결

Tank의 지붕은 평형(平型), 요형(凹型), 원추형(圓錐型) 등이 사용된다. 어느 것이나 특별한 지시가 없는 한 하중이 균등 분산 되도록 시공해야 한다. 지붕은 눈이 많이 쌓이는 적설 지대에서는 300kg/m^2 이상, 기타 지역에서는 200kg/m^{2}의 하중에 견딜 수 있어야 한다.

6) 부착물 부착 요령

Tank 외면 벽에 사다리 등을 부착할 때는 다음 그림과 같이 Lug를 접합하여 붙인다. 과다한 중량물이 부착되지 않도록 해야 하며, 앞서 소개한 바와 같이 볼트 등을 이용하여 기계적 접합을 유도하고 그 위에 2차 적층을 하여 접합면을 보호하도록 한다.

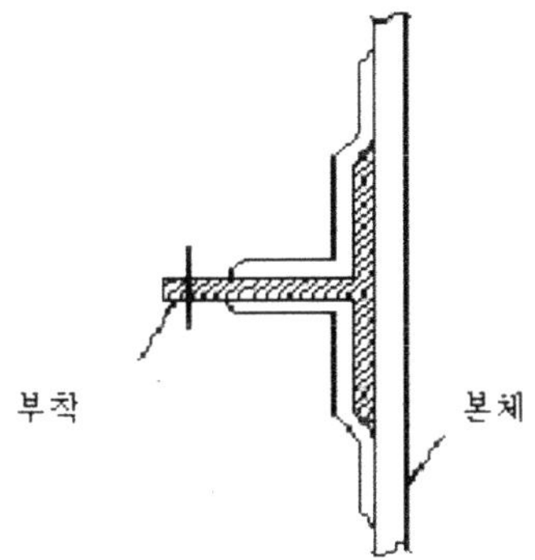

그림 4.12 부착물을 위한 Lug의 시공

4.3 FRP 배관의 설계와 시공

FRP 배관의 설계와 시공에는 일반 강관의 시공과는 다소 상이한 주의점들이 요구된다. 특히 각종 배관 지지 장치의 선정과 적용에 주의하여야 한다.

배관지지 장치는 배관의 자체 하중 및 열팽창, 진동 등으로 인한 배관의 응력을 줄여주는 역할을 하는 장치를 말한다. 배관 지지 장치는 그 기능 및 용도에 따라 행거(Hanger)

또는 지지대(Support), 고정점(Anchor, Guide) 등으로 구분한다.

- 배관계의 중량을 지지하기 위한 목적으로 사용되는 Hanger 또는 Support
- 열팽창에 의한 3차원의 움직임을 구속하거나 제한하는 Restraint
- 중량 또는 열팽창에 의한 외력이외의 힘(진동, 충격 등)에 의해 배관계가 이동하는 것을 제한하는 Brace

이하에서는 FRP 배관의 현장 시공을 중심으로 각종 지지대(Support), 행거(Hanger) 등의 사용기준과 적용 사례를 설명한다.

4.3.1 가이드(Guide)

고온 사용으로 인해 배관의 열팽창이 예상되는 경우에는 배관 전체의 열팽창을 흡수하기 위해 주름관(Expansion Bellows)을 사용하거나 곡선 구간(Expansion Loop)의 배관을 만들어서 열팽창으로 인해 배관의 손상을 막게 된다. 가이드(Guide)는 이러한 배관에 적용되어 배관재가 구조물에서 이탈하지 않고, 축방향으로만 움직일 수 있도록 고정하는 역할을 담당하게 된다. 즉, 배관의 길이방향의 변위를 유도하기 위해 설치된 것을 말한다.

FRP 배관에 가이드(Guide)를 적용할 때 가장 중요한 사항은 지나친 고정이나 과다한 변형으로 인해 국부적인 변형이 발생하지 않도록 적절한 간격과 사양의 선택이다. 배관을 고정하고는 있지만, 축방향의 이동은 자유롭도록 해주어야 한다.

그림에서 보는 바와 같이 고정하며 주 가이드(Guide)와 보조 가이드(Guide)사이의 거리는 아래 표에 제시된 기준에 따른다.

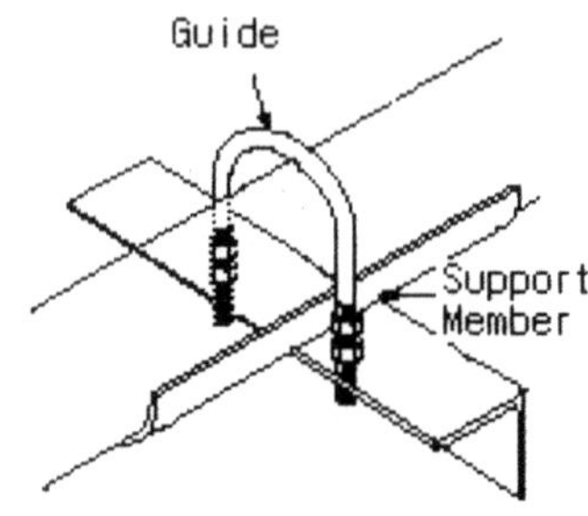

그림 4.13 가이드(Guide)의 적용 예

표 4.8 열팽창용 주름관과 가이드(Guide) 사이의 거리

파이프 구경(NPS) inch.	주 가이드(Guide) inch.	보조 가이드(Guide) inch.
1	5	18
1½	8	30
2	10	36
3	12	42
4	16	56
6	24	84
8	32	112
10	40	140
12	48	168
14	56	196

그림 4.14 가장 일반적인 가이드(Guide) 형태

4.3.2 앵커(Anchor)

배관에 적용되는 앵커(Anchor)는 그 설치된 위치를 기준으로 각기 양쪽에 열팽창이 가능한 영역을 형성하게 된다. 즉, 앵커(Anchor)는 항상 고정된 위치에서 배관을 잡고 있게 되며, 모든 방향의 이동을 차단하는 역할을 담당한다.

주로 기계 장치류에 접속되는 주요 펌프 등의 주요 장치를 고정하는 역할을 담당한다. 그외에 앵커(Anchor)를 배관에 적용하는 곳은 밸브나 본 선에 연결되는 주요 가지 배관(Branch)의 연결부이다.

주의할 점은 직선배관에서 두 개의 앵커(Anchor) 사이에 하나 이상의 열팽창 주름관(Expansion Joint)을 사용해서는 안 된다는 것이다.

또한 FRP 배관을 고정하기 위해 앵커(Anchor)를 사용할 때는 과다한 외력을 가하여 억지로 고정하려고 해서는 안 되며, 특히 U-Bolt 등을 직접 FRP Pipe에 접촉하도록 하여 고정하면 안 된다. 운전중에 접촉점이 응력 집중점이 되어 손상되기 쉽기 때문이다.

다음의 그림은 여러 가지 경우에 적용된 앵커(Anchor)의 시공 사례이다.

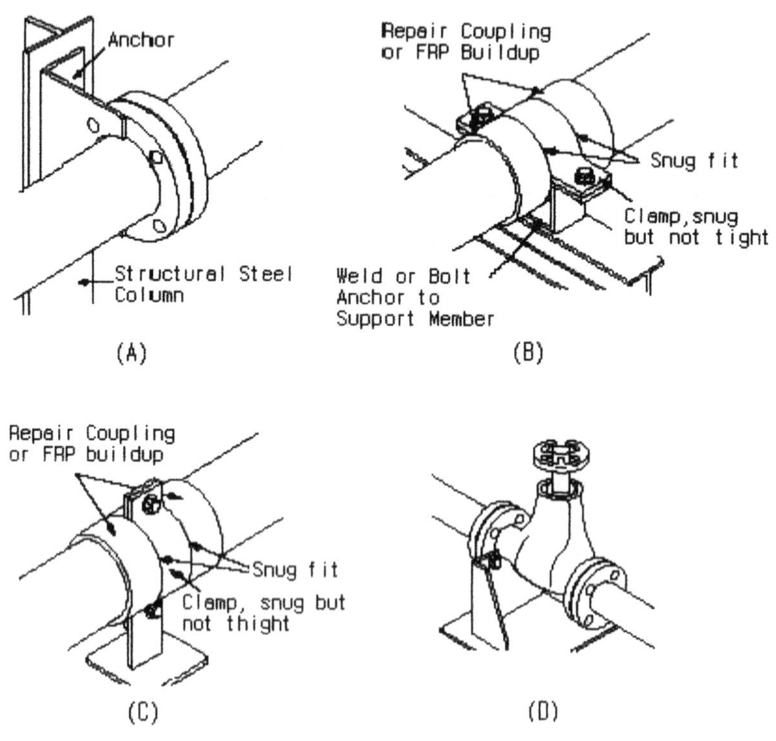

그림 4.15 배관 고정용 앵커의 시공

4.3.3 지지대(Support)

철구조물 혹은 콘크리트로 만들어진 구조물을 이용하여 배관의 하중을 지탱시켜주는 장치를 말한다. FRP 배관에서 지지대(Support)는 반드시 필요한 것이며, 매우 중요한 역할을 담당한다. 강관으로 제작된 배관과는 다르게 FRP 배관은 스스로 지지할 수 있는 힘이 약하기에 적당한 간격으로 지지대를 설치해야 한다.

배관에 지지대(Support)를 설치할 경우에는 반드시 배관과의 접촉이 넓은 면적으로 이루어지도록 해야 한다. 좁은 면적이나 하나의 점으로 접촉이 이루어지게 되면, 접촉점에 응력이 집중하여 배관이 손상을 받게 된다.

이러한 이유로 아래 그림과 같은 Support Pad를 사용하여 넓은 면적의 지지가 이루어지도록 한다.

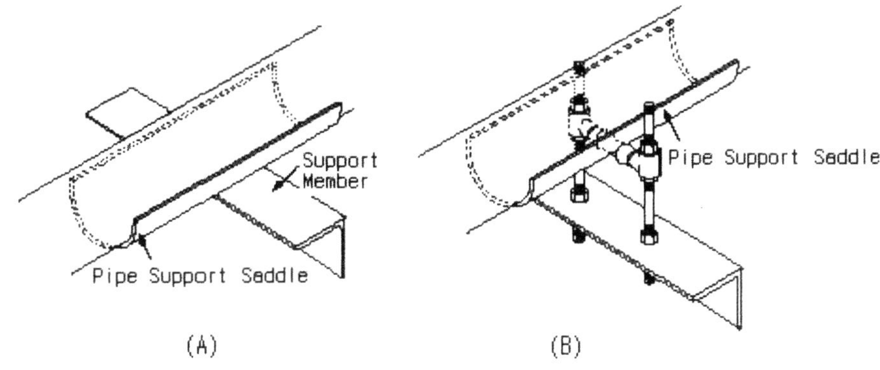

그림 4.16 배관 지지대(Support)의 시공

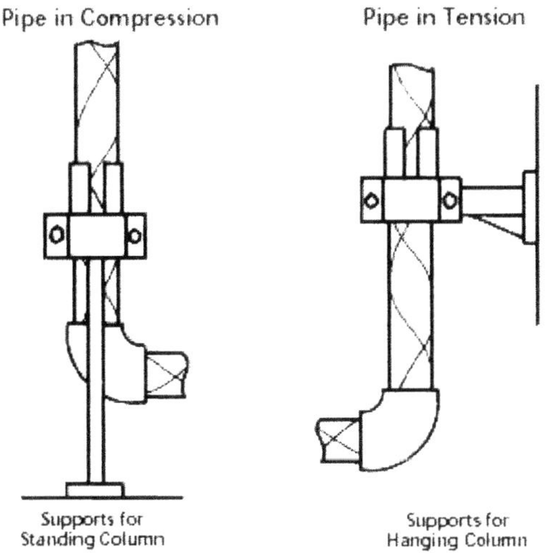

그림 4.17 기기와 연결된 배관의 지지대(Support) 적용

배관에 연결되는 밸브나 기타 중량물 및 기계 장치류와 연결된 배관은 별도로 독립적인 지지대(Support)가 있어야 한다. 하지만, 통상적으로 4″ 이하의 소구경의 배관에서는 이러한 규정이 반드시 지켜지지는 않으며, 특히 수직으로 연결되는 배관에 속해 있는 밸브의 경우에는 밸브의 상하 연결 배관 가까이에 배관 지지대가 설치되어 있을 경우에 별도의 독립적인 지지대(Support)를 반드시 설치할 필요가 없다.

5.3.4 행어(Pipe Hanger)

행어(Pipe Hanger)는 앞서 소개한 배관고정 장치들과는 다소 개념이 상이하다. 주로 배관의 위쪽에 설치되어 배관을 잡아주는 역할을 담당한다.

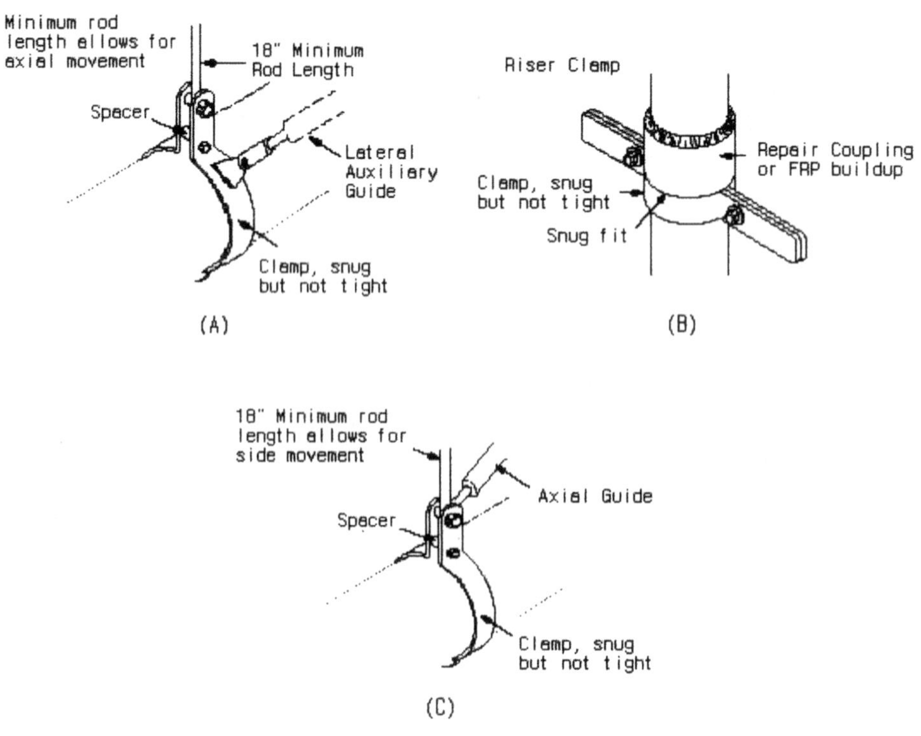

그림 4.18 FRP 배관의 행어(Hanger) 적용

행어(Hanger)의 과다 사용은 미관상 좋지 않으며, 콘트롤밸브나 펌프의 시동 때에 진동이 예상되는 경우에는 행어와 병행하여 가이드(Guide)를 적절하게 사용하여 배관의 안정성을 확보해야 한다. 가이드(Guide)를 설치할 경우에는 엘보(Elbow) 후단에 설치하지 않도록 해야 한다.

엘보(Elbow)에서는 유체의 흐름이 바뀌게 되면서 운전중에 유체의 충격에너지가 배관에 가해질 수 있게 된다. 따라서, 적절한 수준으로 이러한 충격을 흡수할 수 있어야 하는데, 가이드(Guide)가 이러한 충격 흡수를 방해할 수 있기 때문이다.

용도와 특성에 따라 Variable Spring Hanger, Constant Spring Hanger 및 Rigid Hanger 등으로 구분한다.

1) Variable Spring Hanger

가장 많이 사용되는 것으로서, 배관계의 수직이동에 따라 지지 하중이 변하는 Hanger로서 Constant Hanger가 지지하중이 일정하여 하중계산에 주의를 요하는데 반해 하중의 지지 범위가 넓다.

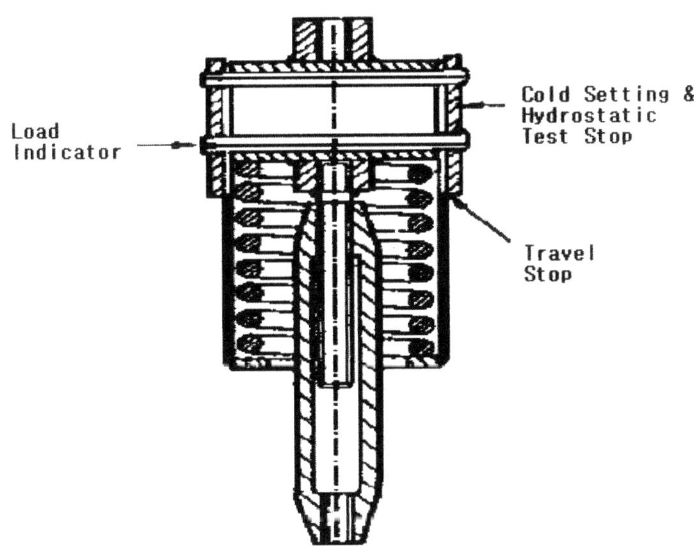

그림 4.19 Variable Spring Hanger의 구조

이 Hanger의 특징은 다음과 같이 정리될 수 있다.

① 소형 경량이므로 협소한 장소에서 쉽게 부착과 탈착이 용이하다.

② Piston Plate가 자유 회전하므로 배관계의 수평이동도 잡아줄 수 있다.

③ Lock Pin이 있어서 일시 혹은 영구히 Rigid Hanger로 사용 가능하다.

2) Constant Spring Hanger

지정된 배관 범위 내에서 배관계의 상하이동을 정해진 일정하중으로 배관을 지지하게끔 설계된 Hanger로서, 열팽창에 의해 배관계의 변위가 큰 곳에 또는 전이응력을 조금이라도 적게 하고 싶은 곳에 사용한다.

이 Hanger의 특징은 다음과 같이 정리된다.

① Spring Case의 내부 검사가 용이하도록 Slit Hole이 설치되어 있다.

② 전체 회전부에 무급유 Dry Bearing을 사용한다.

③ 배관의 수평방향이동에 대하여 하중 Slit Bolt가 있어 수직에서 4도 Swing이 가능하다.

④ Hanger 지지하중이 정해진 하중에 고정되어 있으나 수압시험 등 필요시에 임의의 위치로 재조정할 수 있다.

⑤ 변위 점검이 용이하다.

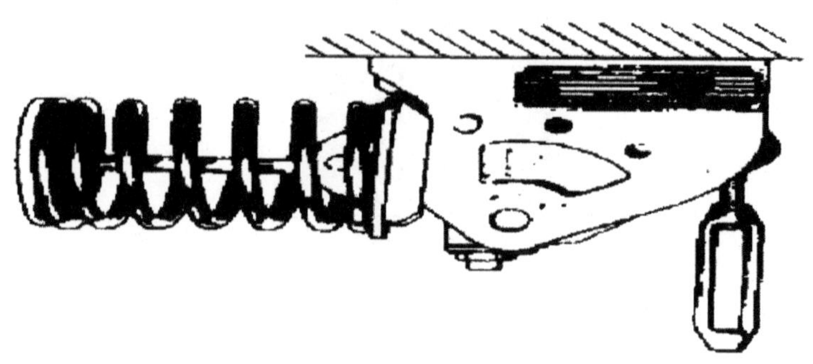

그림 4.20 Constant Spring Hanger

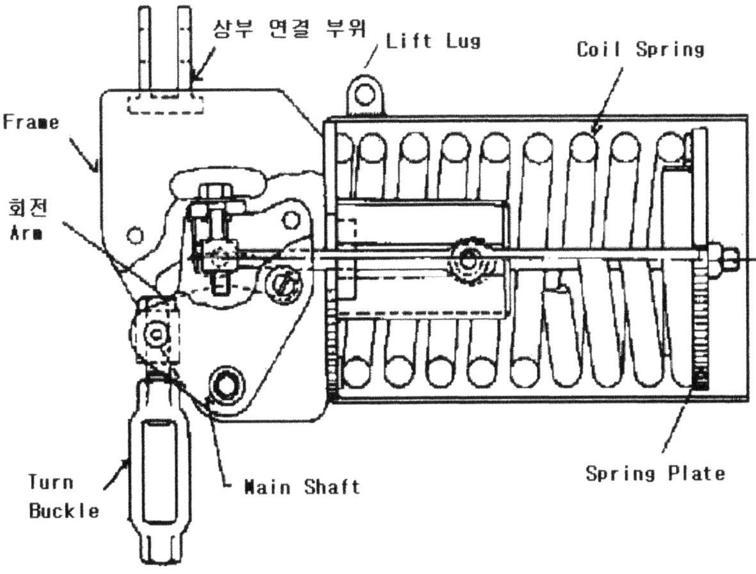

그림 4.21 Constant Spring Hanger의 구조

3) Rigid Hanger

Rigig Hanger는 일반적으로 수직방향의 변위가 적은 개소에 사용되지만 고온 배관 또는 기기에 특수한 용도로 많이 사용되고 있다.

Rigid Hanger는 구조가 간단하면서 비교적 큰 부하용량을 가지고 있으므로 경제적이지만, 유연성이 없기 때문에 급격한 진동이나 충격이 가해질 때는 응력을 완화시킬 수 없는 결점을 가지고 있다. 예기치 않은 열팽창에 의한 수직 변위가 생기면 직경이 크고 중량이 큰 배관일수록 배관의 Spring 상수가 크기 때문에 Hanger에 큰 하중이 가해져 단순히 배관하중뿐만 아니라 열팽창에 의해 생기는 반력도 고려하여야 한다.

Rigid Hanger를 적용하는 기준은 다음과 같다.

① 상온에서 운전되는 배관에 적용한다. 배관 내부 유체가 상온이고 운전 정지시의 온도 변화가 없거나 무시할 정도이므로, 배관의 열팽창에 의한 변위는 발생하지 않는 경우에 적용한다.

② 비교적 고온이고 긴 수평배관에 적용한다. 수평부분이 길어서 축방향의 변위는 Expansion Joint나 U-Band로 흡수되고 Roller Stand로 중량을 지지하여 변위를 구

속하지 않는다.

③ 대단히 온도가 높은 배관에 고정점(Restraint)으로 적용한다. 고온 고압의 수직 부분이 긴 배관에서는 상부는 위방향으로, 하부는 아래 방향으로 이동하므로 중간에는 수직 방향의 변위가 없다. 이 부분에 Rigid Hanger를 사용하면 경제적으로 큰 중량을 지지할 수 있다.

④ 고온 배관계에서 변위를 제한할 필요가 있는 부위에 고정점(Restraint, Stopper, Anchor)을 사용하고 중량 지지를 목적으로 하지 않는 경우가 있다. Rigid Hanger를 옥내에 사용할 때는 위에 매다는 Hanging형을 적용하고, 옥외에 사용할 때는 아래에서 받치는 Rigid Support 형을 적용하는 것이 일반적이다.

4.3.5 기타 배관 지지 장치

1) Tie

배관의 움직임을 제한하기 위해 하나 이상의 Rod나 Bar를 부착시킨 것을 말한다.

2) Dummy Leg(Support)

배관 Elbow 부위에 Pipe 혹은 Rolled Steel을 용접 등으로 연장하여 Pipe Rack에 배관을 지지시키는 지지대(Support)를 의미한다.

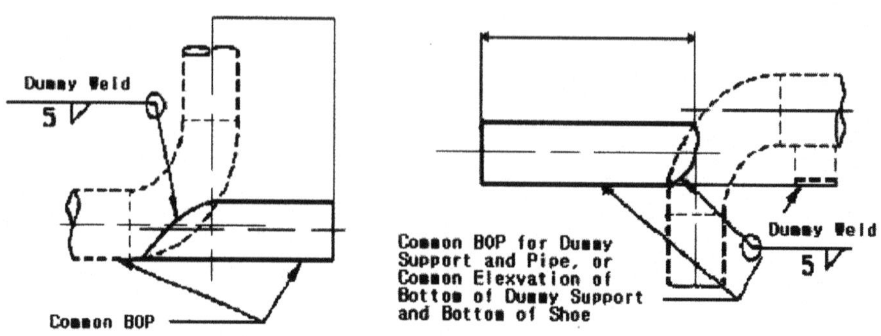

그림 4.22 Dummy Leg(Support)의 설치 예

3) Shoe

배관의 하부에 부착되어 있는 금속판을 지칭한다. 주로 배관이 열팽창 등으로 미끄러지며 움직일 때 배관의 마모를 줄여주는 역할을 한다.

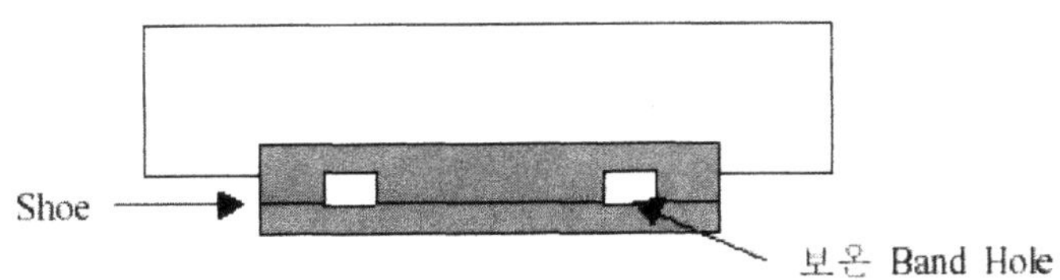

그림 4.23 배관 보호용 Shoe의 설치

4) Saddle

보온이 필요한 배관에 용접되어 원주방향 및 Rolling Movement를 잡아주는 역할을 담당한다. Saddle은 Guide와 함께 사용한다.

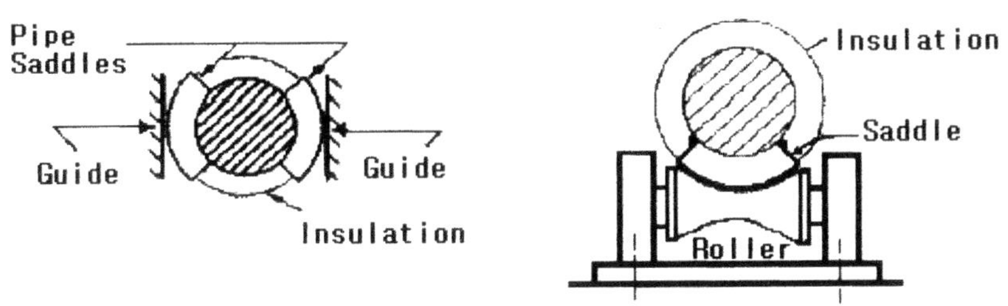

그림 4.24 배관에 설치된 Saddle의 적용 예

5) Slide Plate

Slide Plate Support는 배관이 움질일 때 온도 변화를 억제해 주고 기존 Support의 마찰시 발생하는 응력(Stress)을 줄여주는 역할을 한다.

사용되는 Plate의 재료는 금속, 흑연 블록(Graphite Block), 및 테프론(Teflon)이 적용된다.

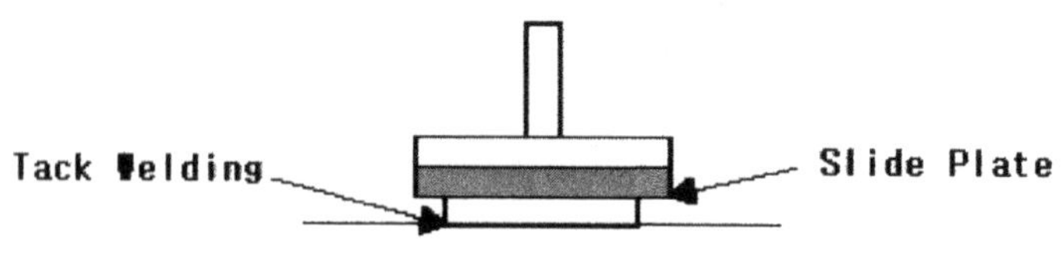

그림 4.25 Slide Plate의 설치

4.3.6 FRP 배관의 열팽창과 수축

이하에서는 가장 대표적으로 사용되는 비닐에스터(Vinylester)와 에폭시(Epoxy) 수지의 FRP 파이프를 기준으로 열팽창과 수축에 대해 비교하며, FRP 배관에 적용되는 열팽창 주름관(Expansion Joint)의 특성과 재료에 대해 검토한다.

1) FRP 배관의 열팽창

FRP 배관은 수지와 섬유 강화재로 이루어져 있기 때문에 열에 매우 민감하게 되고, 일반 강관에서 볼 수 있는 수준 이상의 열팽창이 발생한다.

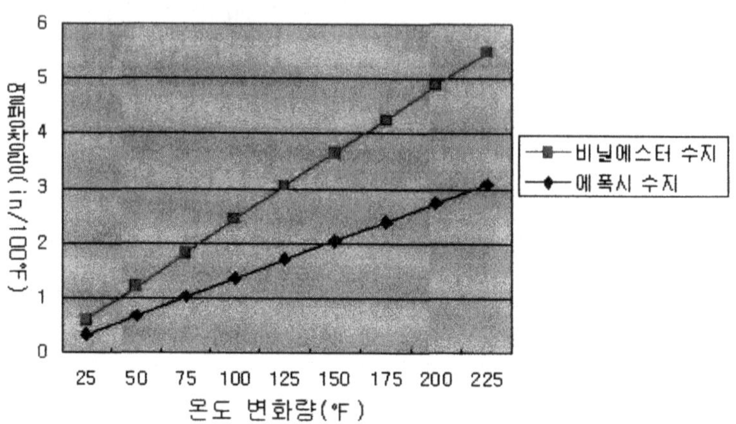

그림 4.26 온도변화에 따른 FRP 파이프의 열팽창량 비교

열팽창률은 온도에 따라 변화하며, 대략 다음과 같은 수준을 나타낸다. 따라서 고온에서 사용되는 FRP 배관의 경우에는 설계 단계에서부터 열팽창과 수축으로 인한 응력 발생에 대해 미리 고려하여야 한다.

표 4.9 FRP 배관 끝에 걸리는 열팽창으로 인한 응력값

파이프 직경(NPS, inch)	배관 끝의 응력(Lbs./°F)
1	11.87
1½	20.80
2	28.01
3	42.12
4	65.91
6	98.25
8	143.49
10	207.41
12	246.81
14	271.43

※ 에폭시 수지의 경우를 기준함.

2) FRP 배관의 열팽창 주름관(Expansion Bellows)

가장 안정적인 열팽창 흡수용 주름관은 테프론으로 제작된 것들이다. 흔히 사용되는 고무 제품에 비해 배관의 팽창으로 인한 높은 압축 압력에 견딜 수 있고 연신률도 좋은 편이다. FRP 배관에 금속제 주름관은 추천되지 않는다.

만약 고온으로 운전되어 열팽창이 예상되는 배관이 각종 고정 장치에 의해 고정된 상태에서 움직인다면, 각각의 고정점에는 매우 큰 수준의 응력이 작용하게 될 것이다. 따라서 열팽창 흡수를 위한 주름관의 선정과 적용은 배관의 안정성 확보에 매우 중요한 의미를 가지게 된다

다음 그림은 FRP 배관에서 열팽창 흡수용 주름관을 사용하게 되는 경우의 예시이다. 그림에서 "A"와 "B"의 간격은 앞서 제시된 주 가이드(Guide)와 보조 가이드(Guide) 사이의 거리 기준에 따라 설정하면 된다.

이때 앵커(Anchor)에 걸리는 하중은 $\pi/4(\mathrm{I.D})^2 \times$(배관 내부 압력)이 된다.

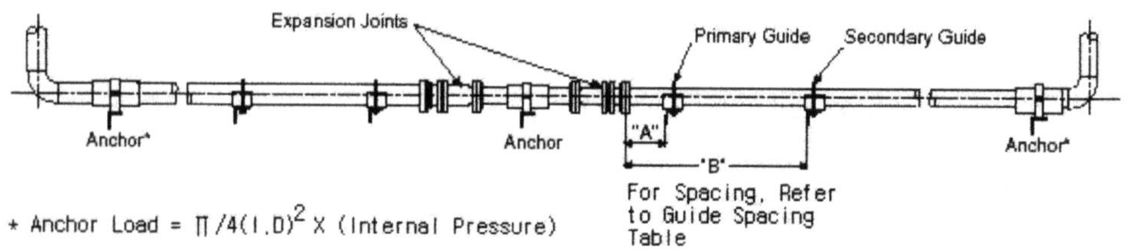

그림 4.27 FRP 배관의 열팽창 흡수 주름관의 설치 예

3) FRP 배관의 열팽창 루프(Loop) 형성

앞서 설명한 바와 같은 열팽창 흡수용 주름관을 설치하는 방법이외에 배관의 흐름을 바꾸어 열팽창을 흡수하는 방법이 제시될 수 있다.

루프 설계에 필요한 아래 그림에 제시된 "D"값이며, 파이프 직경에 따른 "D"값의 기본 치수는 다음과 같다.

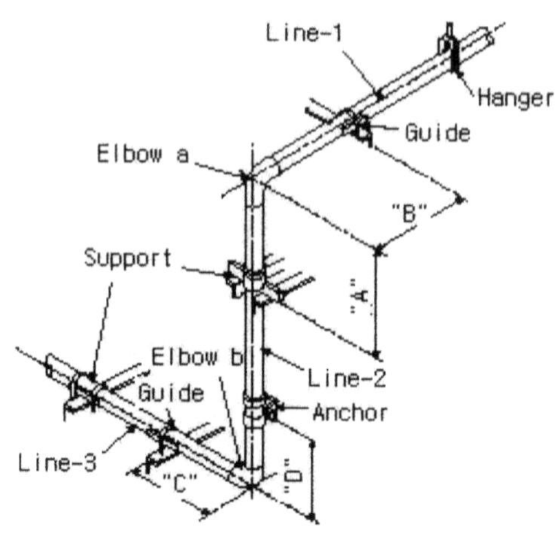

그림 4.28 FRP 배관의 열팽창 흡수를 위한 루프(Loop) 형성

표 4.10 열팽창 흡수용 루프(Loop) Leg("D")의 기준 치수

파이프 외경 (NPS)	열팽창량(inch)별 Leg("D")의 최소 치수									
	1″	2″	3″	4″	5″	6″	7″	8″	9″	10″
1	4	5	6	7	8	9	9	10	11	11
1½	6	8	10	11	12	13	14	15	16	17
2	7	9	11	13	15	16	17	18	19	20
3	8	12	15	17	19	21	22	24	25	26
4	12	16	20	23	26	28	30	32	34	36
6	13	19	23	26	29	32	35	37	39	41
8	16	22	27	31	35	38	41	44	47	50
10	19	26	32	37	41	45	48	52	55	58
12	20	28	34	39	44	48	52	56	59	62
14	19	26	32	37	41	45	49	52	55	58

다음은 FRP 배관의 열팽창 루프(Loop)의 크기를 결정하는 방법을 간단하게 정리한 것이다.

- 연결하고자 하는 두 배관을 접속하는 루프를 그림과 같이 그린다.
- 운전 상태에서 예상되는 최저 온도와 최고 온도 사이의 차이(ΔT_{max})를 구한다.
- 앞서 제시된 주 가이드(Guide)와 보조 가이드(Guide) 사이의 거리 기준과 파이프 제조사에서 제공하는 열팽창량을 기준으로 온도 변화량에 따른 열팽창량을 계산한다.
- 구해진 열팽창량을 기준으로 최소 "A"값을 열팽창 흡수용 루프(Loop) Leg("D")의 기준 치수표에서 "D" 값을 적용하여 구한다.
- "B"값은 대략 "A"값의 절반 정도를 적용한다.
- 결정된 루프(Loop)의 양쪽에 걸리는 응력을 기준으로 추가 지지대(Support)의 필요성을 결정한다.

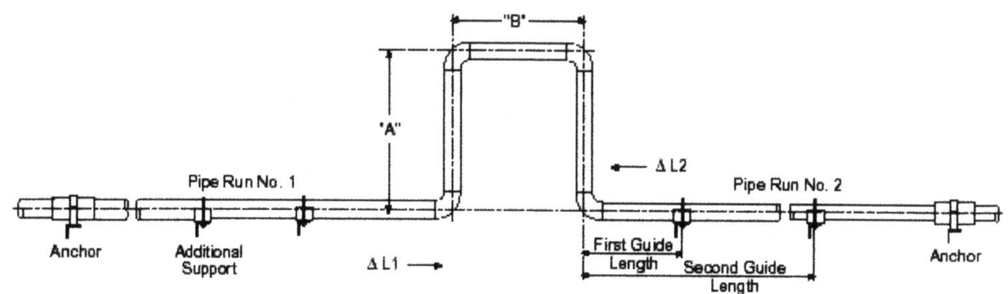

그림 4.29 FRP 배관의 열팽창 루프(Loop) 설치 예

4.3.7 FRP 매설 배관의 시공

지하에 매설되는 배관의 설계와 시공은 트렌치(Trench)의 설치와 충진재(백필, Backfill)와의 전체적인 조화와 안정성이 확보되어야 한다.

매설 배관에 걸치는 응력은 백필(Backfill)재로부터 발생하는 정하중과 유체의 흐름으로부터 발생하는 동하중이 있다. 충진재로 사용되는 백필이 충분한 역할을 감당하게 되면, 운전과정에서 발생하는 배관의 움직을 최소화할 수 있고, 더 나아가 변형과 손상을 최소화할 수 있게 된다.

따라서, 지하 매설 배관의 충진재의 선정과 적절한 시공은 매우 중요한 의미를 가지게 된다. 매설 배관을 시공하기 위한 트렌치(Trench)의 굴착폭은 다음과 같은 기준을 적용하며, 현장의 여건에 따라 다소 크게 굴착하기도 한다. 그러나 과다한 굴착폭은 결과적으로 백필(Backfill)재의 사용량이 많아지고, 트렌치(Trench)의 안정성을 저해할 수 있어서 추천하지 않는다.

다음은 시트 파일(Sheet File) 등으로 보강을 할 경우의 FRP 매설용 트렌치(Trench) 폭을 제시하고 있다.

표 4.11 보강이 이루어질 경우의 매설 배관 트렌치(Trench) 폭

파이프 직경(NPS)	최소 굴착폭(Inch)	최대 굴착폭(Inch)
2	18	26
3	18	27
4	18	28
6	20	30
8	23	32
10	25	34
12	28	36
14	31	38
16	33	40
18	36	42
20	39	44
24	44	48
30	52	56
36	60	64
42	66	70
48	72	80
54	78	86
60	84	96
72	96	108

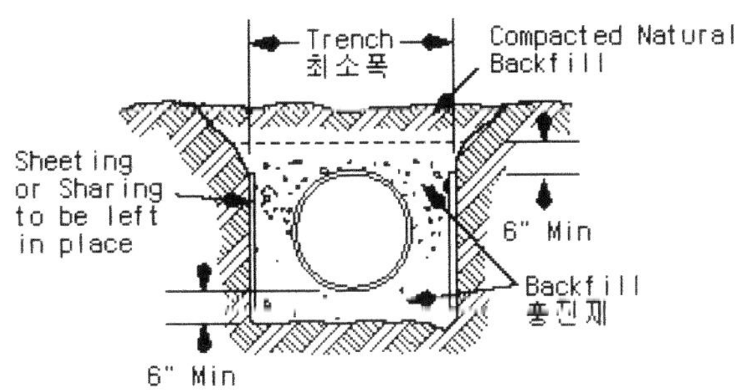

그림 4.30 트렌치(Trench) 보강이 있는 경우의 매설 배관 시공

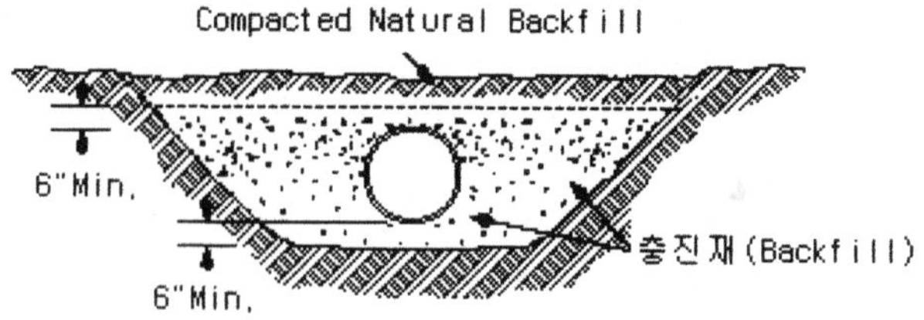

그림 4.31 트렌치(Trench) 보강이 없는 경우의 매설 배관 시공

배관과 트렌치(Trench) 사이의 공간을 채우는 백필(Backfill) 재료는 주로 모래, 점토 등이 사용되며 간혹 잘게 부순 쇄석 자갈이 사용되기도 한다. 사용되는 모든 충진재는 최대 19mm를 넘지 않는 크기여야 하며, 시공 후 다지기를 하여야 한다.

또한 백필(Backfill) 시공 전에 트렌치는 물론이거니와 충진재에 수분을 충분하게 제거하여야 한다.

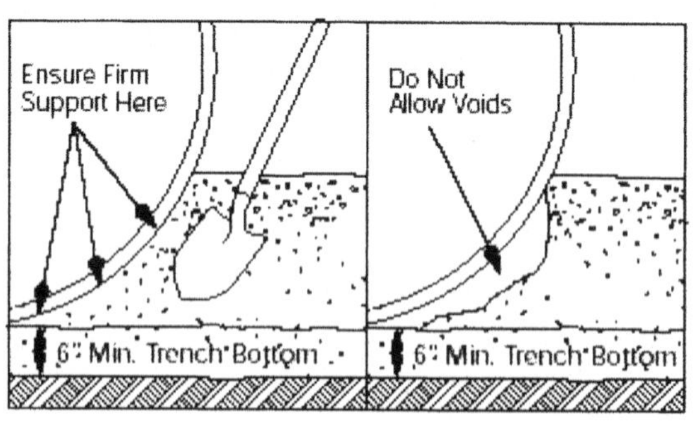

그림 4.32 FRP 매립 배관의 시공

FRP 매설 배관 트렌치(Trench)에 물이 차게 되면, 배관이 상승하게 되어 변형과 손상이 발생할 수 있다. 따라서 매설 배관 공사중에도 지하수의 유입이나 비에 대한 대비가 있어야 한다. 백필(Backfill)은 배관과 트렌치(Trench) 사이에 공간이 없도록 시공하여야 한다.

이외에 콘크리트 구조물을 관통하여 FRP를 시공하는 경우도 현장 시공 과정에서 발생할 수 있다. 이런 경우에는 콘크리트와 FRP 배관 사이의 직접적인 접촉이 이루어지지 않도록 탄성과 충격 흡수성이 있는 중간재를 삽입한다.

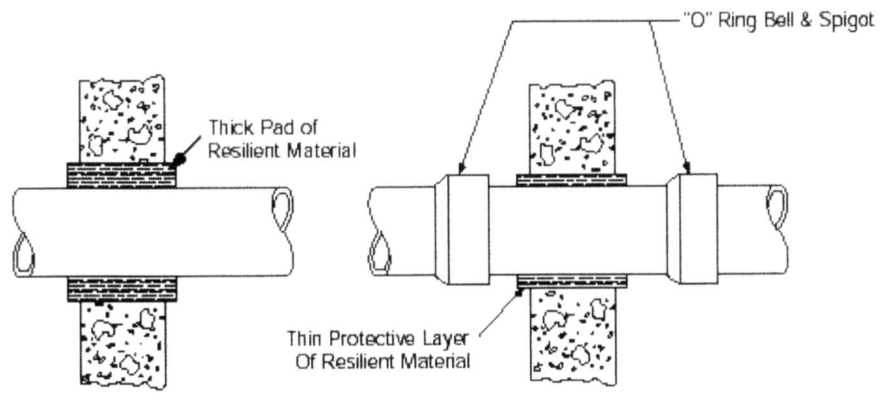

그림 4.33 콘크리트 벽을 관통하는 FRP 배관의 시공

4.4 FRP 도장

종전에는 FRP를 도장하는 경우는 비교적 적었으며 FRP 어선 등에 사용되는 Gel Coat가 미장과 보호를 겸한 코팅제의 일종으로 존재한 정도였다.

그러나 최근에 들어서 FRP가 많은 산업분야에서 사용되게 되고 외관 품질이나 새로운 기능을 부여하는 것이 요망되면서 도장의 필요성과 중요성이 부각되고 있다. FRP 제품의 도장 목적은 다음과 같이 구분할 수 있다.

① 보호목적 : 각종용제, 약품, 자외선 등으로부터 소재의 열화(劣化)를 방지한다.

② 미관목적 : 임의의 색조와 광택을 주어, 다른 소재의 끝마무리 외관을 일치시킨다.

③ 본래 FRP에는 없는 특수 기능을 도장에 의해 부여할 수가 있다.

FRP의 도장은 그 용도가 확대됨에 따라 보호목적보다도 미관의 측면이 중요시되는 경우가 많아지게 되었으며, 표면 결합이 없는 매끈한 끝마무리 외관이 요구되는 일이 많다.

FRP 성형품의 표면상태는 성형조건에 기인한 표면결함과 성형 후에 부착, 발생하는 표면결함이 있으며, 그대로 도장하면 여러 가지 도장결함이 발생하기 때문에 도장 전처리의 중요성이 강조된다.

FRP 성형품의 표면은 수지의 경화과정에서 미세한 구멍이 발생할 수 있으며, 표면 가까이에 있는 강화 섬유와 인접하여 Pin hole이나 균열(Crack)이 존재하는 일이 많다. 공업용으로 사용되는 소부형(燒付形) 도료를 사용하였을 경우 소부공정에서 부풀림이 생기기 쉽다. 또한 강화재로서 사용하는 있는 유리섬유(GF) 등이 표면에 노출되어 외관이 불량하고 소재표면의 평활성이 떨어진다. 이와 같은 유리섬유 노출이나 몰드의 흠집에 인한 표면 평활도는 도장면의 품질에 영향을 미치며 도장 작업중의 먼지 등의 이물질 부착도 도장면 불량의 원인이 된다.

또 재료 중에 포함되는 내부 이형제나 성형시에 사용되는 외부 이형제가 남아 있는 경우 혹은 기름이나 지문 등이 묻어 있을 경우에는 도료의 밀착성을 훼손함과 동시에 내습성(耐濕性) 등의 도료 성능도 현저하게 저하한다.

최근에는 도장공정을 대폭적으로 삭감하는 방법이 개발되어 오고 있으며 SMC in-Mold Coating법, Amin 기상경화법(氣相硬化法), 자외선 경화법 등이 실용화되고 있다.

4.4.1 SMC in-Mold Coating(IMC)법

금형을 가압·가열하여 SMC가 완전하게 경화하기 전에 금형을 열고 IMC 도료를 주입하고 다시 금형을 잠궈서 SMC의 완전 경화와 IMC 도료의 경화를 동시에 행하는 공정으로 진행된다. 이 방법은 설비투자의 증대나 성형사이클이 약간 길어지는 등의 문제는 있으나, 성형에 의한 결함(Pin hole, Crack) 발생을 경감하고 발생된 결함을 제거할 수 있어서 소지 조정(素地調整), 표면 청정(表面淸淨), Primer 도장의 각 공정을 생략하고 도장공정을 간단하게 할수 있다.

4.4.2 Amin 기상 경화법(氣相硬化法)

이 방법은 포리올과 이소시아네이트의 반응이 Amin 촉매에 의해 촉진되는 것을 이용한 우레탄도료의 경화방법이며 VIP법과 Vapor Cure법으로 구분한다. 두 방식은 모두 우레탄 도료의 반응이 상온에서 속히 완결되기 때문에 건조로가 필요 없다는 잇점이 있다.

4.4.3 자외선(UV) 경화법

UV도료는 고압 수은등에서 발생하는 파장 230~45nm의 자외선의 에너지에 의해서 가교(架橋), 경화한다. 저온에서 경화하고 경화속도가 극히 빠른 특징을 가지지만 자외선을 조사(照射)할 수 있는 형상에 제약이 있기 때문에 복잡한 형태의 제작에는 적합하지 않다.

제 5 장 내식용 FRP 기기 설계와 제작

5.1 FRP의 재료 소요계산(m^2당 소요량)

5.2 내식 FRP의 적층

5.3 FRP 기기의 재료, 제품 검사법

5.4 FRP 기기 제작시 주의점

제 5 장
내식용 FRP 기기 설계와 제작

5.1 FRP의 재료 소요 계산(m^2당 소요량)

FRP기기를 제작함에 있어서 소요되는 수지의 양과 강화섬유의 양을 정확하게 조정하는 것은 완성된 제품의 기계적 특성이나 내식 특성에 매우 중요한 영향을 미친다.

아래에 제시된 수지와 유리섬유의 소요량 계산은 핸드 레이업(Hand Lay Up) 방식으로 제작되는 기기에 적용할 수 있는 간단한 계산식이다. 그러나 여타의 다른 FRP 제조 방법에는 적용할 수 없다.

1) 수지

100cm×100cm×수지비중×두께(cm)×수지함량(%)×(1+Loss율)
×체적수축 보정계수

2) 유리 섬유

{g×m^2× x회×(1+Loss율)}+{g×m^2× x회×(1+Loss율)}+ …
{g×m^2 ×x회×(1+Loss율)}

※ 수지함량(%) : 0.75-0.65(Hand lay up법 75-65%)
수지 Loss : 0.10-0.15(10~15%)
체적수축 보정계수 : 1.02-1.05(MAT 25-35% 함유)
수지비중 : 1.04-1.20
유지섬유 Loss율 : 0.15(15%)

5.2 내식 FRP의 적층

내식 FRP 기기의 단면은 다음의 그림과 같은 기본적인 층으로 구성되어 있으며, 각층에 아래와 같은 적용 기준이 있다. 이 그림은 핸드 레이업(Hand Lay Up) 성형법, 접촉압 성형법에만 적용시킬 수 있으며 필라멘트 와인딩(Filament Winding) 성형법, Press 성형법 등에는 적용치 않는다. 그림에 제시된 순서로 소요 두께와 강도에 도달할 때까지 강화층을 적층한다.

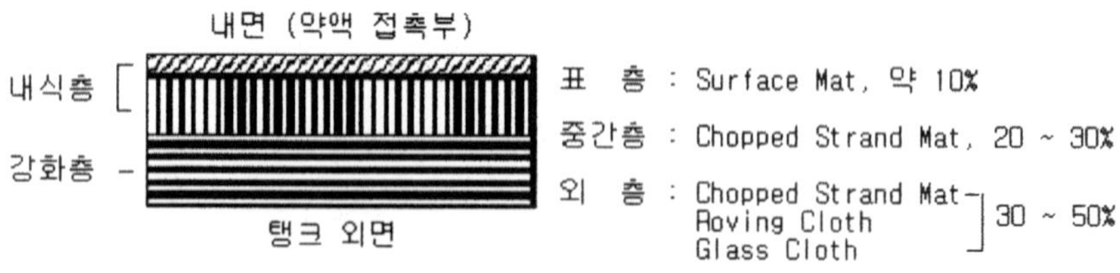

그림 5.1 내식용 FRP Tank의 기본 적층 구조 단면

5.2.1 내식 FRP의 적층 표준

1) 표층

Surface Mat.(C-glass)를 사용한 두께 0.25~0.50mm의 수지가 많은 층이며 Surface Matrix의 겹침이 최저 50mm 이상이어야 한다. 표면은 매끄럽고 균열이나 흠집 등이 없

어야 한다. 물론 수지는 특별한 사항을 제외하고는 왁스 타입을 사용한다.

2) 중간층

적어도 2.0mm층은 중량 함량 20wt%~30wt%의 Chopped Strand Mat로 강화해야 한다.

3) 외층

강화층(외층)은 상용조건에 적합한 내식 구조의 것으로 아래의 표 5.1에 의한 인장강도나 굴곡강도의 요구에 합당하는 강도 이상의 것이어야 한다. Matrix, Roving Cloth 등을 사용하는 각층은 적층시 겹치는 폭이 최저 25mm 이상이어야 한다. 또, 겹치는 위치는 중복을 피해야 한다. Roving Cloth 사용시 원칙적으로 Chopped Strand Matrix와 상호 교대로 사용해야 한다. 만약에 최외곽층이 부식환경에 접할 우려가 있을 때는 표층과 동일한 표면처리(Top coating)를 필요로 한다.

4) 겔코트(Gel Coat)층

겔코트(Gel Coat)층은 FRP 적층면의 가장 외곽층으로 직접 약액과 접촉하는 면이다. 앞에서 언급한 표층과 비슷하기도 하지만 기능상 약간의 차이점이 있어서 별도로 논한다.

겔코트(Gel Coat)층은 FRP 제품의 외관을 아름답게 하고 내열성과 내식성을 유지하며, Mold Casting시에 Mold와의 중간층 역할을 하고 여기에 안료 등을 혼합하여 색깔을 아름답게 하기도 한다. 일반적인 용도에서는 굳이 겔코트(Gel Coat)를 요구할 필요는 없다. 다음의 표는 국내 업체인 S사에서 공급하는 겔코트(Gel Coat)의 제품 특성이다. 다른 회사 제품에 비해 다소간의 차이는 다소 있지만, 겔코트(Gel Coat)의 특성을 파악하는 참고 자료로 활용할 만하다. 실제 제품명은 생략하였다.

표 5.1 겔코트(Gel Coat)수지의 종류와 특성

구분 항목	일반용	내열용	내약품용	몰드용
인장강도(kg/mm^2)	7.1~7.5	7.1	7.3	7.2
인장신율(%)	2.0	3.0	3.0	3.5
굴곡강도(kg/mm^2)	13.3	11.0	11.0	9.4
굴곡탄성율(kg/mm^2)	342~400	350	330	336
충격강도(kg/cm^2)	2.0	2.0	2.5	3.1
Bacol 경도	42~45	42~45	45~50	42
열변형온도(℃)	85	110	115	105
주요 온도	Cooling Tower, 의자, 헬멧, 물탱크	선박, 일반적인 약품 탱크	욕조, 특별한 약품 탱크	FRP 마블 몰드용

5.2.2 내식 FRP의 적층 특성

1) 적층의 두께

최소 두께는 다음의 각 표 중에서 각각 해당 사항의 규정에 의하지만 일반적으로 사용조건 여하에 관계없이 Duct일 때는 3.2mm 이상, 파이프 및 탱크일 경우는 4.8mm 이상을 최소 두께로 규정한다. 부분적으로 최종 규정 두께의 20% 정도의 두께 감소가 될 수 있으나, 규정치(3.2mm) 이상 얇은 부분이 있어서는 안 된다.

2) 표면 경도

표층은 KS M 3305, ASTM D 2583 등에 규정한 방법으로 시험하였을 때 수지 메이커가 경화 수지에 대하여 규정한 필요 최소 경도값의 90% 이상의 바콜 경도를 유지하여야 한다.

3) 외관

적층품의 표면상태를 관찰해서 이물질 혼입, 함침 불량, 기포, Pinhole, 작은 돌기(얇게 올라온), 또는 박리 등 육안으로 구분 가능한 결함은 통상 제작법에서 가능한 범위까지 최소화해야 한다.

4) 기계적 성질

적층품은 다음의 표 5.2 및 표면정도의 항에 규정된 기계적 특성의 최소치를 만족하여야 한다(온도 20℃, 습도 65% 때). 그러나 표 5.2의 최소치를 만족시키지 않는 적층품에 있어서는 그 적층품의 전체적인 강도가 규정에 합치되도록 그 적층 두께를 증가시켜 같은 강도를 갖도록 하면 사용할 수 있다.

표 5.2 강화 플라스틱제 적층판의 최소 기계적 성질

적층판 (mm)	인장 강도 (kg/mm^2)	굴곡 강도 (kg/mm^2)	굴곡 탄성율 (kg/mm^2)
3.2~4.8	6.3	11.0	490
6.4	8.4	13.0	560
8.0	9.5	14.0	630
9.6 이상	11.0	15.0	700

※ 상기 강도는 내식층을 포함한 적층판의 강도임(온도 20℃ 습도 65% 때)

※ 이 표에 제시된 Data는 SPI(The Society of Plastic Industry) 규정 PS 15 - 69의 3.3.6항 Wall thickness의 표 1. Requirement for properties of reinforced-polyester laminates에 제시된 값이며, 이 Data는 참조용을 사용하여야 하며, 실제 강도 계산에는 많은 주의가 요망 된다.

표 5.3 일반적으로 적용되는 FRP 기기의 생산 규격

Item	Diameter		Width		Length		Height	
	Min	Max	Min	Max	Min	Max	Min	Max
Round above ground vertical tanks	6ft	12ft	-	-	-	-	4ft	40ft
Horizontal above ground tanks	6ft	9ft	-	-	20ft	30ft	-	-
Horizontal below ground tanks	4ft	10ft	-	-	6ft	36ft	-	-
Pipes	2in	76in	-	-	10ft	20ft	-	-
Ducts	6in	60in	-	-	10ft	20ft	-	-
Grating	-	-	3ft	4ft	8ft	10ft	-	-
Stacks(sections)	2ft	6ft	-	-	12ft	32ft	-	-
Fume scrubbers	1ft	8ft	-	-	-	-	8ft	10ft
Rectangular tanks	-	-	18in	4ft	18in	10ft	1ft	4ft

5) 내식성 수지 종류별 경화 조건

일반적으로 내식성 수지의 경우 경화특성을 충분히 파악하고 응용하여야 본래 수지가 갖는 고유의 내식성, 내열성을 얻을 수 있다.

경화방법에는 여러 종류가 있으나 크게 분류하면 상온경화, 중온경화, 고온경화 등으로 분류할 수 있다. 또한 이들 온도에 의한 분류 외에 경화방법의 차이에 의해 자외선 경화, 광(光)경화 등의 방법으로도 분류할 수 있다. 가장 널리 쓰이는 불포화 폴리에스터 (UP) 수지의 각 Grade별 경화물 특성은 다음의 표 5.4를 참조한다.

가열 경화시 직접가열은 화재의 위험이 뒤따르므로 Steam, 열풍 또는 열수(熱水) 등 간접 가열 방법 등을 활용해야 한다.

표 5.4 불포화 포리에스터수지(UP)의 Grade별 경화물 특성

시험항목		비중	인장 강도 (Mpa)	인장율 (%)	굽힘 강도 (Mpa)	굽힘 탄성율 (Gpa)	열변형 온도 (℃)	Charpy Impact Energy (KJ/m^2)	바콜 경도 (934-1 형)
Ortho계	범용	1.2	50	1.5	110	3.5	75	2	40
Iso, Tere 계	표준	1.2	75	2	130	4	90	2	40
	고강도	1.2	90	4.5	140	3	70	5	35
	내열	1.2	50	1.5	95	4	130	2	45
Bis 계	내식	1.2	50	1.5	100	4	120	2	40
Het산 계	난연, 내열	1.3	40	0.7	80	4	140	2	40

※ JIS K 6911, JIS K6919에 따른 자료임.

6) FRP 수지의 난연성(難燃性) 확보

(1) 불포화 폴리에스터 수지의 난연화(難燃化) 방법

① 난연화 방법에 따른 분류

난연화 방법은 수지에 미리 난연화 반응을 일으킬 수 있는 물질을 성형 초기에 첨가하여 화학적인 반응을 유발하는 방법과 성형과정에서 난연성 물질을 추가하는 방법으로 구분될 수 있다.

㉮ 반응형 : 할로겐기를 반응에 의해 도입

㉯ 첨가형 : 첨가제를 후첨(後添)하여 난연성을 확보

② 분별 난연화 시도에 따른 방법

위와 같은 난연화 방법에 따른 분류를 첨가되는 물질에 따라 좀더 세분하면 다음과 같다.

㉮ 염소, 브롬 등의 할로겐 원소 사용

㉯ 인(Phosphor)을 5~6% 함유

㉰ 할로겐 원소와 인(Phosphor), 안티몬(Sb) 등의 질소족 원소를 병용

㉣ 수산화 알미늄 등의 무기 충전재 사용

㉤ 함수(含水) 폴리에스터 수지 사용

표 5.5 FRP 난연성(難燃化) 시험 관련 세부 규정

구분	건 설			일반 FRP 및 전기 전자			자동차
산소지수 JIS K7201 ASTMD 2863	JIS A1321 (Surface Test)	JIS A1321 (Thin Material)	ASME E-84 (Tunnel Test)	KS M3015 A Method	JIS K-6911 B Method	UL-94	A-A Standard
21~25				Self Extinguish			
20~30		Flame-Proof Class 3	Class Ⅳ (FSC 76~225)				
31~35			Class Ⅲ (FSC 51~75)		Class V-1	94 V-1	Flame Retardant
36~40		Flame-Proof Class 2					
41~45	Semi-Fire Retandant		Class Ⅱ (FSC 26~50)	Non-Combustion	Class V-0	94 V-0	Non-Combustion
46~50		Flame-Proof Class 1	Class Ⅰ (FSC 0~25)				
51~55							

(2) 난연성 시험 방법

난연성 시험은 각 Code 규정에 따라 다음과 같은 항목을 평가한다.

① 착화성

② 난연 계속성

③ 연소성

④ 발연성

⑤ 환경성

최근에는 이들 항목 중에서 착화성과 발연성 항목에 관심이 집중되고 있다.

5.3 FRP 기기의 재료, 제품 검사법

FRP의 주요 성분 요소는 섬유와 수지이다. 제조업체에서는 이러한 재료를 연속적으로 대규모의 설비로 충분한 품질 관리하에서 연속적으로 생산을 하여 정기적인 샘플링 검사 등의 공정관리를 거쳐서 안정된 품질의 제품을 공급한다. 원재료의 입고 검사는 메이커의 검사 성적서에 따라 판정하는 경우가 많으며, 재료는 외관 검사와 경화 시험을 시행한다. 새롭게 사용하는 재료는 적층판의 물성을 조사해서 적합한 품질인가를 확인하는 경우도 있다.

5.3.1 원재료의 검사법

1) 섬유 기재의 검사

(1) 섬유의 수입(受入) 검사

번수(番手), 단위 중량, 표면처리제 등이 틀리지 않는지를 메이커의 검사 성적서에 의해 확인한다. 또 포장의 파손에 의한 섬유의 노출이 없는지를 확인 후 보관한다.

(2) 보관 장소 확인

보관장소의 문제는 습기와 먼지로부터 발생하므로 종이상자 속의 포리백에 넣어 방습 포장된 섬유 기재라 할지라도 습기가 많은 곳에 놓여 있지는 않은지 확인한다. 섬유기재는 습기나 땀 등에 의해 섬유와 수지를 결합하는 표면 처리제가 파괴되어 백화와 박리가 발생하여 강도가 저하되므로 성형에 사용하면 안 된다.

(3) 육안에 의한 외관검사

외관의 육안(肉眼)검사는 재단작업이나 성형 작업시에 행한다.

외관검사의 요점은 때가 묻은 것, 바인더(Binder)의 얼룩, 두께가 일정하지 않은 것 등이다.

(4) 재단(절단)한 섬유기재와 잉여 재료의 보관

재단재와 재단 후 남은 재료 보관시는, 습기의 흡입과 더러움 방지를 위해 적절한 방법이 취해지고 있는지를 확인한다. 포장재에는 섬유의 종류, 번수, 재단 날짜, 용도, 치수, 중량 등을 표시하여 놓는다.

2) 수지의 검사

(1) 수지의 입고 검사

수지는 발주한 종류, 품번, 수량이 정확하게 표기되어 있는지를 메이커의 납품서, 성적서에 의해 확인한다. 또 제조월일을 조사해서 낡은 수지가 아닌지를 확인하고, 수취일자를 통에 표시하여 놓으면 좋다.

(2) 수지 성능의 검사

수지의 성능은 점도, 경화시간, 요변도(搖變度), 색도 등이 조건에 맞는지를 메이커 성적서와 대비하여 조사한다. 메이커 성적서의 판정기준이 없는 신규 취급 수지는 ASTM C581에 따라 수지의 Chemical Resistance를 시험하고, 경화 특성(JIS K 6901) 등을 시험해서 적층 작업성이나 재료시험에 의해 성능을 확인한다. 일상적으로 많이 사용하는 수지의 경우에는, 수지단체(單體)의 경화시험(Pot Life)보다는 적층판에 의한 경화시험(Mat Life)을 행한다.

(3) 수지의 온도검사

수지는 위험물 창고 등의 냉암소(冷暗所)에 보관하고 있어 성형작업장과의 온도차가 있기 때문에, 1~2일 전에 성형 장소로 반입하여 수지의 온도를 맞춘다. 특히 겨울철에는 성형 장소로 반입하였을 때 결로(結露)하기 때문에 온도 관리에 주의해야 한다.

(4) 수지의 외관 검사

수지통을 열었을 때, 통과 수지의 변색이나 겔상괴(Gel狀塊)가 없는지 조사한다. 일반적으로 이액성(二液性) 수지의 수명은 6개월이라고 하며, 이것을 경과하였을 경우에는 새로운 수지를 사용하는 것이 바람직하다. 적층용 수지의 보관중에는 요변제(搖變劑)가 침강하여 유백색의 액층을 볼 수 있는데 이것은 정상이며 잘 휘저어 혼합하여 사용한다.

3) 성형에 의한 검사

(1) 성형성의 검사

성형에 사용하는 강화 섬유와 수지에 의해 성형성을 조사한다.

소정의 강화섬유 함유율과 기본 적층 구성의 성형을 하며, 함침성(含浸性), 탈포성(脫泡性)을 조사함과 동시에 적층판의 경화특성을 조사하여, 성형조건과 성형방법을 결정한다.

(2) 재료 물성의 검사

기본 적층 구성의 성형판으로, 재료 물성치를 조사하여 설계치, 규격치를 만족시키는 수치인가를 확인한다.

4) 성형 작업 공정의 검사

(1) 작업 환경의 검사

성형 작업의 온도, 습도, 환기, 조명도 등의 작업 환경을 조사한다.

작업장의 온도에 따라 수지의 점도와 요변도가 변화하여 지나치게 높거나 지나치게 낮아도 성형작업에 크게 영향을 미친다.

습도가 80% 이상이 되면, 겔코트(Gel Coat) 도포(塗布)시 수분의 침입으로 기포와 수포의 결함이 발생한다. 또 섬유에 결로(結露)하여 백화(白花)와 백탁(白濁)의 원인이 된다.

기타 성형작업장의 환기와 통풍, 성형면의 조명이 충분한지, 적절한 배치인가를 확인한다.

(2) 섬유기재의 검사

성형에 사용하는 섬유기재가 소정 치수로 재단되어 있는지, 섬유의 층수가 틀리지 않은지, 섬유기재의 중량을 계측하였는지를 조사한다.

섬유기재의 중량은 수지 사용량을 계산하는데 필요하다.

(3) 성형 몰드(Mold)의 검사

몰드에 이형(離型)처리가 완전하게 되어 있는지, 먼지 등이 붙어 있지 않은지를 조사한다.

(4) 겔코트(Gel Coat) 도포의 검사

겔코트(Gel Coat)용 수지의 배합량이 성형면적에 대하여 적량인지를 조사한다. 겔코트(Gel Coat) 층의 두께는 0.3~0.5mm가 일반적으로 적용되는 최소 두께이다. Brush(솔) 도포에서는 500g/m^2, Spray 도포에서는 700g/m^{2}가 기준이다. 도포한 겔코트(Gel Coat)에 얼룩이나 먼지가 붙어 있지 않은지 외관검사를 한다.

(5) 적층용 수지의 배합 검사

섬유기재를 계산하여 얻은 수지량이 정확하게 평량(枰量)되고 있는지를 조사한다. 실온(室溫)조건, 작업시간으로 결정한 경화제가 올바르게 계량되어 충분하게 수지에 혼합되어 있는지를 조사한다.

경화제의 비중은 약 1.0이며 수지보다 가볍기 때문에 성형에 적용하기 전에 충분하게 혼합할 필요가 있다. 경화제는 착색품을 사용하면 혼합상태의 판정에 편리하다.

(6) 적층면의 검사

수지를 함침 및 탈포한 섬유기재의 적층면에 결함이 없는지를 조사한다. 적층중의 결함에는 탈포 불량에 의한 기포(Porosity)와 공동(Cavity, 空洞), 수지 과다부와 결핍부, 함침 불량, 섬유의 굴곡, 이물 및 먼지의 혼입 등이 있다. 이러한 결함은 적층중에나 완료시에 조사하여, 수지가 겔화(Gel化)하기 전에 제거해야 한다.

5.3.2 FRP 제품의 검사법

1) 외관 검사(Visual Inspection)

(1) 육안 검사의 판정

육안 검사에 의해 결함과 제품의 양부를 판정하는 기준은 정해져 있지 않다. 일반적으로 검사하는 사람의 경험에 의해서 그 제품의 사용상 유해(有害)한가, 허용할 수 있는가로 판정하고 있다. 육안 검사의 판정은 제품의 종류와 용도 등에 따라 다르며, 검사하는 개인차를 적게 하기 위해서는 제품에 적합한 판정견본을 만드는 것을 권한다.

(2) 겔코트(Gel Coat)면의 외관

겔코트(Gel Coat)면의 변색, 색 얼룩, 기포, 이물의 혼입(混入), 악어피상(皮相), 경화 수축에 인한 변형, 갈라짐 등의 결함을 육안 검사한다.

(3) 제품 적층면의 검사

적층면의 육안 검사 항목은 기포, 공동, 박리, 백화, 수지결핍, 수지과다, 함침(Saturation, Penetration) 불량, 섬유기재의 굴곡과 흐트러짐 등이 그 제품에 유해한지를 조사한다.

겔코트(Gel Coat)를 도포한 적층면, 적층품이 반투명한 제품, 엷은 판자 두께의 착색 제품 등은 램프, 태양광 등의 투과광으로 조사할 수 있다. 기포(Porosity), 박리는 반사광에는 희게 보이며, 투과광에는 결함 부분의 난반사(亂反射)로 검은 윤곽으로 보이기 때문에 확인 가능하다.

(4) Acetone Test(경화도 검사)

충분한 Curing 여부를 검사하기 위해 표면의 먼지 등을 제거한 후, 깨끗한 표면에 Acetone을 소량 뿌린다. Acetone이 표면에 충분히 도포된 후 마른 손을 대어서 끈적임이 남아 있으면 경화 불량이다.

2) 타음(打音)에 의한 검사

타음에 의한 검사는 타음을 듣고 양부(良不)를 판정하는 방법으로 탈형 상태, 경화의 정도, 박리의 유무를 조사하며, 검사자의 숙련을 요한다. 타음시의 도구로는 프라스틱 망치, 나무 망치 등이 있다.

(1) 제품의 탈형 상태의 검사

제품이 몰드에서 떨어졌는지, 밀착하고 있는지의 판정을 타음에 의해 조사한다. 둔한 이중음(二重音)은 탈형된 부분, 맑은 단음(單音)은 밀착하고 있는 부분이라고 판정할 수 있다.

(2) 경화도의 검사

나무 망치 등의 도구로 제품을 가볍게 때리면, 충분히 경화한 것은 맑은 소리로 공명음(共鳴音)을 내고, 경화부족의 경우에는, 둔한 단음(單音)을 낸다. 경화도 검사의 한 방법으로 앞에 언급한 Acetone Test를 사용하기도 한다.

(3) 박리, 공동의 결함검사

제품의 박리나 공동 및 이차접착(二次接着) 부분의 접착상태를, 나무 망치 등의 도구로 가장 자리를 때려서 그 소리로서 결함 유무를 조사한다. 양호한 제품은 맑은 소리를, 결함품은 둔한 이중음을 낸다.

3) 계측에 의한 검사

(1) 제품 경화도의 검사

경화도를 조사하는 경도계는, 소형으로 간편한 「바콜경도계(Barcol Impressor) Model 934.1」 경도계(GYZ-J-934-1형)를 사용한다.

검사 방법은 ASTM D2583에 따르며, 기타 수지의 경화도 등을 조사하는 경질용(硬質用) 경도계로서 GYZ-J-935와 극경질용(極硬質用)으로 사용되는 GYZ-J-936이 있다.

록크웰 등의 금속용 경도계는 FRP에서는 사용하고 있지 않다.

(2) 제품의 치수와 무게의 검사

제품의 길이, 넓이 등의 치수와 무게를 계측하여, 도면, 설계 사양서에 지시된 정도(精度)의 허용범위 내에 있는지를 조사한다.

초음파 두께 계측기는 메이커의 기종에 따라 계측범위와 정밀도는 다르지만 두께 7~100mm의 범위를 0.1mm 이상의 정밀도로 계측하는 FRP 전용기도 시판되고 있다.

(3) 재료물성 검사

FRP제품의 재료물성을 조사하여, 설계치, 규격치의 허용 범위 내에 있는가를 확인한다. 이에 관한 자세한 사항은 아래의 표 5.6과 해당 Standard Code를 참조한다.

4) 파괴시험 검사

파괴시험에 의한 검사는 시험편을 절취해서 시험하는 방법과 제품 그 자체의 파괴를 수반하는 시험을 하는 방법이 있다.

제품으로부터 시험편을 절취할 경우 ASTM D618에 따라 시행하며, 섬유의 중복되는 부분, 제품의 구부러진 부분 등 시험편의 채취장소에 충분히 유의해야 한다.

표 5.6 시편에 의한 파괴시험의 종류

Test 종류	적용 STD. Code
Glass Content	ASTM D2584
Tensile Strength	ASTM D638
Flexural Strength	ASTM D790
Modulus of Elasticity	ASTM D790
Hardness	ASTM D2583
Compressive Strength	ASTM D695
Fire retardancy	ASTM E84
Impact Test	ASTM D 256

제품으로부터 시험편의 절취가 곤란할 경우에는 그 제품과 동일조건에서 시험판(試驗板)을 만든 후 시험편을 절취하여 시험할 수 있다.

5) 기타 조사법

육안으로 검사할 수 없는 SMC 성형품의 섬유 배향과 흐름은 간단한 X-Ray 사진 장비를 사용해서 조사하는 방법이 있다.

기타 비파괴 검사 방법으로서 유전율(誘電率), 마이크로파(波), 적외선, 방사선의 전자파(電磁波)에 의한 것, 음파, 진동, 방사음향(A.E.) 등의 탄성파(彈性波)에 의한 계측방법이 있다. 그러나 대부분 연구단계나 실험실(實驗室)수준에 있으며 실용기기로서의 사용은 아직 널리 확대되지 않고 있다.

표 5.7 결함의 종류와 검출 가능한 비파괴 검사 방법

NDT Method Discontinuity	RT	UT	ET	Micro Wave	Thermo graphy	Holo-graphy	AE	AJ
Void	○	○	×	○	△	△	×	○
Inclusion	○	○	○	○	○	×	△	
Debonding	△	○	○	○	○	○	○	○
Delamination	△	○	○	○	○	○	○	○
Resin rich or lack	○	△	△	×	×	×	×	△
Matrix cracking	○	○	×	△	×	△	○	○
Fiber orientation	○	○	○	○	×	×	×	△
Fiber breakage	△	○	○	○	×	○	○	○
Impact damage	△	○	△	△	○	△	○	○
Moisture content	×	△	○	△	○	△	×	○

○ : 판정(적용) 적합　　△ : 판정(적용) 가능　　× : 판정(적용) 불가
RT : soft X-ray　　UT : ultrasonic
AE : acoustic emission　　AU : acousto-ultrasonic

표 5.8 복합재료 특성 시험 평가 방법

Property	Test	Standard	종류	시편갯수	비고
Basic Properties	Fiber Content	ASTM D3171		5	
	Resin Content	ASTM D3429(prepreg)		3	
		ASTM D613(carbon-graph prep.)		5	
	Void Content	ASTM D2734		5	
	C-SCAN(NDT)				
	광학현미경을 이용한 표면 관찰				
Mechanical Properties	Tensile Strength and Modulus	ASTM D3039(tap attach) ASTM D638 (dog-bone)	0°	5	
			90°		
			fab.		
	Compressive Strength and Modulus	ASTM D695	0°	5	
			90°		
			fab.		
	Flex Strength and Modulus	ASTM D790(long beam)	0°	5	
			90°		
			fab.		
	Interlaminar Shear Strength	ASTM D2344(short beam) *only unidirectional ASTM D5379(losipescu) *only unidirectional	0°	5	
		ASTM D3846	0°	5	
			90°		
			fab.		
	In-plane Shear Strength and Modulus	ASTM D5379(losipescu) *UD or [0/90]ns	0°	5	
		ASTM D3518 * only ±450 laminates	0°	5	
		ASTM D4255(rail shear) *only unidirectional	0°	5	
	Impact Strength	ASTM D256(Izod)	0°	5	
			90°		
			fab.		

Property	Test	Standard	종류	시편갯수	비고
	Compression after Impact			5	
	Fracture toughness	ASTM D5528(mode 1 interlamina) *only unidirectional	0°	5	
		ASTMD5045(mode 1)	0°	3	
			90°		
			fab.		
Adhesive Joint	Single Lap Shear Adhesive Joint	ASTM D5868 ASTM D3163	0°	5	
			90°		
			fab.		
		ASTM D3165(Laminted)			
		ASTM D3983 (Thickadherend)			
		ASTM D4896			
	Double Lap Shear Adhesive Joint	ASTM D3258	0°	5	
			90°		
			fab.		
Mechanical Fastening	Bearing Strength	ASTM D953	0°	5	
			90°		
			fab.		
Physical Properties	Specific gravity and Density	ASTM D792 ASTM D1505		5	
	Water Absorption, 24H	ASTM D570 ASTM D5229 ASTM D5795		3	
	Barcol Hardness	ASTM D2583		5~21 tests per specimen	
	Termal Expansion Coefficient	ASTM D696	0°	5	
			90°		
			fab.		

Property	Test	Standard	종류	시편갯수	비고
Thermal Properties	Thermal Conductivity	ASTM C177	0°	5	
			90°		
			fab.		
	Heat Distortion Temperature(Resins)	ASTM D648 ASTM D1637	0°	2	
			90°		
			fab.		
Chemical Properties	Corrosion Resistance	ASTM D4350	3		
	Chemical Resistance	ASTM D543 ASTM C581	test after aciding flex. 3 weight 1etc.		
	Flammability	ASTM D635	10		
Auxiliary Properties	Creep & Rapture	ASTM D2990 ASTM C1337 ASTM F1276	0°	2×#	
			90°		
			fab.		
	Fatigue	ASTM D3479 ASTM D671 ASTM F1293	0°	type of test tyble.1 6~24	
			90°		
			fab.		
	Vibration-Damping	ASTM E756 ASTM D3999	0°	5	
			90°		
			fab.		
	Sliding Wear	ASTM G137	0°	5	
			90°		
			fab.		
	Surface Roughness	ASTM F1438 ASTM F1048 ASTM E1364 ASTM E1274 ASTM E1082			
Functional Properties	Microwave Absorbing				
	Dielectric Permittivity & Magnetic Permeability	ASTM A893 ASTM D5568 ASTM D3380 ASTM D2520			

5.3.3 FRP 기기 결함의 종류

1) 겔코트(Gel Coat) 면의 결함

(1) 기공(Pit or Pin Hole)

겔코트(Gel Coat)면에 생긴 미세한 구멍을 말한다. 주로 Spray Gun으로 제조할 때 발생되며 공기압력이 지나치게 높을 때 발생된다.

겔코트(Gel Coat)가 너무 두껍거나 Mold와 Spray Gun의 거리가 너무 가까워도 발생되기 쉽다. Pin Hole을 예방하기 위해 바람직한 겔코트(Gel Coat)의 두께는 0.3~0.5 mm 이내, Spray 공기압은 3~5kg/cm^2 정도가 좋으며 Mold와 Spray Gun 사이의 거리는 30~50cm가 적당하다.

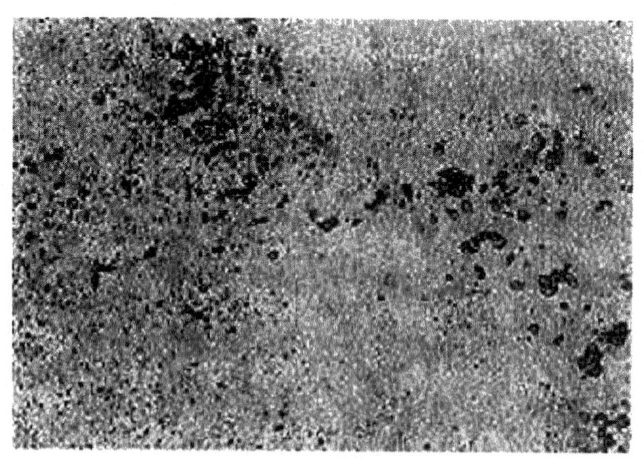

그림 5.2 Gel Coat 면에 발생한 기공(Pit or Pinhole)

(2) 파도(Wave, Ripple)

겔코트(Gel Coat)의 외면이 파도와 같은 모습이 된 것이나 Mold에 없는 움푹한 곳이 생긴 것을 말한다. 주요 원인은 다음과 같다.

① 형제의 이형 효과가 지나치게 좋아 겔코트(Gel Coat)의 경화수축 등에 의해서 박리 현상이 생겼을 때

② 겔코트(Gel Coat)의 부분 가열 스프레이 두께의 불균일로 인해 경화 수축 과정에서 얼룩이 발생되었을 때
③ 겔코트(Gel Coat)에 적층한 FRP층의 두께에 차가 있을 때 FRP의 수축에 의해 줄이 생긴다.

(3) 악어피(皮), 주름

겔코트(Gel Coat)가 팽윤(膨潤)하여, 악어피상에 유사한 표면상태가 주름져 오그라진 것을 말한다. 겔코트(Gel Coat)면에 제1층째의 적층을 해서 경화하는 동안에 발생한다. 주요 발생원인은 다음과 같다.

① 적층까지의 시간이 너무 짧다.
② 겔코트(Gel Coat)의 스프레이 두께가 너무 얇다. : 적층용 수지의 Styrene Monomer에 의해 팽윤하였을 때
③ 적층용 수지의 가사(Curing)시간이 너무 길다.
④ 습도가 높다.
⑤ Spray되는 겔코트(Gel Coat)에 물 또는 기름이 함유돼 있다.
⑥ 이형제의 건조 부족으로 미 건조한 Mold면에 겔코트(Gel Coat)를 스프레이하여 경화 불량 부분이 생겼을 때 일어난다.
⑦ 촉진제와 경화제 양의 부족 또는 혼합이 불충분하여 경화 불량
⑧ Mold의 움푹한 곳이나 공기의 흐름이 좋지 않은 부분에 Styrene Monomer가 남아 있을 경우 경화지연과 Monomer에 의한 팽윤 등으로 발생한다.

(4) 부풀음(Blister)

겔코트(Gel Coat)면에 생기는 둥근 기포상의 융기(隆起)를 말한다. 주요 원인은 다음과 같다.

① 겔코트(Gel Coat)의 두께가 너무 두껍다.
② 경화가 지나치게 빠르게 발생하여 기포가 자연적으로 터지기 전에 경화하였을 때 및 성회시의 열로 기포 내의 가스가 부풀어 발생한다.
③ 겔코트(Gel Coat)면에 적층한 제1층째의 탈포(Out-Gassing) 불량 때에도 역시 발생한다.

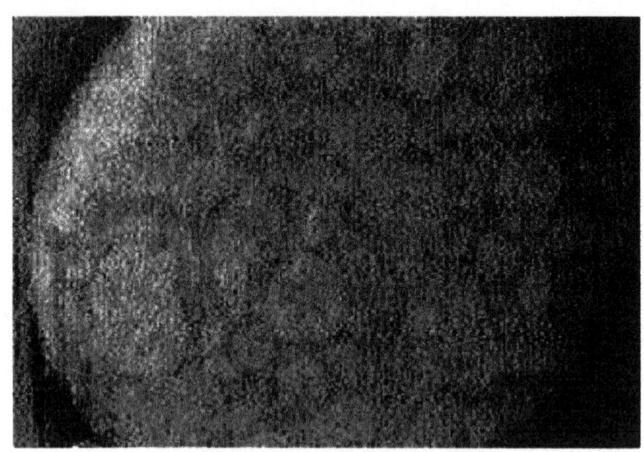

그림 5.3 부풀음(Blisters)

(5) 균열(Crack)

균열은 Mold에 있는 것을 제품으로 복제했을 때 생기는 것과 제품 자체에 들어가 있는 것이 있다. Crack은 굽힘을 가했을 때 생기는 선상(線上) 갈라짐, 거미줄 모양 갈라짐, 가는 갈라짐(Hair Crack)이 있다. Crack은 겔코트(Gel Coat)가 지나치게 두꺼운 곳과 수지가 뭉쳐 있는 부분에 생긴다. 또 탈형시 망치로 강타하였을 때 국부적 충격으로 거미줄 모양의 갈라짐이 생기며 탈형시에 쐐기를 박고 국부를 굽혔을 때 생기는 선상 갈라짐, 가는 Crack이 있다.

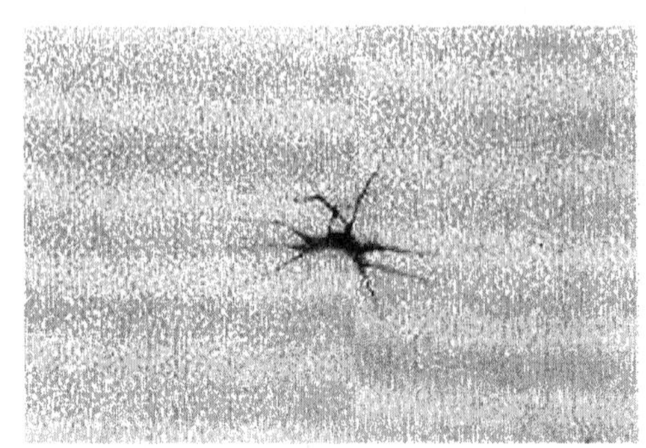

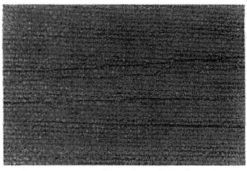

그림 5.4 충격에 의한 균열(왼쪽)과 표면의 갈라짐(오른쪽)

(6) 겔코트(Gel Coat)의 박리(Lamination, Peel-off)

이형처리 불량 때문에, Mold와 제품이 밀착하여 제품이 파손되었을 때의 박리, 겔코트(Gel Coat)와 적층재 사이에 기포 및 공동이 내재하여 양쪽 층이 밀착하여 있는 않은 부분의 박리 등이 있다. 박리가 발생하는 다른 원인으로서 다음과 같은 원인을 예상할 수 있다.

① 겔코트(Gel Coat)의 경화가 지나치게 진행
② 왁스 이형제의 과다 도포 또는 닦아내는 것이 부족
③ 겔코트(Gel Coat) 표면에 왁스가 떠 올라 적층재와의 접촉 불량

(7) 변색, 색 얼룩, 색의 갈라짐

변색은 경화발열과 후경화 온도가 지나치게 높았을 때, 빨간색으로 시작하여 보라색으로 변화하는 것을 말하며 열에 의한 변색이기 때문에 탔다고도 한다. 주요 발생 원인과 대책은 다음과 같다.

① 습도가 높다.
② 경화제, 착색제 등과 혼합한 후 Pot-Life가 너무 길다.
③ 이형제의 건조가 부족하다.
④ Drain의 혼입이 발생하였다.
⑤ 겔코트(Gel Coat)가 흘러 내렸다. : 두께를 얇게 해서 방지한다.
⑥ 촉매가 불균일하다.

색 얼룩 또는 색의 갈라짐은 착색 겔코트(Gel Coat)를 사용할 때 색이 불균일한 것, 띠 모양으로 다른 색이 혼입하는 것 등이 있다.

색 얼룩, 색의 갈라짐은 Color Paste로 색을 조정하였을 때 Paste가 완전하게 용해하여 분산되지 않은 상태에서 사용하였을 때 발생한다.

(8) 경화 불량

겔코트(Gel Coat)의 전면(全面) 또는 부분적으로 경화하지 않고 액상에서 겔상(狀)이 되는 것을 말한다. 경화불량에는 경화제, 촉진제의 양이 부족하거나 배합이 부적절할 때 혹은 습도가 높은 상태에서 겔코트(Gel Coat)를 도포하였을 때 생긴다.

이상에서 설명된 겔코트(Gel Coat)수지의 결함과 그 원인은 다음의 표 5.9와 같이 간단히 정리될 수 있다.

표 5.9 겔코트(Gel Coat) 수지의 결함과 대책

결 함	원 인
주 름	① 적층까지의 시간이 짧다. ② 겔코트(Gel Coat) 두께가 얇다. ③ 적층용 수지의 가사(Curing) 시간이 길다. ④ 습도가 높다. ⑤ 물 또는 기름이 Spray용 공기에 함유돼 있다. ⑥ 이형제의 건조 부족
색반(색 얼룩)	① 습도가 높다. ② Pot-Lit가 너무 길다. ③ 이형재의 건조 부족 ④ Drain의 혼입 ⑤ Gel-Coat가 흘러내린 경우 ⑥ 촉매의 불균일
광택 불량	① 몰드(Mold) 표면의 불량 ② 이형재의 건조불량
균열(Crack)	① 겔코트(Gel Coat)가 너무 두껍다. ② 겔코트(Gel Coat)의 두께 불균일 ③ 적층용 수지가 너무 많다. ④ 촉매 사용이 과다하다.
기공(Pin Hole)	① 겔코트(Gel Coat)가 너무 두껍다. ② Spray 압력이 너무 높다. ③ 몰드(Mold)와 Spray Gun이 너무 가깝다.
겔코트(Gel Coat)의 박리	① 이형제 Wax가 불충분하게 도포되었을 때 ② 적층이 너무 늦어져서 겔코트(Gel Coat)의 경화가 너무 진행됐을 때
Cratering	① 몰드(Mod)에 이물질이 묻어 있는 경우 ② 이형제와 수지의 조합이 나쁜 경우

2) 적층품에 생기는 결함

(1) 기포(Porosity), 공동(Cavity)

적층판에 내재하는 거품을 기포(氣泡)라고 하며 구석(Corner)부분 등에서 기포가 이어지는 것을 공동(空洞)이라고 한다. 기포 혹은 공동의 평가 방법에는 FRP 체적 비율을 비중으로 산출하는 공동율(Void Rate) 검사와 시각에 의한 판정 등이 있다.

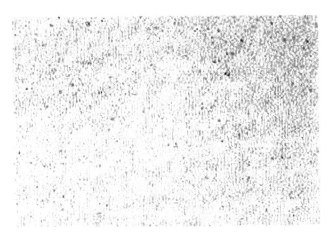

그림 5.5 적층품에 발생한 기공(Air Bubbles, Voids)

기포와 공동 발생의 원인은 다음과 같다.

① 성형 작업이 부적당하다.

② 불량한 탈포(Out Gassing) 공구를 사용하였거나, 탈포 작업이 조잡하다.

③ 경화가 지나치게 빠르고, 경화 발열이 지나치게 높아 미세한 거품이 기포와 공동으로 성장하였다.

④ 심재(心材)의 적층 불량 등이다.

(2) 스프링 백(Spring back)

적층한 GF가 탄성 회복되면서 구석(Corner)부분에 공동이 생기거나 Roving Cloth의 말단이 뛰어올라 박리된 것을 말하며, 완전히 탈포한 적층품이라도 겔화(Gel化)에서 경화까지의 사이에 발생할 때가 있다.

스프링 백의 발생 원인은 다음과 같다.

① 섬유의 탄성 회복을 막을 정도로 수지의 점성이 부족하다.

② 경화 발열시의 점도 저하가 큰 수지를 사용하였다.

③ Mold Corner부분의 곡율(曲率)이 작아서 섬유가 밀착하기 어려운 형상일 때 등이다.

(3) 수지 결핍부, 함침 불량

GF에 수지가 완전하게 함침(Saturation, Penetration)하지 않는 부분, 유출 등의 이유로 수지가 부족한 부분을 말한다. 수지가 GF와 완전하게 함침한 것을 wet out이라하며, 섬유까지는 함침이 되어 있지 않은 것을 wet through라고 한다.

발생 원인은 수지 함유율보다 작은 수지량에서 적층하였을 경우, 혹은 수지의 점도가 지나치게 높거나 낮을 때 및 요변성(搖變性)부족 등이 있다.

(4) 수지의 탐(燒)

적층면이 적자색(赤紫色)에서 자색으로 변색한 부분을 말한다. 수지 과다의 부분이나 경화시 과도한 발열에 의한 것, 국부 가열이나 직사광선에 쪼여서 그 부분의 경화가 촉진된 경우 발생한다.

(5) 백화(Crazing)

적층판의 외관이 희게 보이는 모든 경우를 말한다. 섬유와 수지가 결합하지 않고 희게 보이는 것과 내부응력 때문에 미세한 Crack이 모여서 희게 보이는 것이 있다. 크레이징(Crazing) 또는 White Crazing이라고 한다. 백화의 원인은 습기를 흡수한 섬유를 사용하거나, 재단시나 적층시에 섬유 위에 땀을 떨어뜨리거나, 적층 Roller에 아세톤이나 수분이 포함된 것을 사용하였을 때 등이다.

(6) 이물질 혼입

적층품에 먼지, 나무조각, 오염된 섬유 등 이물질이 혼입한 것을 말한다. 강도 향상을 위하여 설계단계에서 고려된 것을 제외한 모든 이물질의 혼입은 외관을 손상시키고, 적층면의 연속성을 저해한다.

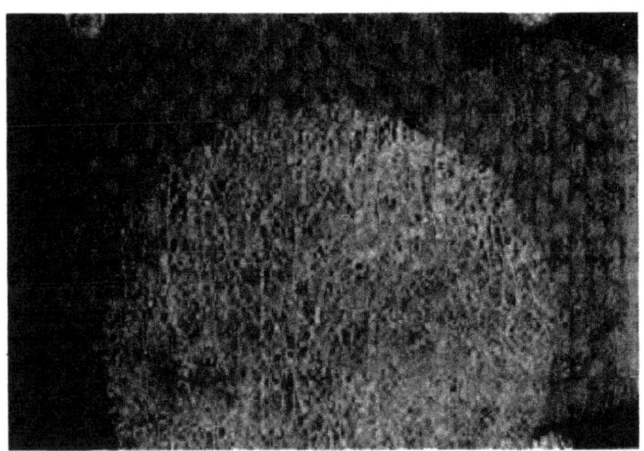

그림 5.6 FRP 적층의 층간 박리

(7) 박리(Lamination, Peel-off)

적층한 층간에서 접착 불량이나 경화 불량 등에 의해 적층층의 일부가 벗겨진 것을 말한다.

박리의 주요 원인은 다음과 같다.

① 오염된 섬유를 적층하였다.

② 2차 접착면의 연마가 부족했다.

③ 판 두께가 급변하는 적층품에 변형을 주었을 때 등이다.

(8) 기타

위에 열거된 결함들 이외에 대표적인 결함으로는 다음과 같다.

① Fish Eye

표면의 오염이나 이물질의 혼입으로 인해 생기는 표면 결함으로서 원형으로 나다나며, 주변의 표면과 융화되지 않는 형상을 보인다.

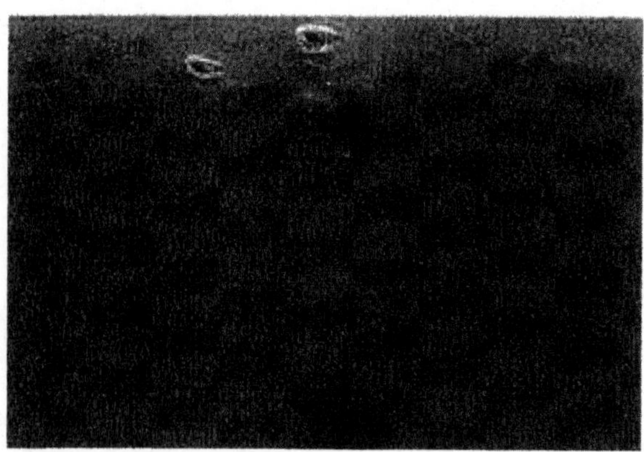

그림 5.7 Fisheye

② Dry Spot

섬유 강화재가 수지와 충분히 함침되지 않아서 생기는 결함으로 수지의 부족이 주 원인이다. 단순한 Surface의 오염에 의한 얼룩처럼 보이기도 하므로 주의가 필요하다.

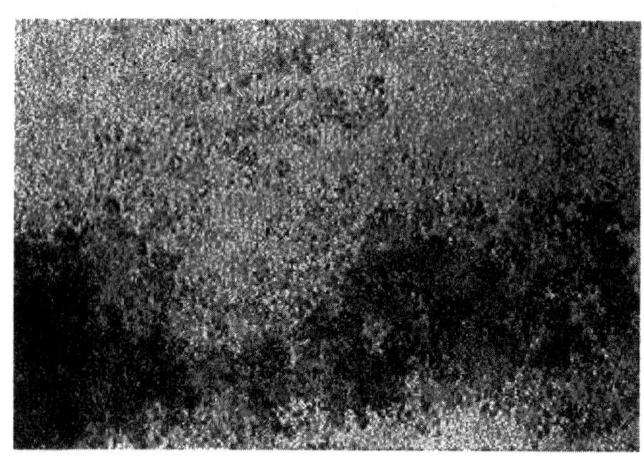

그림 5.8 Dry Spot

③ Pimple

Resin이 아래층으로 가라앉고 섬유 강화재만이 표면으로 부상하게 되어 표면에 보푸라기처럼 나타나는 현상이다. 외관상으로는 Resin이 부족해서 생긴 결함처럼 보이지만, 실제로는 Resin이 부족해서 나타나는 현상이 아니고 이미 경화가 시작된 Resin

으로 작업을 하기 때문에 발생되는 현상이다. 즉, 이미 경화가 시작된 Resin과 Fiber 사이의 충분한 함침이 이루어지지 않고 부분적으로 수지가 고르게 분포되지 못해서 발생하는 결함이다.

그림 5.9 Pimple

④ Resin Pocket

국부적으로 Resin이 과다하게 집적되는 표면 결함이다. 부적절한 적층으로 인해 발생된다.

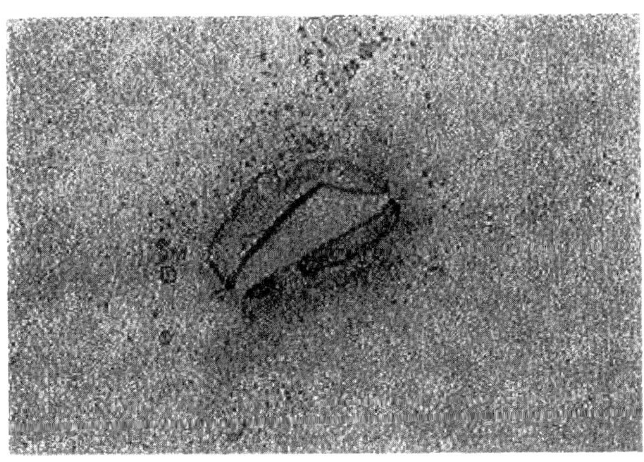

그림 5.10 Resin Pocket

⑤ Scratch

표면에 생기는 긁힘이다. Resin 혹은 완성품의 부적절한 보관과 관리가 주원인이다.

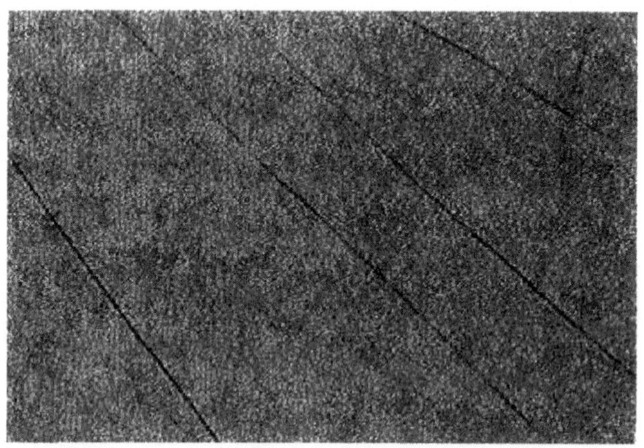

그림 5.11 Scratch

⑥ Worm Hole

Void가 성장하여 표면으로 돌출된 것 혹은 얇은 Resin Film에 의해 덮여 있는 Void 형상. Resin의 Curing이 바깥쪽에서 안쪽으로 진행되는 소구경의 Pipe에서 발생한다.

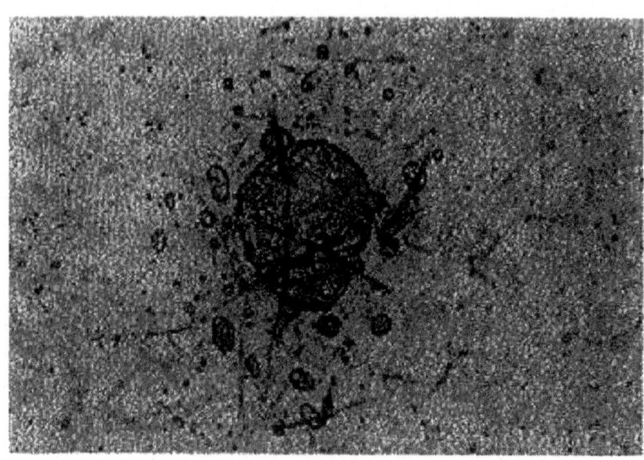

그림 5.12 Worm Holes

⑦ Wrinkle

여러 겹의 섬유 강화재가 적층된 층(Ply)이 중첩되어 표면이 접혀있는 것처럼 보이는 결함이다.

부적절한 적층과 너무 빠른 경화(Curing) 혹은 각 적층층(Ply)의 중첩으로 인해 발생한다.

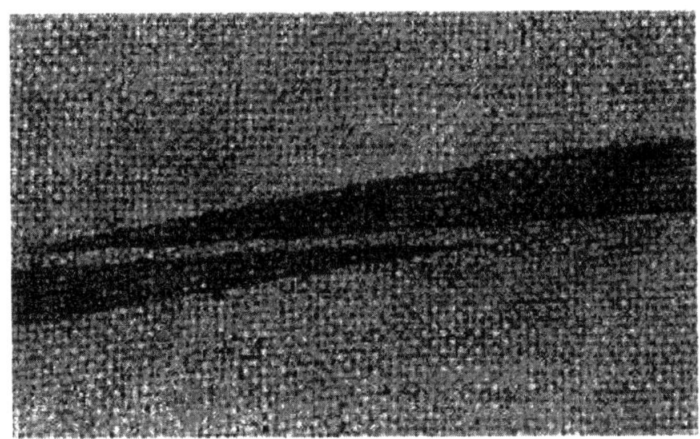

그림 5.13 Wrinkle

5.4 FRP 기기 제작시 주의점

5.4.1 폭발 화재의 위험성

FRP의 성형에 사용되는 주재료인 수지, 경화제 등의 과산화물이나 세척제로서의 아세톤 등의 유기용제는 모두 소방법상 위험물로 지정되고 있다.

표 5.10 중의 제1류란 강력한 산화제로서, 타 물질을 산화시키는 산소를 다량으로 함유하고 있어서 가열, 충격, 마찰 등에 의해 분해산소가 발생하여, 가열물의 급격한 산화, 말하자면 폭발 등을 일으킬 위험성이 있는 것이다. 제4류란 상온에서 액상을 하고 있는 가연물 (可燃物)로서 인화성이 크다. 지정 수량이란 이 이상의 위험물을 저장소 이외의 장소에 저장하거나, 취급하여서는 안 되는 수량이다.

표 5.10 FRP 성형에 사용되는 주요 위험물의 성상

품명	비중	인화점 (℃)	폭발한계(%) 하한~상한	증기 밀도	발화점 (℃)	비등점 (℃)	소방법상의 규정(일본)	
							종류별 품목	지정수량
불포화 폴리에스터	1.1~1.2	32	스티렌모노마와 거의 같은 수준으로 평가하면 된다.				제4류 · 제2석유류	500 ℓ
스티렌모노마	0.91	32	1.1~6.1	3.6	490	146	제4류 · 제2석유류	500 ℓ
아세톤	0.78	-18	2.6~12.8	2.0	538	57	제4류 · 제2석유류	100 ℓ
메틸에틸케톤 · 파오키스트 (경화제)	1.12				205	분해온도 약 105	제1류 · 과산화물	50kg
벤조일 · 파오키시드 (경화제)	1.33				125	분해온도 약 72	제1류 · 과산화물	50kg

유기용제는 일반적으로 휘발성이 크고, 기체 상태의 비중이 공기보다 무거우며 확산하기 어렵기 때문에 통기가 불충분한 장소에서 취급하면 고농도로 체류(滯留)하기 쉽다. 또 일부 염화 수소류를 제외한 거의 모든 것은 인화성이 있으며, 용제 등의 표면에서 휘발성 증기가 일정한 비율로 공기와 혼합하면 폭발성 혼합가스가 되어, 발화원이 있으면 인화 폭발한다.

FRP 성형 공장에서는 이런 위험물에 둘러쌓여서 작업을 하는 위험성이 있다. 그리고 이러한 위험물은 일단 불이 나면 소화가 어려우므로 취급자들은 각각 위험성을 잘 이해하여 안전 관리를 할 필요가 있으며, 저장이나 취급에 관한 법령 준수 및 재해방지에 대한 교육의 철저를 기할 필요가 있다.

표 5.11 FRP 공장에서의 화재, 폭발 사고 사례

	사 례	원 인	대 책
1	경화제와 촉진제를 동시에 수지에 첨가한 결과 급격하게 반응, 발화하였다.	경화제와 촉진제의 직접혼합에 의한 급격한 분해반응에 의한 발열, 발화	수지에 촉진제를 넣고 교반 혼합한 후에 경화제를 첨가, 혼합할 것.
2	경화제를 마루에 흘려서 컵으로 닦은 후 쓰레기통에 버렸더니 발화하였다.	경화제에 이물질(이 경우는 닦는 컵)과의 장시간 접촉에 의한 발화	흘린 경화제를 닦은 컵은 소각한다. 다량일 경우는 조금씩 태운다.
3	경화제를 계량하는 메스시린더에 녹이 슨 철봉을 삽입하고 있었기 때문에 경화제가 분해, 발화하였다.	경화제와 금속과의 접촉에 의한 분해, 발화	경화제와 이물질과의 접촉을 피하기 위하여 사용기재를 한정한다.
4	쓰다 남은 수지를 쓰레기통에 폐기한 결과, 몇시간 후에 발화하였다.	수지의 경화 발열에 의해 가연성 쓰레기에 착화	쓰다 남은 수지의 폐기물을 금속성 용기 속에 별도로 분리 보관한다.
5	폐기한 성형부스러기(젖은 찌꺼기)에 의해 발화하였다.	경화발열에 의해 가연물에 착화한 것으로 생각됨	젖은 성형부스러기(찌꺼기)는 물을 넣은 드럼통에 폐기
6	세척용 아세톤 용기를 개방한 채로 두었더니, 가까이에서 발생한 전기 Spark로 인화, 폭발하였다.	아세톤 증기에 전기 Spark 불꽃이 인화하여 폭발	세척용 용제의 관리를 철저히 한다. 용기에는 뚜껑을 하여 용제 사용장소를 한정하고 환기를 한다.
7	전기드릴에 교반털을 붙이고 수지를 혼합한 결과, 기화한 스티렌 모노마에 전기드릴의 스파크 불꽃이 인화하였다.	스티렌 모노마 증기에 전기 스파크에 의한 인화	폭발 방지기기 사용, 접지를 설치한다.
8	Spray-up 성형 중, 전기배선에 Short가(합선, 단락) 발생하여 발화하여 성형품에 인화하여 화재가 된다.	전기 Short에 의해 수지 또는 성형분지에 착화	전기 배선의 정기적 조사와 성형 중의 성형분진을 퇴적시키지 않는다.
9	공장의 개조공사 시, 용접 불똥이 마루에 떨어져, 마루에 부착되었던 수지에 착화하였다.	용접불똥이 가연물에 착화, 화기 사용장소 주변의 사전 정리가 부족	화기 사용시 위험물, 가연물을 관리와 일상 청소의 철저, 화기사용 작업시의 입회와 소화기의 배시
10	작업자가 배수구에 버린 담배 꽁초에 의해 인화되었다.	배수구에 체류하고 있던 용제 증기나 흘린 용제에 담배꽁초의 불이 인화한 것으로 보임.	흡연장소에서만 흡연한다. 용제는 절대로 배수구에 흘려버리지 않는다.

5.4.2 유기용제에 의한 중독

유기용제는 증기가 되면서 확산하여 공기를 오염시키며 오염된 공기에 접촉한 사람의 체내에 침입한다. 이 유해물은 피부 또는 점막(눈, 호흡기, 소화기)에 부착하여 급성적인 장해를 일으킨다. 또 유해물 부착 부위에서 흡수된 유해물은 체내에서 화학 변화한 후 점차 체외로 배설되기도 한다.

그러나 대부분의 유해물질은 장기적인 반복 흡수에 의해 흡수량이 많아져 배설량을 초과할 경우에는 체내의 특정한 기관에 축적되어 장해를 일으키는 것은 물론이거니와 나아가 배설되는 과정에서 장해를 일으키는 것이 있다.

FRP 성형작업에서 사용되는 용제의 유해성과 그 증상의 예는 다음과 같다.

1) 아세톤(Acetone)

- 피부, 점막을 자극한다.
- 흡입하면 두통, 현기증, 구토 등을 일으키며 마취작용이 있다.

2) 톨루엔(Toluene)

- 액체 또는 증기는 피부, 눈 그리고 목을 자극한다.
- 피부에 묻으면, 탈지 작용이 있다.
- 두통, 현기증, 빈혈, 조혈기능 장해, 말초신경장해 등을 일으킨다.

3) 스티렌(Styrene)

- 반복하여 피부에 묻으면 염증을 일으킨다.
- 다발성 신경염을 일으킨다.
- 눈의 점막을 자극하며 최루성이 있다.

5.4.3 기타 작업상 주의점

FRP의 성형작업에는 유기용제, 분진, 악취, 소음 등의 유해한 생산 공정이 혼재되어 있기 때문에 그 작업에 직접 종사하고 있지 않은 사람에게까지 장해를 미칠 가능성이 있다. 유해한 생산공정은 독립된 건물 속에 설치하는 것이 바람직하며, 그렇게 할 수 없을 경우에는 가능한 한 작업의 흐름을 방해하지 않도록 유해한 생산 공정을 적당한 칸막이 등으로 격리하는 배려가 필요하다.

표 5.12 유기용제의 허용 한도

용 제 명	허용한도 (ppm)
스티렌모노마	50
아세톤	200
메틸에틸케톤	200
신 나	200
초산에틸	400
트리크렌	50
톨루엔	100
메타놀	200

FRP 성형 작업 중 발산된 유해물질이 작업자의 호흡권(呼吸圈)에까지 확산하지 않도록 하는 대책이 필요하다. 여기에는 「국소배기」(局所排氣)가 유효하며 겔코트(Gel Coat), 성형, 샌딩(Sand Blasting), 도장(Painting) 등 수작업을 요하는 공정에 대하여 가장 현실적인 대책으로 여겨지고 있다.

표 5.13 스티렌(Styrene) 농도와 6단계 취기 강도 표시

취기강도	내 용	스티렌농도 (ppm)
0	무취	-
1	겨우 감지되는 냄새	0.03
2	무슨 냄새인지 알 수 있는 약한 냄새	0.2
3	쉽게 감지되는 냄새	0.8
(3.5)		(2)
4	강한 냄새	4
5	강렬한(심한 냄새)	20

제 6 장 내식성 수지 Lining 관련 자료

6.1 FLAKE Lining

6.2 FLAKE Coating(F/L-C)

6.3 POLYCRETE

6.4 FRP Lining

6.5 BRICK Lining

6.6 Lining 구조물의 종류별 설계제작시 주의점

6.7 수지 Lining의 공법별 일람표

제 6 장

내식성 수지 Lining 관련 자료

내식성 수지를 이용한 FRP의 Lining은 철구조물, Concrete, 목재 등의 구조물에 제한 없이 사용될 수 있으며, 그 다양한 활용도와 간편한 시공과정으로 인해 점차 사용 빈도가 확대되고 있다. 국내에서 부식을 고려하여 사용된 내식성 수지 Lining은 주로 Flake Lining이 많이 사용되었으며, 최근 들어서는 폐수처리 등에 사용되는 Concrete Pond의 내부에 적용되는 Polycrete Lining 등도 몇 차례의 경험이 있는 것으로 알려져 있다. 다음은 내식성 수지의 Lining 공법의 기본 구성을 간략하게 표기한 것이다.

표 6.1 내식성 수지 Lining 공법의 기본구성

Glass Flake Lining (F/L-C)	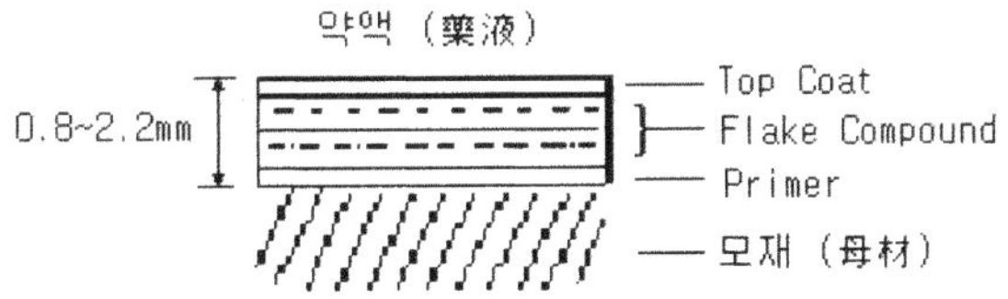 약액 (藥液) 0.8~2.2mm Top Coat Flake Compound Primer 모재 (母材)
Glass Flake Coating (F/L-C)	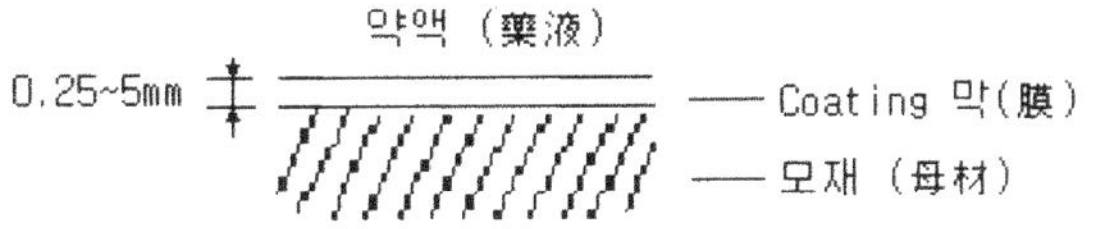 약액 (藥液) 0.25~5mm Coating 막(膜) 모재 (母材)

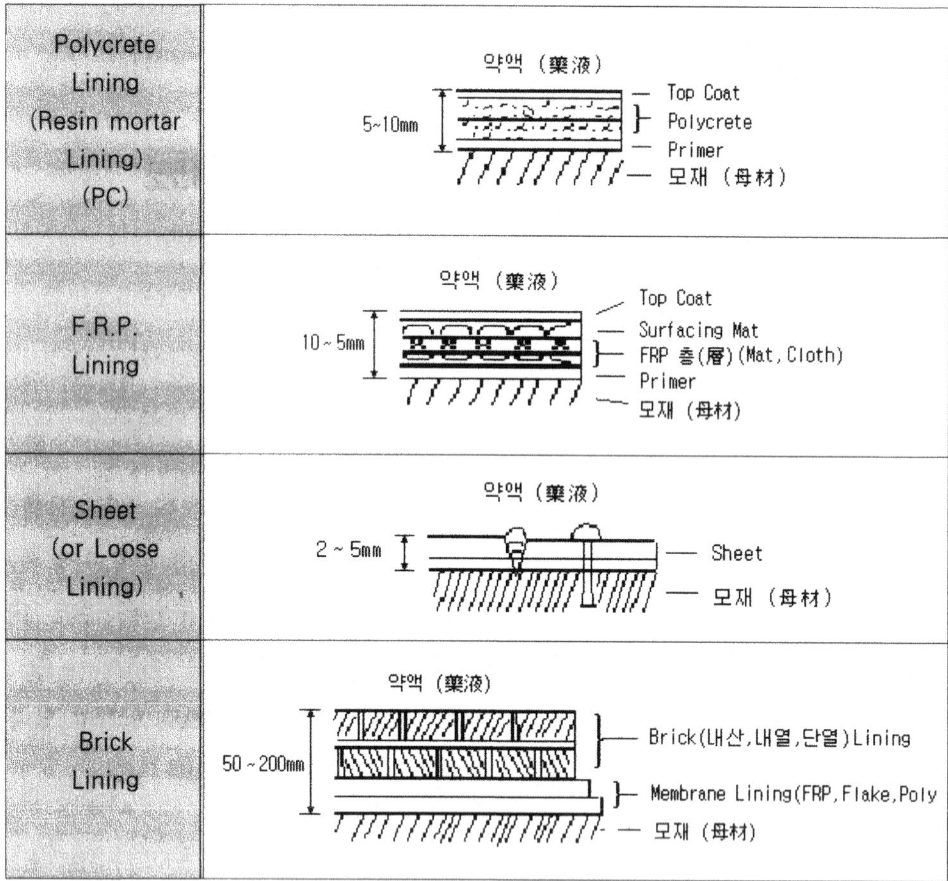

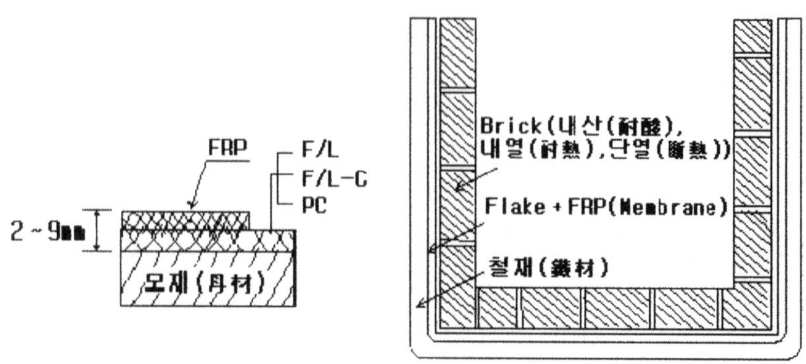

그림 6.1 FLAKE+FRP+내산단열(耐酸斷熱) 벽돌의 복합(複合) Lining

6.1 FLAKE Lining

종전에는 내식수지(耐蝕樹脂) Lining은 FRP Lining 공법이 주로 시공되어 왔다. FRP Lining은 Glass Fiber와 액체 상태의 수지를 적층(積層)하여 시공하게 되기 때문에 FRP Lining 자체의 물성으로 인한 문제점 발생이 우려될 수 있다. 이에 비해 강화 섬유를 FLAKE 형태로 가공하여 적용하는 FLAKE Lining은 Glass FLAKE와 액체 상태의 수지를 혼합한 Paste 형태의 Compound로 만들어 Lining을 하게 되어 유체의 침투(Penetration)로 인한 문제점이 적게 된다.

Lining층은 엷은 비늘 모양의 FLAKE층이 Lining면에 평행으로 매우 조밀(稠密)하게 중첩되어(최소 두께 0.7mm 이상) 부식성이 있는 약품 용액이나 Gas의 침투를 극단적으로 지연시키게 된다. 뿐만 아니라 물고기 비늘 모양으로 가공된 FLAKE는 입상(粒狀)으로 Lining층을 구성하기 때문에 수지의 경화수축으로 인한 잔류응력이 균일하게 분산되어 열응력에 강한 특성을 보이게 되며, 이로 인하여 종래의 FRP의 근본적인 취약점이 거의 해결되었다.

6.1.1 FLAKE Lining의 특징

1) 낮은 침투성

따라서, 부식성이 극심한 조건에서도 극히 얇은 두께의 Lining층만으로 충분히 구조물을 보호할 수 있는 내식성과 내구성을 갖는다. 액체, 기체의 침투가 어려운 특성은 다음에 소개되는 수증기 확산성 비교 자료를 통해 확인할 수 있다.

2) 작은 경화 수축, 강한 내열성

팽창계수가 철과 비슷하며 고르게 분포되는 FLAKE로 인해 수지의 경화시에 발생되는 경화수축 잔류응력(殘留應力)이 균일하게 분포되고 접착력이 강하기 때문에 열응력(熱應力)에 강하여 내열성이 향상된다.

3) 우수한 기계적 강도

강화재로 첨가된 섬유가 FLAKE 형태로 분산되어 완성된 제품이 외부의 응력에 유연하게 저항하게 된다. 특히 마모와 마찰저항(摩擦抵抗)이 적으며 충격에도 극히 국부적인 손상으로 한정된다.

4) 전기 절연성

근본적으로 강화재인 유리섬유와 수지 모두가 비 전도성 재료이기에 근본적으로 절연성이 매우 우수하다.

5) 유지 보수의 용이성

별도의 경화를 실시하지 않아도 쉽게 경화되는 상온 경화형(常溫經化型)이므로 공사기간이 단축되고 국부적인 제거와 보수가 용이하다.

표 6.2 FLAKE Lining 재료의 특성

특성치	측정법	단위	Polyester			Vinyl Ester			Epoxy
			83	84	85	86	86H	86S	#100
인장강도		kg/cm^2	400	400	400	400	400	400	400
굴곡강도		kg/cm^2	800	800	800	800	800	800	800
굴곡탄성율		kg/cm^2	8	8	8	8	8	8	7
접착강도	인장전단	kg/cm^2	128	124	120	133	125	128	150
충 격 치	Dupont식	g/cm	500×40	500×40	500×40	500×40	500×40	500×40	500×40
열팽창계수		1/℃×10^{-5}	2.0	2.0	2.0	2.0	2.0	2.0	2.5
증기투과율	ASTM-E-96-66	g/m^2 24hr-mmHg(mm)	0.01	0.01	0.01	0.01	0.01	0.01	0.02
내열온도	액 중	℃	80	80	100	90	120	110	70
	gas	℃	90	90	120	100	150	130	80

주) 참고로 제시된 제품 번호는 FLAKE Lining 전문업체인 국내H사의 제품 번호로서 동일한 수지에서도 약간씩 특성의 차이가 있음을 보여주기 위해 병기하였다.

FLAKE Lining의 기계적 특성은 사용되는 수지의 종류와 강화 섬유의 양 및 강화 섬유의 절단 가공 형상에 따라 다양한 특성을 보이게 된다.

이러한 특성으로 인해 동일한 수지와 강화 섬유를 사용해도 각 제조회사와 시공사별로 서로 다른 기계적 특성을 보인다.

6.1.2 FLAKE Lining의 내식성

수지와 강화 섬유의 조합으로 이루어진 FLAKE는 수지의 탁월한 내식성으로 인해 거의 모든 산과 알카리 등 부식성 화학성분에 대해 내식성을 갖는다. 특히 강화 섬유를 FLAKE 상으로 가공한 효과에 의해 유체의 침투성이 작아 더욱 우수한 내식성을 보여준다.

표 6.3 FLAKE Lining의 주요 품목 및 적응성

수지의 종류	적 응 성	내 열 성		비고 (제품번호)
		액 체	GAS	
POLYESTER	내산	80℃	90℃	F/L 83
POLYESTER	내산, 내알카리	80℃	90℃	F/L 84
POLYESTER	내강산, 내산화성산, 난연성	100℃	120℃	F/L 85
VINYLESTER	내산, 내알카리	90℃	100℃	F/L 86
VINYLESTER	내산, 내용제, 내염	120℃	150℃	F/L 86H
VINYLESTER	내강산, 내알카리, 난연성	110℃	130℃	F/L 86S
EPOXY	내수, 내알카리, 내염	70℃	80℃	F/L #100

주) 참고로 제시된 제품 번호는 FLAKE Lining 전문업체인 국내 H사의 제품 번호로서 동일한 수지에서도 약간씩 특성의 차이가 있음을 보여주기 위해 병기하였다.

1) 내수증기 확산성 비교(耐水蒸氣擴散性 比較)

비록 수지층으로 덮여 있어도 수지층을 통과하여 약간의 유체 침투가 발생하게 된다. 이러한 수증기확산(水蒸氣擴散)이란 고무(Rubber)나 기타 프라스틱류의 유기피막(有機皮膜)에는 공통적으로 자주 발생하는 현상이다. 이는 Lining 피막의 양면에 온도차가 있으

면 고농도측의 수분(水分)이 저온측으로 확산(Penetration, Diffusion)되는 현상으로써, 금속판의 고온측에 Lining한 경우 수분(水分)이 Lining 피막과 base metal과의 경계에 집결되어 피막에 부풀음(blistering)이 일어나 궁극적으로 박리가 발생하는 현상이다.

이와 같은 Lining 피막사이의 물질의 확산 현상에 대하여 FLAKE Lining은 일반 고무나 FRP Lining보다 유리함을 실험을 통해서 알 수 있다.

표 6.4 증기확산 실험에 의한 확산층의 깊이와 부식 발생 비교

증기확산실험	
Lining 방법	확산깊이
FLAKE Lining	0.0003
FRP Lining	0.0071
Resin Polyester	0.0154
Epoxy	0.0153
Urethan	0.0147

Lining 면(철)에 녹이 발생하는 기간		
두께	FRP Lining	FLAKE Lining
0.5	50hr	1,000hr
1.0	90hr	10,000hr 이상
1.5	300hr	10,000hr 이상
2.0	500hr	10,000hr 이상

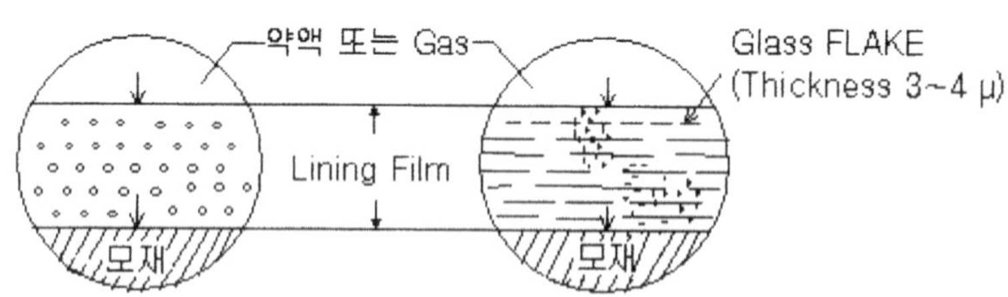

그림 6.2 FRP Lining 또는 Rubber Lining과 FLAKE Lining막(膜)의 침투성 비교

2) FLAKE Lining의 내식성 비교

다음 표에서 볼 수 있는 바와 같이 동일한 수지를 사용하더라도 각 제조회사 및 시공사별로 약간의 차이점을 발견할 수 있기에 실제 적용에서는 주의할 필요가 있다. 상기 자료에 명기된 제품명은 국내 H사의 제품명으로서 비교 자료로 제시하였다.

- Polyester Resin : F/L-83, 84, 85
- Vinyl Ester Resin : F/L-86, 86H, 86S

표 6.5 FLAKE Lining의 내식성 비교

약품명	제품명	F/L-83			F/L-84			F/L-85			F/L-86			F/L-86H			F/L-86S		
	온도	40°	80°	120°	40°	80°	120°	40°	80°	120°	40°	80°	120°	40°	80°	120°	40°	80°	120°
염산	5%																		
염산	20%																		
염산	36%																		
황산	10%																		
황산	50%																		
황산	70%																		
인산	10%																		
인산	85%																		
질산	10%																		
질산	30%																		
크롬산	10%																		
크롬산	30%																		
초산	10%																		
초산	50%																		
가성소다	10%																		
가성소다	40%																		
가성소다	5%																		
가성소다	25%																		
석회수	5%																		
산성염류																			
중성염류																			
알카리성염류																			
해수																			
염소수																			
수(水)																			
알코올																			
석유계용제																			
에스테르계용제																			

2) FLAKE Lining의 복합 시공

FLAKE Lining은 단독으로 할 수 있으나 경우에 따라서는 다른 Lining 공법과 복합시공(複合施工)이 가능하다. 용도에 적합한 각종 구성재를 선택하여 사용함으로써 석유화학 공장 등이 직면하고 있는 까다로운 부식 문제를 거의 해결할 수 있다. 이러한 시공 방법에는 다음과 같은 것들이 있으며, 이에 대한 자세한 설명은 생략한다.

① FRP Lining과의 복합(複合)

② 내산(耐酸), 단열(斷熱) 벽돌 Lining과의 복합(複合)

6.1.3 FLAKE Lining의 Insert Nozzle

압력용기나 저장탱크 등에 부착되는 6″ 이하 소형 노즐(Nozzle)의 경우에는 통상적인 FLAKE Lining의 시공이 불가하므로 별도로 내식성 수지로 별도 제작된 Solid Insert Nozzle을 만들어 기존의 Nozzle Inside에 Lining재로 삽입하게 된다. 이렇게 하면 Nozzle의 내경(內徑)은 일반적으로 ⅓″ 정도 작아지게 되므로 연결되는 배관의 설계, 시공시에 이를 감안하여 주의해야 한다.

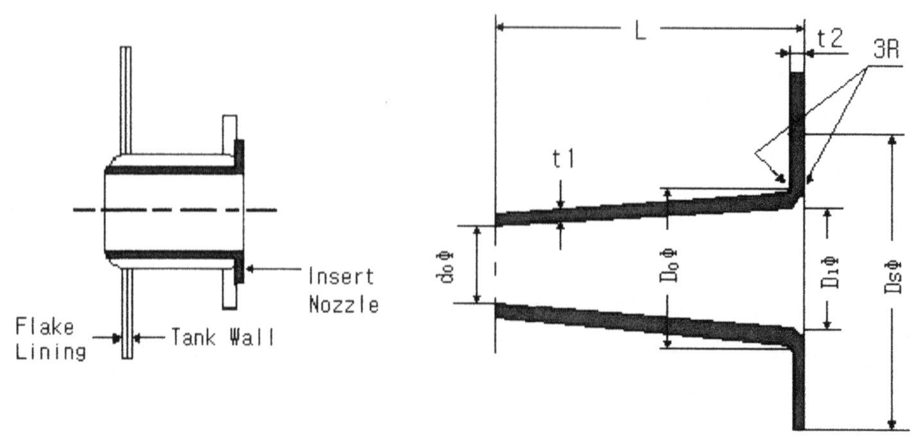

그림 6.3 Insert Nozzle의 기본 적용도

표 6.6 Insert Nozzle의 Typical Dimension

Insert Nozzle의 Typical Dimension표(KS/JIS 10kg/cm^2)								적용 범위
호 칭 경		Ds ϕ	Ds ϕ	d_1 ϕ	d_1 ϕ	t_1 ϕ	t_1 ϕ	
20A	¾B	90	21	15	11	3	4	sch 40까지
25A	1B	70	24	18	14	3	4	sch 80까지
40A	1½B	85	38	32	28	3	4	sch 80까지
50A	2B	100	48	40	36	4	5	sch 80까지
65A	2½B	120	63	55	51	4	5	sch 60까지
80A	3B	130	75	67	63	4	5	sch 60까지
100A	4B	155	98	90	86	4	6	sch 60까지
125A	5B	185	123	115	111	4	6	sch 60까지
150A	6B	215	150	142	136	4	6	sch 40까지
200A	8B	265	199	192	185	4	6	sch 40까지
250A	10B	325	248	240	234	4	6	sch 40까지
300A	12B	370	297	289	283	4	6	sch 40까지

Insert Nozzle의 Typical Dimension표(ANSI #150)								적용 범위
호 칭 경		Ds ϕ	Ds ϕ	d_1 ϕ	d_1 ϕ	t_1 ϕ	t_1 ϕ	
20A	¾B	54	21	15	11	3	4	sch 40까지
25A	1B	61	24	18	14	3	4	sch 80까지
40A	1½B	80	38	32	28	3	4	sch 80까지
50A	2B	99	48	40	36	4	5	sch 80까지
65A	2½B	118	63	55	51	4	5	sch 60까지
80A	3B	130	75	67	63	4	5	sch 60까지
100A	4B	169	98	90	86	4	6	sch 60까지
125A	5B	190	123	115	111	4	6	sch 60까지
150A	6B	216	150	142	136	4	6	sch 40까지
200A	8B	274	199	191	185	4	6	sch 40까지
250A	10B	334	248	240	234	4	6	sch 40까지
300A	12B	407	297	289	283	4	6	sch 40까지

통상적으로 적용되는 Insert Nozzle은 규격 치수는 위의 표 6.6에 제시되어있다. 절대적인 치수에 대한 규제는 아직 확립된 것이 없으며 제시된 치수는 추천 사항이다. Insert nozzle은 보다 Stainless Steel이나 기타 비철 금속 등 주어진 환경 조건에서보다 내식성이 강한 금속의 사용이 가능하다면, 우수한 내식성을 가진 내식금속(耐蝕金屬)을 적용하는 것이 차후의 유지 보수 측면에서 경제적이다.

6.1.4 FLAKE Lining의 시공 모형도

① Lining Spec. : FLAKE Lining AR 1.0

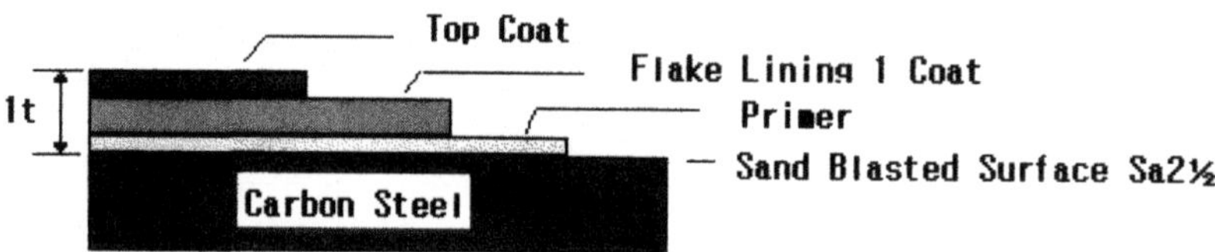

② Lining Spec. : FLAKE Lining AR 2.0

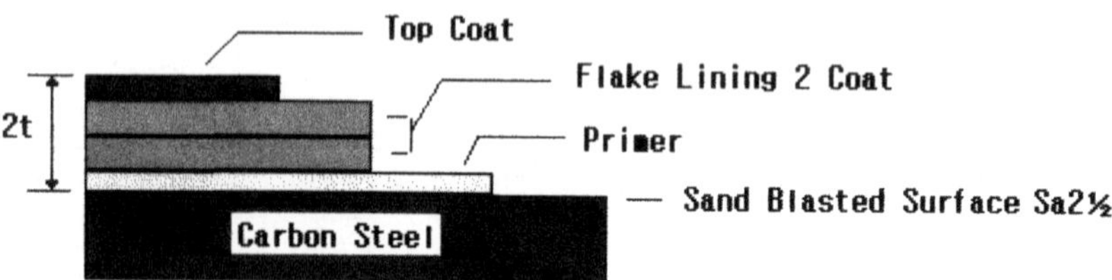

③ Lining Spec. : FLAKE Lining AR 1.1

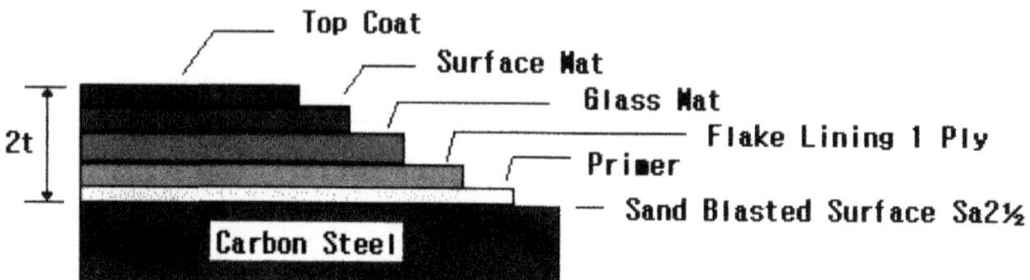

④ Lining Spec. : FLAKE Lining AR 1.2

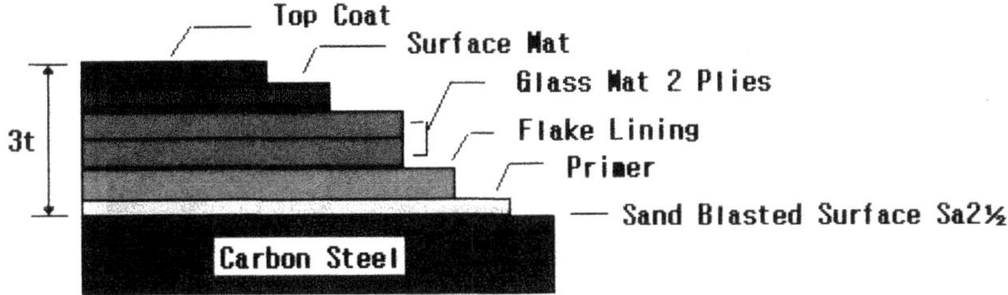

⑤ Lining Spec. : FLAKE Lining AR 2.1

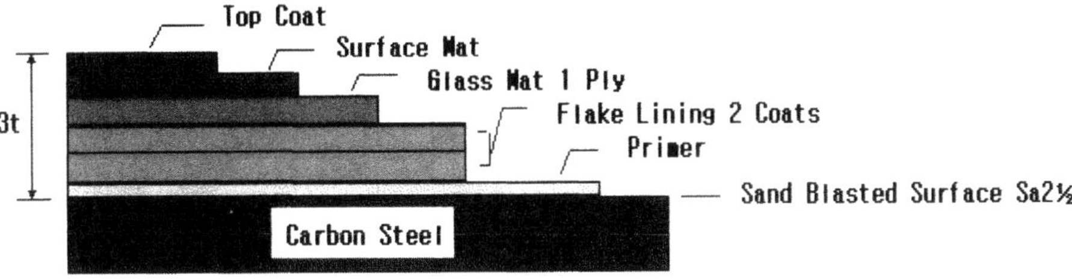

⑥ Lining Spec : FLAKE Lining AR 2.0 2.2

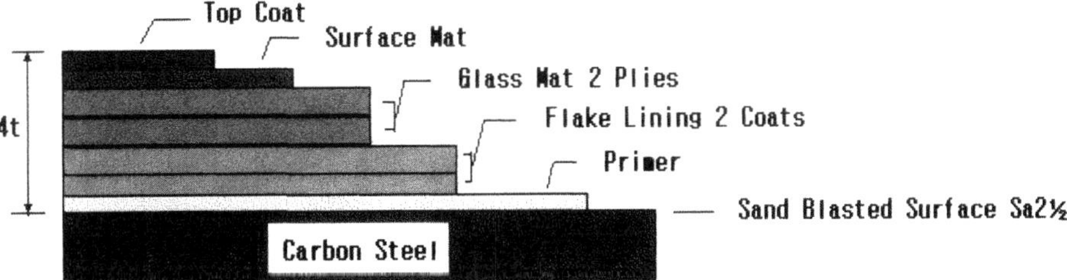

⑦ Lining Spec : FLAKE Lining AR 2.3

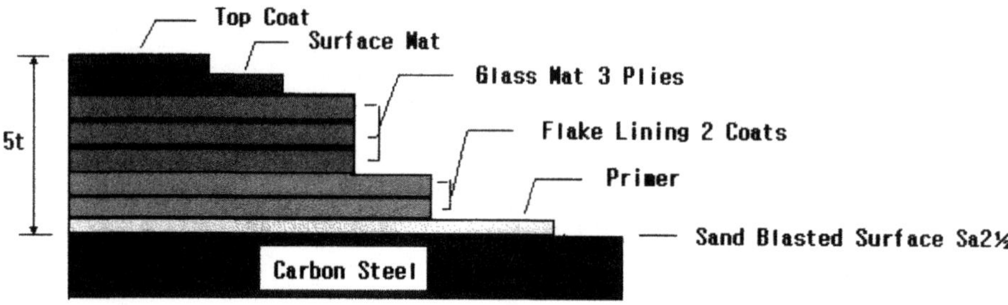

그림 6.4 FLAKE Lining의 시공 모형도

6.2 FLAKE Coating(F/L-C)

FLAKE Lining을 중방식(重防蝕)이라 한다면 FLAKE Coating은 경방식(輕防蝕)이라 할 수 있다. 기본적으로는 FLAKE lining과 같으나 사용되는 Glass Flake의 입도(粒度)가 적고 시공이 간편하여 공사기간을 단축할 수 있어 경제적이다.

통상 Brush나 Spray로 두께 0.3~0.7mm로 Coating하며, 이렇게 얇은 두께만으로도 FRP Lining 시공시의 2~3.5mm의 두께에 상응하는 효과를 나타내어 경제적이고 안정적이다.

6.2.1 FLAKE Coating의 특성(特性)

- 부식성 Gas로부터 부식을 방지하고 다른 Coating 재료에 비하여 장기간 방식 기능을 발휘한다.
- 내열성(耐熱性)이 우수하고 열충격에도 강하다.
- 접착력이 좋고 내(耐) Undercutting 성능이 뛰어나다.

- 고도의 내충격성(耐衝擊性)이 있고 내후성(耐候性)도 우수하다.
- 작업성이 좋고 붓, Roller로 작업하기 때문에 시공이 용이하다.
- 경화특성(硬化特性)이 좋아서 공사기간을 단축할 수 있으며 유지 보수가 간단하다.

표 6.7 FLAKE Coating의 종류

수지의 종류	적 응 성
POLYESTER	내수성, 내산성, 내유성, 내후성
VINYLESTER	내약품성, 내수성, 내유성, 내열성
EPOXY	내수성, 내알카리성, 내유성, 내후성

표 6.8 FLAKE Coating의 물성치

물 성 치	단 위	Polyester	Vinyl Ester	Epoxy
비 중		1.4	1.4	1.3
인 장 강 도	kg/cm^2	300	350	500
굴 곡 강 도	kg/cm^2	700	750	850
신 율		1.2	1.5	2.5
접 착 력	kg/cm^2	130	130	150
충 격 강 도	g/cm	500×40	500×40	500×40
내 마 모 성	mg · S-17.100g · 1000Cycle	40	40	40
열팽창 계수	1/℃	2.3×10^{-5}	2.3×10^{-5}	2.3×10^{-5}
열 전 도 율	Kcal/Mhr ℃	0.2	0.2	0.2
수증기 투과율	g/m^2 24Hr · mmHg(1mm t) ASTM E96	0.03	0.03	0.03

6.2.2 FLAKE Coating의 주요 용도

Flake Coating은 금속뿐만 아니라 콘크리트와 같은 비금속재료의 표면에도 양호하게 적용할 수 있다.

표 6.9 Flake Coating의 주요 용도

구 분	주 요 용 도
Tank 시설	• 중유(重油), 나프타(Naphtha), 휘발유(Gasoline) 등 각종 석유류 저장 시설 • 화학공장, 식품공장 등의 원료, 제품 저장조 • 원수(原水), 순수(純水) 등의 물탱크, Tower 등
건축 구조물	• 부식환경에서 사용되는 철 구조물, 콘크리트벽 및 바닥 • 상하수도시설, 항만시설, 댐(Dam) 설비 등
해양 구조물	• 해수 도입관(海水 導入管) • 시트파일(Sheet Pile), 강관 파일(Steel Pipe Pile)
선 박	• 화물선, 화학약품 운반선의 선체 등
기 타	• 교량, 수문 등

6.2.3 FLAKE Coating의 내식성

FLAKE Lining과 마찬가지로 FLAKE Coating도 다양한 부식 환경에서 우수한 내식성을 나타내고 있다.

특히 간편한 시공성과보다 얇은 두께만으로도 기존에 적용하던 FRP Lining에 비해 우수한 내식성과 구조적 안정성을 보이기 때문에 많은 산업 현장에서 점차 활용도가 늘어가고 있다.

표 6.10 FLAKE Coating의 내약품성

		Polyester	Vinyl Ester	Epoxy
HCl 5%		◎	◎	◎
H_2SO_4	5%	◎	◎	◎
	20%	△	◎	×
NaOH	10%	×	◎	◎
$CaCl_2$		◎	◎	◎
해 수		◎	◎	◎
Naphtha		△	◎	◎
등 유		◎	◎	◎
원 유		◎	◎	◎

1) FLAKE Coating의 도막(途膜)과 일반 방식재료(防蝕材料)의 비교

표 6.11 수증기 투과성 비교

	F/L-C	F/L	Epoxy 수지	Polyester	Urethane 수지	FRP
투과율	0.030	0.009	0.257	0.256	0.245	0.130

표 6.12 FLAKE Coating과 Epoxy, Tar-Epoxy 도료(塗料)와의 비교

	내 약 품 성						내수증기 확산성	내 Under-cutting	극저온 사용 가능
	내산성	내알카리성	내수성	내후성	Gaso-line	Crude Oil			
F/L-C	◎	◎	◎	양호	◎	◎	◎	◎	가능
Epoxy Coating	×	◎	×	녹이 심함	◎	△	×	×	곤란
Tar Epoxy	×	◎	×	녹이 심함	△	△	×	×	곤란
비 고	H_2SO_4 5%×RT	NaOH 5%×RT	증류수 50℃	50℃					

표 6.3 각종 중방식 코팅제의 특성 비교

	두께(mm)	내식성	내후성	내마모	내충격	용해도	온도 저항성		단가	작업성	내구연한
							고온	저온			
Inorganic Z.R.P+ Tar Epoxy	1.0	C	C	C	C	C	C	C	A	AB	<10yrs
Tar Epoxy of Aluminium Powder +Glass Cloth	1.0	C	C	C	B	C	C	C	A	B	<10yrs
Resin Mortar of Epoxy	4.0	BC	C	C	C	C	C	C	A	AB	10~15yrs
Epoxy	2.5	B	BC	B	B	AB	AB	B	B	B	10~20yrs
F.R.P. Lining	3.0	A	B	B	A	AB	AB	B	C	B	20yrs
Polyester Glass-Flake Lining	2.5	A	B	B	B	A	C	B	B	AB	20yrs
Rubber Lining	10.0	A	BC	A	A	C	AB	B	C	C	20yrs
Polyethylene Lining	4.0	A	AB	A	A	A	B	A	B	C	>30yrs

〈주〉

- 평가 결과 비교

  A : Excellent, B : Acceptable, C : Poor, AB : Good, BC : Undesirable

- 평가항목 조건
  - 내식성 : 해수 분위기에서 금속재료와 몰탈의 특성을 비교. 해수속에 잠겨있는 부분과 대기와의 접촉이 일어나는 Splash Zone부분의 부식성을 비교.
  - 내후성 : 염분이 포함된 대기 중에서 코팅면의 특성을 비교.
  - 내마모 : 모래나 슬러리 등에 의한 마모에 저항하는 특성을 비교.
  - 내충격 : 충분하게 경화된 이후에 외부의 충격에 의해 코팅면이 손상되는 정도와 접착면의 접착강도를 비교.
  - 용해도 : 중질유, 납사(Naphtha), 자이렌(Xylene), 케톤(Ketone) 등의 화학성분에 코팅면이 저항하는 특성을 비교.
  - 온도 저항성 : 건조 상태에서 120℃, 습한 상태에서는 80℃의 고온 조건과 영하 -20℃의 저온 조건에서 코팅면의 특성저하를 비교.
  - 작업성 : 철구조물의 설치 이후에 현장에서 코팅을 적용하는 편리성을 비교.
  - 내구연한 : 물속에 잠긴 면과 대기 접촉면(Splash Zone)을 기준으로 예상되는 최대 사용 연한을 비교.

6.3 POLYCRETE

POLYCRETE는 각종 공장의 바닥, 배액구(排液溝), 중화조(中和槽), 전해조(電解槽), 밀폐용기 등의 각종 저장용 탱크와 용기의 방식(防蝕) 시공에 널리 사용되고 있는 재료이다. Concrete 바닥재 표면에 Lining재로 가장 일반적으로 사용되고 있다.

6.3.1 POLYCRETE의 특징

1) 기계적 강도, 물리적 강도

압축, 굴곡, 인장강도는 Concrete보다 2~4배 강하고 침투성(浸透性) 및 흡수성(吸水性)이 거의 없다.

2) 내약품성(耐藥品性)

사용조건에 따라서 적합한 POLYCRETE가 선정되면 충분한 내식성을 보인다.

3) 속 경화성(速硬化性)

상온에서 경화하고 시공 후 5~6시간이면 보행이 가능하고 1日 후에는 완전히 경화된다.

4) 강력한 접착력(接着力)

시공한 것은 콘크리트보다 훨씬 강하여 무리하게 제거하려 하면 콘크리트 모재가 파손될 정도로 강력한 접착력을 보이고 있다.

5) 시공환경에 제한이 없다.

어느 정도 습기가 있는 곳에서도 적절한 Primer가 개발되어 시공환경이 제한이 적은 손쉬운 Lining이 가능하게 되었다.

6) 표면의 착색이 가능하다.

POLYCRETE의 표준품은 회색이지만 착색도 가능하다.

7) 미끄럼이 없는 Non-Slip 표면을 만들기 쉽다.

POLYCRETE는 식품 공장 등에서 바닥재로 많이 상용되며 미끄럼 방지 마무리 작업도 가능하다.

8) 전기 절연성(絶緣性)이 좋다.

우수한 전기 절연성을 이용하여 기존의 자기애자 대신에 POLYCRETE애자가 널리 사용되고 있다.

표 6.14 POLYCRETE의 기계적 강도

물 성	단 위	POLYSTER	Epoxy
비 중		2.2	2.2
굴 곡 강 도	kg/cm^2	220~240	350
인 장 강 도	kg/cm^2	100~120	120
압 축 강 도	kg/cm^2	800	900
굴 곡 탄 성 율	kg/cm^2	8.5×10^4	8.2×10^4
충격치(Charpy)	$kg\cdot cm/cm^2$	1.8~2.0	2.2~2.6
열 팽 창 계 수	mm/mm℃	2.3×10^{-5}	2.4×10^{-5}

9) 경제성이 좋다.

장기간 사용하므로(실제 30년 이상) 다른 어떤 내식재보다 경제적이다. 또한 초기 시공 투자 비용도 다른 내산 재료에 비교해서 훨씬 경제적인 장점이 있다.

10) 시공상의 주의점

시공작업이 쇠손 등에 의한 수작업에 의존하기 때문에 사용조건에 맞는 재료를 선택하여 모재 소지(母材 素地)의 형상(形狀)에 의한 시공 요령의 판단과 숙련이 필요하다.

6.3.2 POLYCRETE의 적용

표 6.15 POLYCRETE의 종류와 용도

사 용 수 지	용 도	품 명
POLYESTER	내산용	PC-10
POLYESTER	내불산용	PC-10F
POLYESTER	내강산용	PC-13
POLYESTER	강산용, 불산용	PC-13F
POLYESTER	강산용	PC-14
POLYESTER	강산용, 불산용	PC-14F
VINYLESTER	강산, 용재가 혼합된 액	PC-31
VINYLESTER	강산, 알카리	PC-33
VINYLESTER	강산, 알카리, 불산용	PC-33F
EPOXY	알카리, 불산	PC-200

주) 참고로 제시된 제품 번호는 FLAKE Lining 전문업체인 국내 H사의 제품 번호로서 동일한 수지에서도 약간씩 특성의 차이가 있음을 보여주기 위해 병기하였다.

표 6.16 POLYCRETE의 적용 범위

약 품 명	농도	적용 수지	약 품 명	농도	적용 수지
염 산	5%	POLYESTER	가성소다	5%	Epoxy
염 산	10%	POLYESTER	가성소다	20%	Epoxy
염 산	20%	POLYESTER	암모니아	5%	Vinyl Ester
황 산	5%	POLYESTER	암모니아	10%	Vinyl Ester
황 산	20%	POLYESTER	석 회 수	5%	Epoxy
황 산	50%	POLYESTER	산+알카리		Vinyl Ester
질 산	5%	POLYESTER	염화나트륨	10%	POLYESTER
질 산	10%	POLYESTER	유산알미늄		POLYESTER
인 산	10%	POLYESTER	유산알미늄		POLYESTER
인 산	30%	POLYESTER	유 산 동		POLYESTER
크 롬 산	5%	POLYESTER	염화알미늄		POLYESTER
크 롬 산	10%	POLYESTER	염 화 철		POLYESTER
불 산	5%	POLYESTER	벤 젠		Vinyl Ester
불 산	10%	POLYESTER	토 루 엔		Vinyl Ester
초 산	10%	POLYESTER	크 시 렌		Vinyl Ester
초 산	30%	POLYESTER	메 타 놀	50%	Vinyl Ester
젖 산	5%	POLYESTER	에 타 놀	50%	Vinyl Ester
구 연 산	5%	POLYESTER	4염화탄소		Vinyl Ester
수 산	5%	POLYESTER	아 세 톤		Vinyl Ester
포르마린	10%	POLYESTER	석 탄 산	5%	Vinyl Ester

시멘트 몰탈과 비교한 POLYCRETE의 흡수성은 다음 그림에서 보는 바와 같이 극히 미미한 수준이다. 이러한 특성으로 인해 POLYCRETE는 우수한 부식 저항성과 구조적 안정성을 가질 수 있다.

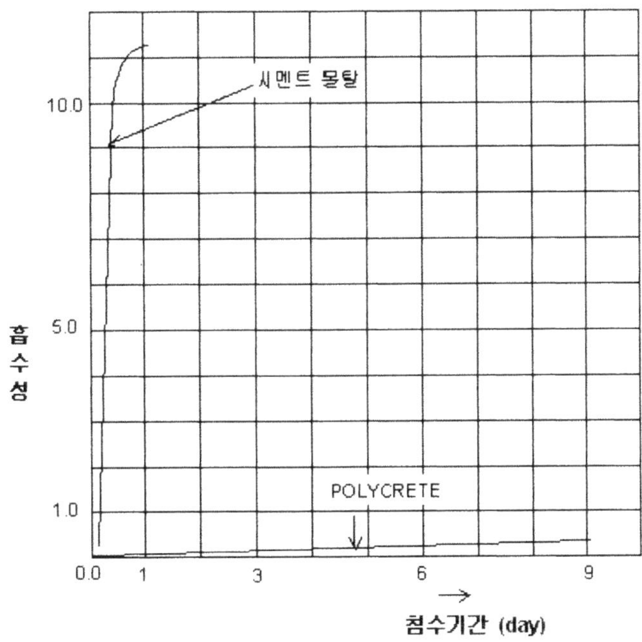

그림 6.5 POLYCRETE의 흡수성(吸水性)

1) POLYCRETE의 용도

POLYCRETE의 사용처는 주로 Concrete 바닥재의 부식 및 미끄럼 방지용으로 적용된다. 사용자의 목적에 따라 다양하게 적용이 가능하면 주요 적용 대상은 다음과 같다.

① 공장 바닥 및 배액구(排液溝)

② 산저장조(酸貯裝槽)

③ 기계바닥(機械台)

④ 전해조(電解槽)

⑤ 제지 공장의 Pulp Chest

⑥ 폐산(廢酸) Tank

⑦ 도로보수

⑧ 기타 PIPE, 저수조, 타일, 벽돌 등의 접착(接着)

⑨ 콘크리트 보수, 지붕 등의 방수(防水), 온천욕조(溫泉浴槽)

표 6.17 POLYCRETE의 전기적 성질

절연저항(二孔法) 상태 MΩ	$8.0 \sim 10.0 \times 10^5$
절연저항(二孔法) (15시간 침수 後)	3.0×10^4
체적고유저항 Ω·cm	$10^{10} \sim 10^{12}$
표면고유저항 Ω	$10^{10} \sim 10^{12}$
내전압(단시간법) kV/mm	3~5

2) POLYCRETE 시공시의 유의점

(1) 사용조건

약품조건, 온도조건, 하중조건 등을 고려하여 적절한 수지를 선정하여야 한다.

(2) 하지처리(下地處理)

콘크리트 몰탈 면의 이물질을 제거하여 시공 표면을 고르게 하고(0.5mm 이내), 표면의 심한 기복이 없어야 한다.

(3) mortar 마감

mortar로 마감할 경우에는 Mortar와 Concrete와의 접착을 완전히 하고 수분(水分)은 8% 이하가 좋다.

(4) Concrete 양생

Concrete는 충분히 양생하여 설계 기준 강도 이상으로 유지한 후에 POLYCRETE를 시공하여야 한다. 충분한 양생이 이루어지지 않으면 구조물 자체의 강도에 문제가 발생할 뿐만 아니라 POLYCRETE의 박리가 발생하는 등의 심각한 문제가 발생할 수 있다.

6.3.3 POLYCRETE Lining 시공 모형도

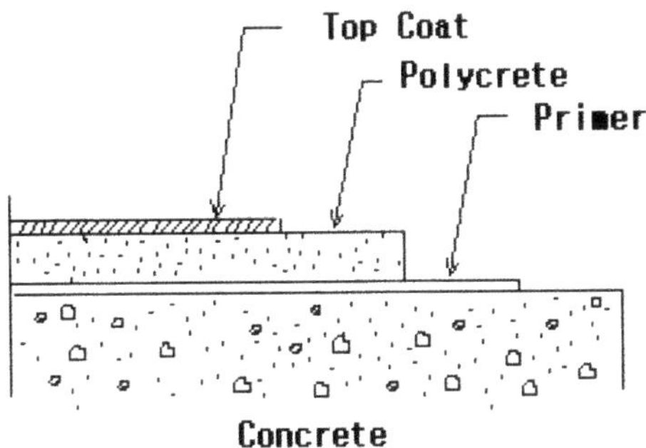

1. SPEC : PC AR 1.0
   1) 모재 표면처리
   2) Primer
   3) Polycrete
   4) Top Coat
   5) 점검

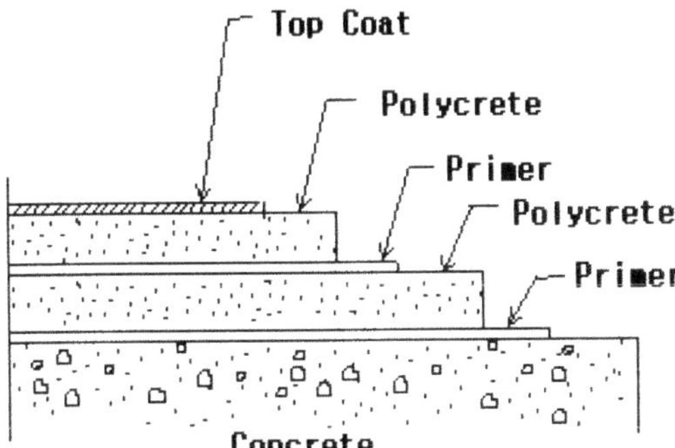

2. SPEC : PC AR 2.0
   1) 모재 표면처리
   2) Primer
   3) Polycrete
   4) 중간 Primer
   5) Polycrete
   6) Top Coat
   7) 점검

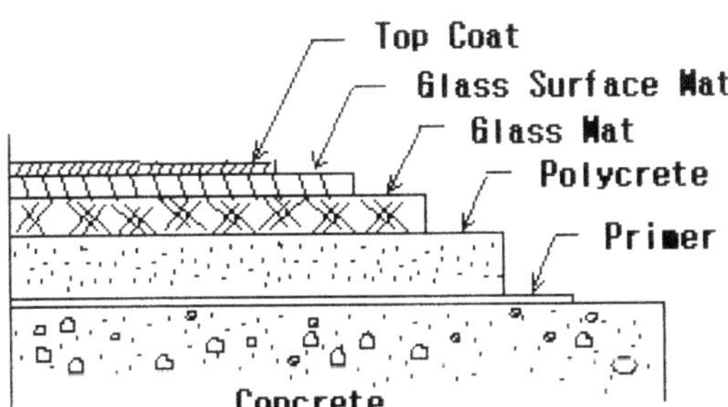

3. SPEC : PC AR 1.1
   1) 모재 표면처리
   2) Primer
   3) Polycrete
   4) Glass mat
   5) Surface mat
   6) Top Coat
   7) 점검

그림 6.6 POLYCRETE Lining 시공 모형도

6.4 FRP Lining

6.4.1 FRP Lining의 특징

FRP Lining은 손쉬운 시공과 경제성으로 인해 널리 사용되는 수지 Lining공법이다. Flake나 Polycrete 등의 신소재와 공법이 소개되기 전까지는 가장 일반적인 내식성 Lining 소재로 사용되었으며, 지금도 경제적인 관점에서는 충분한 경쟁력을 가지고 있는 소재이다.

1) FRP Lining의 장점

(1) 경제성

모재가 내식성(耐蝕性)은 없을지라도 강도(强度)가 유지된다면 Lining하여 원하는 기계적 강도와 내식성을 얻을 수 있기 때문에 경제적이다.

(2) 내 부식성

수지와 섬유의 조합이 다종 다양하기 때문에 적재 적소의 선택으로 물성과 부식환경에 적합한 최적의 시공을 할 수 있다.

2) FRP Lining의 단점

사용조건에 따라서 약품의 침투확산 현상과 경화수축으로 인한 잔류응력의 집중화를 피할 수 없기 때문에 Blister, Crack, Lamination 등의 문제점을 갖고 있다.

6.4.2 FRP Lining의 종류

1) 접착 Lining법

피(被) Lining 구조물에 Hand Lay Up으로 적층(積層)하는 방법이다. FRP Lining이라고 하면 거의 이 방법이 적용되고 있다.

2) Loose Lining법

철 또는 Concrete 구조물을 지지체(支持體) 모재로 사용하지 않는 방법이다. 구조상 필요한 강도를 Lining 자체가 갖게 할 수 있는 방법이다. Concrete 구조물의 구조 파열이 일어날지라도 Lining의 내식 기능은 유지되며 구조물로서의 형상과 기능을 유지할 수 있는 특징이 있다.

다만, 이 경우에는 Lining 자체가 구조적인 강도를 유지해야 하므로 별도의 강도 계산과 함께 두께가 증가하는 점을 고려하여야 한다.

3) Sheet Lining법

피(被) Lining 구조물에 FRP판 등을 볼트 등으로 고정시키는 방법으로서 온도 변화 및 압력 변화 등이 예상되는 곳에서는 적용이 어렵다. 특히 운전중에 감압으로 인한 진공 효과가 예상되는 구조물에는 사용에 제한을 받는다.

6.5 BRICK Lining

앞서 설명된 FLAKE나 FRP 등의 내식수지 Lining이(Membrane이라 부름) 구조물을 부식액으로부터 막아주는 생명선(生命線)과 같은 차단막이라고 하면 Brick lining은 이 Membrane을 보호하기 위한 Lining이다.

구조물의 사용온도가 비교적 고온이거나, 물체의 충격으로부터 membrane의 마모 또는 충격 등이 문제가 될 경우에 사용하게 된다.

6.5.1 Brick Lining 용도

Acid Reactor, Pulp 공장의 증해부(蒸解缶), 산세조(酸洗槽), 도금조(鍍金槽), 배연탈황장치(排煙 脫黃裝置)의 냉각탑, Scrubber, Duct 등.

6.5.2 Brick Lining의 특성

Brick Lining은 그 자체적으로 구조적인 안정성을 보유할 수 있으므로 어느 정도의 충격이나 진동에 견딜 수 있는 능력이 있다. 또한 단열 성능이 있어서 구조물의 단열 보온을 유지할 수 있으며, 방음(防音)과 방습(防濕)의 기능도 담당할 수 있다. 아래에 소개되는 자료는 산에 대한 저항성을 가진 상용 내산 벽돌의 특성을 정리한 것이다.

표 6.18 내산(耐酸) 벽돌의 일반적인 특성

		내 산 벽 돌	
		연 질	경 질
비 중		0.8~1.0	1.5~1.7
인장강도 kg/cm²		4.72	20.0
압축강도 kg/cm²		40	130~200
굴곡강도 kg/cm²		11.03	25.0
내열도 ℃		910	1,100
흡수율 %		20	4.5
단열성 kcal/MH ℃		0.077	0.17
성 분	SiO_2	77.5	77.5
	Al_2O_3	12.8	12.8
	Fe_2O_3	1.28	1.28

6.6 Lining 구조물의 종류별 설계제작시 주의점

6.6.1 철재류(鐵材類)

1) 구조적 안정성

구조물이 스스로 충분한 구조적 안정성을 가지고 있어야 한다. 운반, 조립, 설치시에 Lining 면이 파손되지 않는 구조체(構造體)로 하여야 한다.

2) 부착물

① Leg, Hook, Support 등을 구조물에 용접할 경우에는 국부적인 변형이 일어나지 않도록 Lining 작업 전에 모두 부착한다.

② 보강 Stiffener 등은 Lining 면을 피하여 부착하고 부득이한 경우에는 Lining 시공이 용이하도록 하거나 내식성 금속으로 하는 것이 유리하다.

③ Corner & Edge 부분의 모든 Lining 면은 철부분(凸部分) 3R 이상의 요부분(凹部分) 10R 이상으로 연삭하여야 한다.(표 6.19 참조)

④ 용접부분이 Lining될 경우에 전선용접(全線鎔接)을 하여야 한다.

⑤ 두께가 다른 소재를 용접하는 경우에는 Lining 면에 계단이 생기지 않도록 하여야 하며 Lining면의 용접 Bead는 그라인더 등으로 매끈하게 제거하여야 한다.

표 6.19 철구조물 Lining & Coating부의 처리 기준

	Coating	Lining
凸 부분	3.0mm 이상	3.0mm 이상
凹 부분	6.0mm 이상	10mm 이상

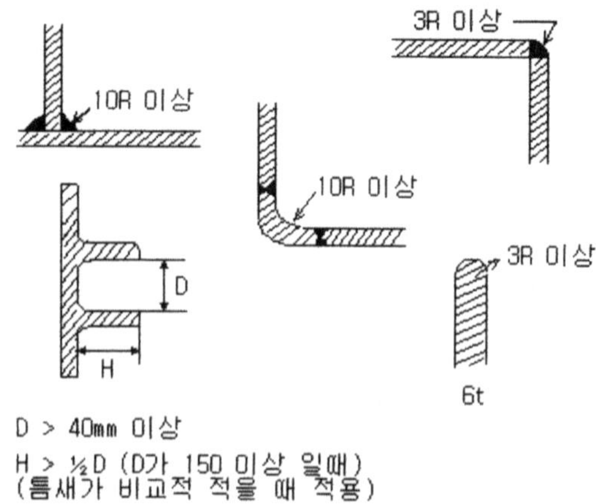

그림 6.7 철구조물 Lining & Coating Corner부의 처리 예

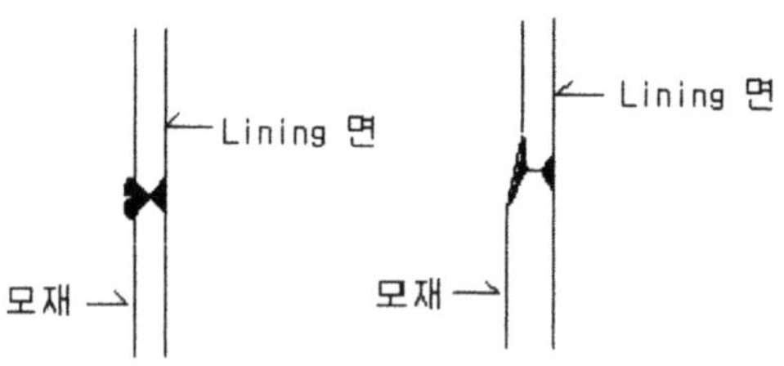

그림 6.8 철구조물 용접부의 Lining & Coating

6.6.2 Concrete 구조물

1) 구조적 안정성

철구조물의 경우와 마찬가지로 스스로 충분한 구조적 안정성을 확보할 수 있어야 한다. Lining되는 수지층의 안정성을 부여하기 위해 Concrete 구조물 자체의 변형, 파열, 누수(漏水)가 없어야 한다.

2) Lining 시공

① 구조물에 경사(傾斜)가 필요한 곳은 Concrete 구조물 자체에 경사(傾斜)가 이루어지도록 시공한다. Lining 과정에서 Lining으로 부족한 곳을 수지로 보충하거나 수정(修正)하여 경사(傾斜)를 만드는 일이 없도록 한다.

② 방수층(放水層)은 Lining면의 표면에 시공한다. Cement Mortar 마감 때의 쇠손은 목재를 사용하는 것이 Lining 처리시에 수지층의 접합강도를 향상시킬 수 있다.

③ Corner부분은 다음의 그림과 같이 처리하여 수지가 구석구석까지 확실하게 침투하고 접촉면의 면적을 늘려서 충분한 접합 강도가 나타날 수 있도록 한다.

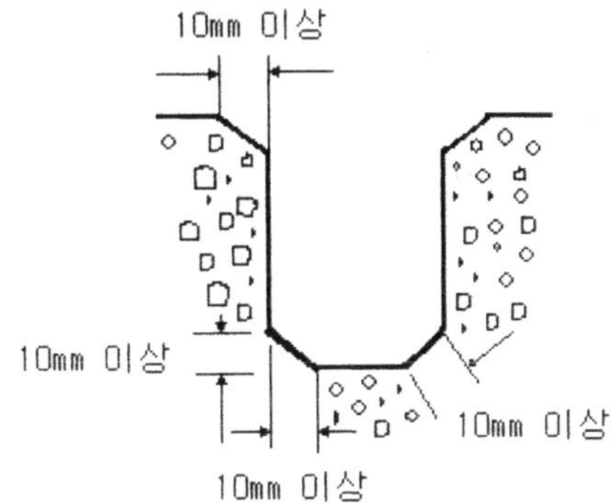

그림 6.9 Concrete 구조물의 Corner부분 처리

④ Concrete 구조물의 Nozzle 설치

Concrete 구조물을 관통하여 설치되는 Nozzle은 다음의 그림과 같이 설치한다. Nozzle Neck 중간에 날개 형태의 Rib를 달아서 Nozzle이 구조적으로 안정될 수 있도록 보강을 한다.

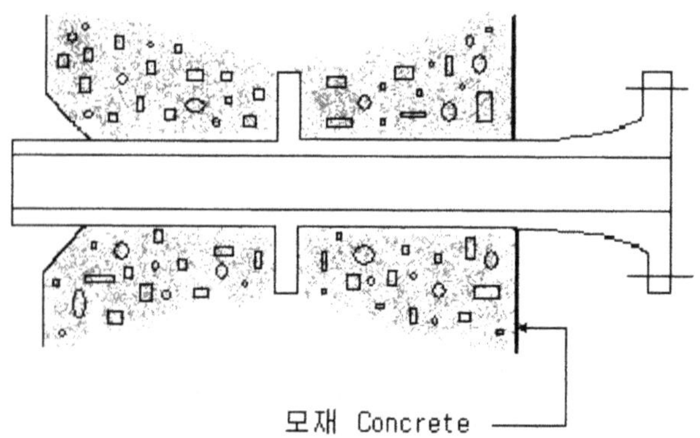

그림 6.10 Concrete 구조물의 nozzle 설치

※ 정확한 Lining 시공 방법을 알려면 아래와 같은 사항이 요구된다.

① 구조물의 명칭 및 기능

② 형상(形狀) 칫수

③ 유체 성분명(流體成分名)

④ 유체의 농도(濃度)

⑤ 운전 온도

⑥ 유속(流速)

⑦ 고형분(固形分)의 성분 및 함량(%)

⑧ 운전 압력(壓力) 등.

6.7 수지 Lining의 공법별 일람표

본 표는 국내 수지 Lining 전문업체인 H사의 대표적 내식 수지 Lining 종류를 공법별로 분류하여 그 개요를 취합한 것으로서 상품명은 다른 회사의 제품과 다소 차이가 있으나, 대부분 비슷한 Data를 나타내므로 활용 가능하다.

표 6.20 내식 수지 상온 코팅 공법 일람표

구분	항목							
공법 분류		상 온 코 팅						
수지 종류		Epoxy (Isocyanate)	Epoxy (Polyamide)	Epoxy (Tar)	FLAKE-C			
					Polyester	Polyester	Vinylester	Vinylester
상 품 명		F-100	F-103	HB-ET	53	54	56	58
수지두께(mm)		0.2-0.3	0.2-0.3	0.2-0.4	0.35	0.35	0.35	0.35
시공방법	가공온도 ℃	상온	상온	상온	상온	상온	상온	상온
시공방법 / 적용 모재	철	○	○	○	○	○	○	○
시공방법 / 적용 모재	콘크리트	○	○	○	○	○	○	○
시공방법 / 적용 모재	목 재	○	○	○	○	○	○	○
시공방법 / 작업 방법	쇠 손	-	-	-	-	-	-	-
시공방법 / 작업 방법	붓 칠	○	○	○	○	○	○	○
시공방법 / 작업 방법	스프레이	○	○	○	○	○	○	○
시공방법 / 작업 방법	적 층	-	-	-	-	-	-	-
물성	비 중	1.7	1.7	1.4	1.4	1.4	1.4	1.4
물성	인장강도(kg/cm^2)	-	-	51	300	300	350	350
물성	곡강도(kg/cm^2)	-	-	-	700	700	750	700
물성	연 신 율	3.0	3.5	2.0	1.2	1.5	1.5	1.2
물성	내충격성 (Dupont식 g×cm)	500×50	500×50	500×20	500×50	500×50	500×50	500×50
물성	열팽창계수($\times 10^{-5}$)	2.0	2.0	2.0	2.3	2.3	2.3	2.3
물성	접착강도(kg/cm^2)	150	150	60	130	130	130	130
내약품성	산	○	○	○	◎	◎	◎	◎
내약품성	산화성산	×	×	×	○	○	○	○
내약품성	알 카 리	○	○	○	×	○	○	△
내약품성	염 류	◎	◎	◎	◎	◎	◎	◎
내약품성	유기용제	○	×	×	×	×	×	○
내열성	액체중(℃)	50	50	50	60	60	70	100
내열성	GAS중(℃)	80	70	70	90	90	100	100
주요용도 및 특기사항		① 약품탱크 (Styrene monomer) ② 식품탱크 (주류, 간장류)	① 약품탱크 (NaOH, 해수) ② 물탱크 (정수조) ③ 탱크외장	① 폐액탱크 ② 배수구 ③ 폐수 PIT	① 석유류 저장탱크 ② 해양구조물 ③ 공장바닥 ④ 공장철골	① 석유류 저장탱크 ② 해양구조물 ③ 공장바닥 ④ 공장철골	① 석유류 저장탱크 ② 화공약품 ③ 해양구조물 ④ 화학공장 바닥	① 석유류 저장탱크 ② 화공탱크 ③ 화학공장 바닥 ④ 유기용재 함유탱크

표 6.21 FLAKE Lining 공법 일람표

공법 분류			FLAKE Lining						
상 품 명			FLAKE						
			83	84	85	86	86H	86S	F100
수지종류			Polyester	Polyester	Polyester	Vinylester	Vinylester	Vinylester	Epoxy
수지두께(mm)			1-2	1-2	1-2	1-2	1-2	1-2	1-2
시공방법		가공온도 ℃	RT	RT	RT	RT	RT	RT	RT
	적용모재	철	○	○	○	○	○	○	○
		콘크리트	○	○	○	○	○	○	○
		목 재	-	-	-	-	-	-	-
	작업방법	쇠 손	○	○	○	○	○	○	○
		붓 칠	-	-	-	-	-	-	-
		스프레이	-	-	-	-	-	-	-
		적 층	-	-	-	-	-	-	-
물성		비 중	1.6	1.6	1.6	1.6	1.6	1.7	1.6
		인장강도(kg/cm^2)	400	400	400	400	400	400	400
		곡강도(kg/cm^2)	800	800	800	800	800	800	800
		연 신 율	0.4	0.4	0.4	0.5	0.4	0.4	0.5
		내충격성 (Dupont식 g×cm)	500×50	500×50	500×50	500×50	500×50	500×50	500×50
		열팽창계수($\times 10^{-5}$)	2.0	2.0	2.0	2.0	2.0	2.0	2.0
		접착강도(kg/cm^2)	128	124	120	133	125	128	150
내약품성		산	◎	◎	◎	◎	◎	◎	○
		산화성산	○	○	◎	○	○	◎	×
		알 카 리	×	○	×	○	△	○	○
		염 류	◎	◎	◎	◎	◎	◎	◎
		유기용제	×	×	×	×	○	△	×
내열성		액체중(℃)	80	80	100	90	120	110	70
		GAS중(℃)	90	90	120	100	150	130	80
주요용도 및 특기사항			① 약품탱크 (산, 수, 폐수) ② 배관	① 약품탱크 (산, 수, 폐수) ② 배관	① 도금 line (Cr산, 질산을 함유한 액) ② 고농도황산, 이산화염소	① 연소가스 탈류장치 (Scrubber, duct) ② 연돌, 쓰레기소각 ③ 약품탱크 ④ Fan, 배관	① 연소가스 탈류장치 (냉각탑, duct) ② 연돌, 쓰레기소각 ③ 약품탱크 ④ Fan, 배관	① 고농도 황산탱크, 배관	① 알카리 저조 ② 공장바닥 (알카리) ③ 배관

표 6.22 Resin Mortar Lining-POLYCRETE 공법 일람표

공법 분류			Resin Mortar Lining					
상품명			POLYCRETE					
			PC-10	PC-13	PC-14	PC-200	PC-31	PC-33
수지종류			Polyester	Polyester	Polyester	Epoxy	Vinylester	Vinylester
수지두께(mm)			5-10	5-10	5-10	5-10	5-10	5-10
시공방법	가공온도 ℃		RT	RT	RT	RT	RT	RT
	적용모재	철	△	△	△	△	△	△
		콘크리트	○	○	○	○	○	○
		목재	-	-	-	-	-	-
	작업방법	쇠손	○	○	○	○	○	○
		붓칠	-	-	-	-	-	-
		스프레이	-	-	-	-	-	-
		적층	-	-	-	-	-	-
물성	비중		2.2	2.2	2.2	2.2	2.2	2.2
	인장강도(kg/cm²)		110	110	110	120	115	120
	곡강도(kg/cm²)		220	270	270	350	290	300
	연신율		0.11	0.11	0.11	0.13	0.11	0.12
	내충격성 (Dupont식 g×cm)		1.8 (Charpy)	1.8 (Charpy)	1.8 (Charpy)	2.6 (Charpy)	2.0 (Charpy)	2.5 (Charpy)
	열팽창계수(×10⁻⁵)		2.3	2.3	2.3	2.4	2.3	2.3
	접착강도(kg/cm²)		※콘크리트파괴	※콘크리트파괴	※콘크리트파괴	※콘크리트파괴	※콘크리트파괴	※콘크리트파괴
내약품성	산		○	◎	◎	○	◎	◎
	산화성산		△	○	○	×	○	○
	알카리		×	×	○	◎	△	○
	염류		◎	◎	◎	◎	◎	◎
	유기용제		×	×	×	△	○	×
내열성	액체중(℃)		50	60	60	60	80	70
	GAS중(℃)		60	70	70	70	80	80
주요용도 및 특기사항			① 공장바닥 ② 기계 ③ Pit, Chest	① 공장바닥 ② Pit, Chest ③ 폐수조	① 공장바닥 ② Pit, Chest ③ 폐수조	① 공장바닥 ② Pit, Chest ③ (내알카리)	① 공장바닥 ② 유기용제가 혼합된 강산조 ③ Pit	① 공장바닥 ② Pit ③ 전해조 ④ 중화조 ⑤ Chest (내수, 내알카리)

표 6.23 FRP Lining 공법 일람표

공법 분류			FLAKE Lining						
상 품 명			F-500			F-6R	F-6H	F-6S	F-115
			3	4	5H				
수지종류			Polyester	Polyester	Polyester	Vinylester	Vinylester	Vinylester	Epoxy
수지두께(mm)			1.0-3.0	1.0-3.0	1.0-3.0	1.0-3.0	1.0-3.0	1.0-3.0	
시공방법		가공온도 ℃	RT	RT	RT	RT	RT	RT	
	적용 모재	철	○	○	○	○	○	○	
		콘크리트	○	○	○	○	○	○	
		목 재	○	○	○	○	○	○	
	작업 방법	쇠 손	-	-	-	-	-	-	
		붓 칠	-	-	-	-	-	-	
		스프레이	-	-	-	-	-	-	
		적 층	○	○	○	○	○	○	
물성	비 중		1.4	1.4	1.4	1.4	1.4	1.6	1.4
	인장강도(kg/cm^2)		1.100	1.100	1.100	1.150	1.100	1.000	1.100
	곡강도(kg/cm^2)		1.500	1.500	1.500	1.600	1.500	1.400	1.400
	연 신 율		1.5	1.5	1.5	1.5	1.5	1.5	16
	내충격성 (Dupont식 g×cm)		500×50	500×50	500×50	500×50	500×50	500×50	500×50
	열팽창계수($\times 10^{-5}$)		2.3	2.3	2.3	2.3	2.3	2.3	2.3
	접착강도, 인장전단 (kg/cm^2)		128	124	120	133	125	128	150
내약품성	산		○	◎	◎	○	◎	◎	
	산화성산		△	○	○	×	○	○	
	알 카 리		×	×	○	◎	△	○	
	염 류		◎	◎	◎	◎	◎	◎	
	유기용제		×	×	×	△	○	×	
내열성	액체중(℃)		60(80)	60(80)	60(100)	60(90)	60(120)	60(110)	60
	GAS중(℃)		70(90)	70(90)	70(120)	70(100)	70(150)	70(130)	80
주요용도 및 특기사항			약품탱크 (산, 수, 폐수)	약품탱크 (산, 화공약품)	약품탱크 도금조 (Cr산, 질산 고농도황산)	약품탱크 탈황장치 도금조	약품탱크 도금조 (유기용제 함유) 탈황장치	약품탱크 (고농도황산)	① 가성소다 탱크 ② 중화조 ③ 수조 ④ 폐수조
			※ 내연성의 ( )內는 Flake Lining과 병용 시공한 경우						

제 7 장 기타 참고 자료

7.1 내식용 FRP와 타 내식재료의 비교

7.2 내식 FRP 기기 기준 치수

7.3 FRP 관련 ASTM Standard Code 일람표

7.4 내식성 FRP 수지의 내식 성능표 (수지 재료 선정 기준)

제 7 장

기타 참고 자료

7.1 내식용 FRP와 타 내식재료의 비교

표 7.1 내식용 FRP와 타 내식재료의 비교

구분	내식재료 (Materials) 항목	에포비아 FRP RF-1051	에포비아 FRP RF-1001	탄소강 (SS400)	스텐레스강 (321SS)	하스테로이 C	알루미늄 (AL)	염화비닐 (PVC)	네오프렌 고무	폴리 프로필렌 (PP)
기계적 성질	비 중	1.43~1.47	1.36~1.40	7.91	8.00	8.80	2.84	1.45	1.64	0.91
	열변형온도 (℃)	160	117	-	-	-	-	70	-	60
	인장강도 (kg/mm^2)	12	12	46.4	59.6	59.6	8.5	5.0~6.0	1.9~3.5	2.5~3.8
	영 율 ($kg/mm^2 \times 10^2$)	9.5	9.0	211	197	183	70	2.4~4.2	0.7~4.2	1.1~1.4
	선팽창계수 ($cm/cm℃ \times 10^{-5}$)	2.1	2.3	1.2	1.6	1.1	2.4	7.0	12~13	11.0
	열전도율 (kcal/mhr℃)	0.22	0.22	41.5	14.0	9.7	199.5	0.13	0.10	0.08
	중량에 대한 강도비	6.1~12.9	6.1~12.9	2.9	3.1	4.0	1.0	1.7~2.9	1.2~2.1	2.8~4.2

구분	내식재료 (Materials) 항목	에포비아 FRP RF-1051	에포비아 FRP RF-1001	탄소강 (SS400)	스텐레스강 (321SS)	하스테로이 C	알루미늄 (AL)	염화비닐 (PVC)	네오프렌 고무	폴리 프로필렌 (PP)
내약품성	염화초산	○	○	×	×	○ 99% 이상	×	○ 60℃ 이하	×	×
	옥산산(수산)	○	○	×	×	×	×	○ 60℃ 이하	○	○
	묽은황산	○	○	×	○ 5% 이하	○	×	○ 60℃ 이하	○	○
	진한황산	○ 75% 이하	○ 75% 이하	○ 85% 이상	○ 85% 이상	○ 상온	×	○ 60℃ 이하	○ 상온	○ 50%, 80℃ 이하
	묽은염산	○	○	×	×	○	×	○ 60℃ 이하	○	○
	진한염산	○	○	×	○	○	×	○ 60℃ 이하	×	○ 36%, 20℃ 이하
	진한인산	○	○	×	○	○	×	○ 60℃ 이하	○	○ 95% 이하
내약품성	불화수소산	○ 10% 이하	○ 10% 이하	×	×	×	×	○ 25℃ 이하	×	○
	불화규소산	○ 30% 이하	○ 30% 이하	×	×	×	×	○ 60℃ 이하	×	○
	묽은수산화나트륨	○ 50% 이하	○ 50% 이하	○	○ 20℃ 이하	○ 77℃ 이하	×	○ 60℃ 이하	○ 50℃ 이하	○ 30%, 80℃ 이하
	묽은수산화칼륨	○ 50% 이하	○ 50% 이하	×	×	○	×	○ 60℃ 이하	○	○
	암모니아수	○	○	×	○ 50% 이하	○	×	×	○	○
	차아염소산소다 이산화염소(ClO_2) 염소가스(Cl_2)	○	○	×	×	○	×	○	×	×
	염화암모늄	○ 70℃ 이하	○ 70℃ 이하	×	×	○	×	○ 60℃, 25% 이하	○	○
	산염화물	○ 70℃, 40% 이하	○ 70℃, 40% 이하	×	×	○	×	○ 25℃, 25%	×	×

※ 미원(주) 유화사업부의 자료에서 발췌

7.2 내식 FRP 기기 기준 치수

표 7.2 강화플라스틱제 파이프의 최소 두께

호칭경	내 경 (mm)	각 파이프 내압에 대한 두께(mm)					
		1.8 kg/cm²	3.5 kg/cm²	5.3 kg/cm²	7.0 kg/cm²	8.8 kg/cm²	10.5 kg/cm²
2B	50	4.8	4.8	4.8	4.8	4.8	4.8
3	75	4.8	4.8	4.8	4.8	6.4	6.4
4	100	4.8	4.8	4.8	6.4	6.4	6.4
6	150	4.8	4.8	6.4	6.4	8.0	9.6
8	200	4.8	6.4	8.0	8.0	9.6	11.2
10	250	4.8	6.4	8.0	9.6	11.2	12.7
12	300	4.8	6.4	9.6	11.2	12.7	15.9
14	350	6.4	8.0	9.6	12.7	15.9	19.0
16	400	6.4	8.0	11.2	14.3	17.5	
18	450	6.4	9.6	12.7	15.9	19.0	
20	500	6.4	9.6	12.7	17.5		
24	600	6.4	11.2	15.9	20.6		
30	750	8.0	12.7	19.0			
36	900	9.6	15.9				
42	1,050	9.6	19.0				

주) 상기 두께는 표 5.2와 표 2.23에 표기된 인장강도에 의해서 안전율 10으로 계산하였다. 사용온도는 80℃까지이고 그 이상일 때에는 성형업자와 상담하여야 한다. 진공에서 사용할 때에는 별도 기술적인 고려가 필요할 수가 있다.

표 7.3 거치형 탱크 직경과 측면 및 바닥면의 최소두께 기준(mm)

Tank Top T.L에서 바닥까지의 거리 (M)	탱크직경														
	0.6	0.7	0.9	1.0	1.2	1.3	1.5	1.6	1.8	2.1	2.4	2.7	3.0	3.3	3.6
0.6	4.8	4.8	4.8	4.8	4.8	4.8	4.8	4.8	4.8	4.8	4.8	4.8	4.8	4.8	4.8
1.2	4.8	4.8	4.8	4.8	4.8	4.8	4.8	4.8	4.8	4.8	4.8	4.8	4.8	4.8	4.8
1.8	4.8	4.8	4.8	4.8	4.8	4.8	4.8	4.8	4.8	4.8	4.8	4.8	6.4	6.4	6.4
2.4	4.8	4.8	4.8	4.8	4.8	4.8	4.8	4.8	4.8	6.4	6.4	6.4	6.4	6.4	8.0
3.0	4.8	4.8	4.8	4.8	4.8	4.8	4.8	6.4	6.4	6.4	6.4	6.4	8.0	8.0	8.0
3.5	4.8	4.8	4.8	4.8	4.8	4.8	6.4	6.4	6.4	6.4	6.4	6.4	8.0	8.0	9.6
4.2	4.8	4.8	4.8	4.8	6.4	6.4	6.4	6.4	6.4	8.0	8.0	8.0	8.0	9.6	9.6
4.8	4.8	4.8	4.8	6.4	6.4	6.4	6.4	6.4	6.4	8.0	8.0	8.0	9.6	9.6	11.2
5.4	4.8	4.8	4.8	6.4	6.4	6.4	6.4	8.0	8.0	8.0	8.0	8.0	9.6	11.2	12.7
6.1	4.8	4.8	6.4	6.4	6.4	6.4	8.0	8.0	8.0	9.6	9.6	9.6	11.2	12.7	12.7
6.7	4.8	6.4	6.4	6.4	6.4	8.0	8.0	8.0	8.0	9.6	9.6	9.6	12.7	12.7	14.3
7.3	4.8	6.4	6.4	6.4	6.4	8.0	8.0	8.0	8.0	9.6	9.6	11.2	12.7	14.3	15.9

주) 상기 두께는 표 5.2에 표기된 적층판의 기계적 강도에 의하여 액비중을 1.2, 안전율 10으로 하여 설계하였다.

사용온도 80℃ 이상일 때에는 사용온도에 있어서 재료의 기계적 성질을 고려할 필요가 있다. 교반과 같은 물리적 하중이 가해질 때에는 설계에 특별히 고려를 하여야 한다.

7.3 FRP 관련 ASTM Standard Code 일람표

표 7.4 FRP 관련 ASTM Standard Code 일람표

Code No.	Code Name
C581	Determining Chemical Resistence of Thermosetting Resins Used in Glass -Fiber-Reinforced Structures Intended for Liquid Service
C582	Contact-Molded Reinforced Thermosetting Plastic(RTP) Laminates for Corrosion-Resistant Equipment
D256	Determining the Pendulum impact Resistance of Notched Specimens of Plastics
D618	Conditioning Plastics and electrical insulating Materials for Testing
D638	Test Method for Tensile Properties of Plastics
D648	Deflection Temperature of plastics Under Flexural Load
D695	Compressive Properties of Rigid Plastics
D790	Flexural Properties of Unreinforced and Reinforced Plastics and Electrical Insulating Materials
D1599	Short-Time Hydraulic Failure Pressure of Plastic Pipe, Tubing, and Fittings
D1694	Threads 60° (Stub) for "Fiberglass" (Glass-Fiber-Reinforced Thermosetting-Resin) Pipe
D2105	Longitudinal Tensile Properties of "Fiberglass" (Glass-Fiber-Reinforced Thermosetting-Resin) Pipe and Tube
D2143	Cyclic Pressure Strength of Reinforced, Thermosetting Plastic Pipe
D2290	Apparent Tensile Strength of Ring or Tubular Plastics
D2310	Machine-Mad "Fiberglass" (Glass-Fiber-Reinforced Thermosetting-Resin) Pipe
D2343	Tensile Properties of Glass Fiber Strands, Yarns, and Rovings Used in Reinforced Plastics
D2517	Reinforced Epoxy Resin Gas pressure Pipe and Fittings
D2583	Test Method for Indentation Hardness of Rigid Plastics by Means of A Barcol Impressor
D2584	Ignition Loss of Cured Reinforced Resins
D2924	External Pressure Resistance of "Fiberglass" (Glass-Fiber-Reinforced Thermosetting-Resin) Pipe

Code No.	Code Name
D2925	Beam Deflection of "Fiberglass" (Glass-Fiber-Reinforced Thermosetting Resin) Pipe Under Full Bore Flow
D2992	Obtaining Hydrostatic of Pressure Design Basis for "Fiberglass" (Glass-Fiber-Reinforced Thermosetting-Resin) Pipe and Fittings
D2996	Filament-Wound "Fiberglass" (Glass-Fiber-Reinforced Thermosetting-Resin) Pipe
D2997	Centrifugally Cast "Fiberglass" (Glass-Fiber-Reinforced Thermosetting-Resin) Pipe
D3262	"Fiberglass" (Glass-Fiber-Reinforced Thermosetting-Resin) Sewer Pipe
D3299	Filament-Wound Glass-Fiber-Reinforced Thermoset Resin Corrosion-Resistant Tanks
D3517	"Fiberglass" (Glass-Fiber-Reinforced Thermosetting-Resin) Pressure Pipe
D3567	Determining Dimensions of "Fiberglass" (Glass-Fiber-Reinforced Thermosetting Resin) Pipe and Fittings
D3681	Chemical Resistance of "Fiberglass" (Glass-Fiber-Reinforced Thermosetting-Resin) Pipe in a Deflected Condition
D3754	"Fiberglass" (Glass-Fiber-Reinforced Thermosetting-Resin) Sewer and Industrial Pressure Pipe
D3839	Underground Installation of "Fiberglass" (Glass-Fiber-Reinforced Thermosetting-Resin) Pipe
D3840	"Fiberglass" (Glass-Fiber-Reinforced Thermosetting-Resin) Pipe Fittings for Nonpressure Applications
D3982	Contact Molded "Fiberglass" (Glass Fiber Reinforced Thermosetting Resin) Duct and Hoods
D4021	Glass-Fiber-Reinforced Polyester Underground Petroleum Storage Tanks
D4024	Machine Made "Fiberglass" (Glass-Fiber-Reinforced Thermosetting-Resin) Flanges
D4097	Contact-Molded (Glass-Fiber-Reinforced Thermosetting-Resin) Tanks
D4161	"Fiberglass" (Glass-Fiber-Reinforced Thermosetting-Resin) Pipe Joints Using Flexible Elastomeric Seals
D4167	Fiber-Reinforced Plastic Fans and Blowers
D4475	Apparent Horizontal Shear Strength of Pultruded Reinforced Plastic Rods By the short-Beam Method

Code No.	Code Name
D4476	Flexural Properties of Fiber Reinforced Pultruded Plastic Rods
D5117	Dye Penetration fo Solid Fiberglass Reinforced Pultruded Stock
D5319	Glass-Fiber Reinforced Polyester Wall and Ceiling Panels
D5364	Design, Fabrication, and Erection of Fiberglass Reinforced Plastic Chimney Liners with Coal-Fired Units
D5365	Long-Term Ring-Bending Strain of "Fiberglass" (Glass-Fiber-Reinforced Thermosetting-Resin) Pipe
D5421	Contact Molded "Fiberglass" (Glass-Fiber-Reinforced Thermosetting-Resin) Flanges
D5537	Classifying Failure Modes in Fiber-Reinforced-Plastic(FRP) Joints
D5573	Classifying Failure Modes in Fiber-Reinforced-Plastic(FRP) Joints
D5677	Fiberglass (Glass-Fiber-Reinforced Thermosetting-Resin) Pipe and Pipe Fittings, Adhesive Bonded Joint Type, for Aviation Jet Turbine Fuel Lines
D5685	"Fiberglass" (Glass-Fiber-Reinforced Thermosetting-Resin) Pressure Pipe Fittings
D5686	"Fiberglass" (Glass-Fiber-Reinforced Thermosetting-Resin) Pipe and Pipe Fittings, Adhesive Bonded Joint Type Epoxy Resin, for Condensate Return Lines
D5868	Lap Shear Adhesion for Fiber Reinforced Plastic(FRP) Bonding
E84	Surface Burning Characteristics of Building Materials
E1067	Acoustic Emission Examination of Fiberglass Reinforced Plastic Resin (FRP) Tanks/Vessels
E1118	Acoustic Emission Examination of Reinforced Thermosetting Resin Pipe (RTRP)
E1434	Development of Standard Data Records for Computerization of Mechanical Test Data for High-Modulus Fiber-Reinforced Composite Materials
E1173	Thermosetting Resin Fiberglass Pipe and Fittings to be Used for Marine Applications
F711	Fiberglass-Reinforced Plastic(FRP) Rod and Tube Used in Live Line Tools
F914	Acoustic Emission for Insulated Aerial Personnel Devices

7.4 내식성 FRP 수지의 내식 성능표(수지 재료 선정 기준)

FRP의 내식성은 수지의 선정에 의해 좌우된다. 따라서, 주어진 부식환경에서 가장 적합한 수지를 선정하는 것이 매우 중요하다. 다음의 표는 국내에서 대표적으로 많이 쓰이는 수지 Maker에서 제시하는 내식 성능표이다. 타사의 제품도 대부분 비슷한 정도의 내식성을 나타내고 있으므로 참고 자료로 활용할 수 있다.(미원(주) 유화사업부 기술자료 발췌)

표 7.5 내식성 FRP 수지의 내식성

화학약품의 종류	농도(%)	최고사용가능온도(℃)					
		비닐에스터계(노보락)	비닐 에스터계	비닐 에스터계	비닐 에스터계	비스페놀계	이소프탈산계
		RF-1051	RF-1001	RF-10051EF	RF-200SE	N-460	H-350
유기산, 무기산류 (Organic Acid & Inorganic Acids)							
초산(Acetic Acid)	10	99	99	99	99	90	70
초산(Acetic Acid)	25	99	99	99	99	80	50
초산(Acetic Acid)	50	80	80	80	75	50	20
초산(Acetic Acid)	75	60	50	60	45	30	N.R
빙초산(Acetic Anhydride)	100	35	N.R	N.R	20	N.R	N.R
벤젠설폰산(Benzen Sulfonic Acid)	50	65	65	65	60	60	40
안식향산(Benzoic Acid)	all	99	99	99	99	99	70
붕산(Boric Acid)	all	99	99	99	99	99	70
락산(Butyric Acid)	25	99	99	99	99	99	70
락산(Butyric Acid)	50	99	99	99	99	99	N.R
락산(Butyric Acid)	100	27	30	27	30	N.R	N.R
염화초산(Chloroacetic Acid)	25	49	49	49	49	40	20
염화초산(Chloroacetic Acid)	50	38	38	38	35	N.R	N.R
크롬산(Chromic Acid)	5	65	65	65	60	60	20
크롬산(Chromic Acid)	10	65	65	65	60	50	N.R
크롬산(Chromic Acid)	20	65	65	65	50	40	N.R

화학약품의 종류	농도(%)	최고사용가능온도(℃)					
		비닐에스터계(노보락)	비닐 에스터계	비닐 에스터계	비닐 에스터계	비스페놀계	이소프탈산계
		RF-1051	RF-1001	RF-10051EF	RF-200SE	N-460	H-350
크롬산(Chromic Acid)	30	N.R	N.R	N.R	N.R	N.R	N.R
구연산(Citric Acid)	all	99	99	99	99	99	70
불화규소산(Fluorosilicic Acid)	10	80	80	80	70	60	N.R
불화규소산(Fluorosilicic Acid)	25	70	50	50	35	20	N.R
불화규소산(Fluorosilicic Acid)	35	40	40	40	30	N.R	N.R
불화붕소산(Fluoroboric Acid)	all	99	99	99	99	80	20
개미산(Formic Acid)	10	80	80	80	70	50	N.R
개미산(Formic Acid)	all	38	N.R	N.R	30	N.R	N.R
취화수소산(Hydrobromic Acid)	25	80	80	80	80	80	30
취화수소산(Hydrobromic Acid)	50	65	60	65	60	60	N.R
염산(Hydrochloric Acid)	10	100	99	99	99	80	60
염산(Hydrochloric Acid)	20	100	99	99	99	70	50
염산(Hydrochloric Acid)	30	80	80	80	70	40	N.R
염산(Hydrochloric Acid)	35	80	80	80	70	40	N.R
시안화수소산(Hydrocyanic Acid)	10	80	80	80	70	70	20
불화수소산(Hydrofluoric Acid)	10	65	60	70	60	50	N.R
불화수소산(Hydrofluoric Acid)	15	40	30	40	30	N.R	N.R
불화수소산(Hydrofluoric Acid)	20	30	30	30	30	N.R	N.R
차아염소산(Hypochlorous Acid)	10	82	80	100	75	60	20
차아염소산(Hypochlorous Acid)	20	65	50	65	60	20	20
젖산(Lactic Acid)	all	99	99	99	99	99	70
말레익산(Maleic Acid)	all	100	99	99	99	90	50
질산(Nitric Acid)	5	82	65	82	60	50	N.R
질산(Nitric Acid)	20	65	49	65	45	30	N.R
질산(Nitric Acid)	40	27	N.R	27	27	N.R	N.R
올레인산(Olieic Acid)	all	93	93	93	93	93	7
옥살산(Oxalic Acid)	all	99	99	99	99	90	60

화학약품의 종류	농도(%)	최고 사용 가능 온도(℃)					
		비닐에스터계(노보락)	비닐 에스터계	비닐 에스터계	비닐 에스터계	비스페놀계	이소프탈산계
		RF-1051	RF-1001	RF-10051EF	RF-200SE	N-460	H-350
인산(Phosphoric Aid)	all	99	99	99	99	99	50
피크린산(Picric Acid)	10in	99	99	99	90	40	20
과염소산(Perchloric Acid)	10	65	65	65	40	40	N.R
과염소산(perchloric Acid)	30	38	38	38	15	N.R	N.R
황산(Sulfuric Acid)	25	99	99	99	99	89	69
황산(Sulfuric Acid)	70	82	82	82	60	40	N.R
황산(Sulfuric Acid)	75	38	38	38	28	N.R	N.R
살리실산(Salicylic Acid)	all	90	80	80	70	50	40
스테아린산(Stearic Acid)	all	99	99	99	99	99	70
탄닌산(Tannic Acid)	all	99	99	99	99	99	70
삼염화초산(Trichloro Acetic Acid)	50	99	99	99	99	80	20
알칼리(Alkalies)							
암모니아수(Aqueouse Ammonia)	5	82	82	82	80	60	N.R
암모니아수(Aqueouse Ammonia)	10	70	6	70	60	60	N.R
암모니아수(Aqueouse Ammonia)	20	70	60	70	60	60	N.R
탄산암모늄(Ammonium Carbonate)	50	70	60	60	50	20	N.R
염화암모늄(Ammonium Chloride)	all	99	99	99	99	99	70
중탄산암모늄(Ammonium Bicarbonate)	10	70	60	70	65	60	N.R
중탄산암모늄(Ammonium Bicarbonate)	50	70	60	70	60	60	N.R
탄산바륨(barium Carbonate)	all	120	99	99	99	99	40
수산화칼슘(Calcium Hydroxide)	25	99	90	99	90	80	N.R
수산화칼슘(Calcium Hydroxide)	100	90	90	90	90	80	N.R
수산화칼fba(Potassium Hydroxide)	10	65	60	60	60	60	N.R
수산화칼fba(Potassium Hydroxide)	25	65	60	60	60	40	N.R
중탄산칼륨(Potassium Bicarbonate)	10	65	60	60	60	40	N.R
중탄산칼륨(Potassium Bicarbonate)	50	82	80	82	70	60	N.R
탄산칼륨(Potassium Carbonate)	10	65	60	65	60	80	N.R

화학약품의 종류	농도(%)	최고사용가능온도(℃)					
		비닐에스터계(노보락)	비닐에스터계	비닐에스터계	비닐에스터계	비스페놀계	이소프탈산계
		RF-1051	RF-1001	RF-10051EF	RF-200SE	N-460	H-350
탄산칼륨(Potassium Carbonate)	25	65	65	65	30	50	N.R
탄산칼륨(Potassium Carbonate)	50	82	80	82	70	90	N.R
수산화나트륨(Sodium Hydroxide)	5	80	70	70	70	80	N.R
수산화나트륨(Sodium Hydroxide)	10	80	80	80	70	90	N.R
수산화나트륨(Sodium Hydroxide)	25	90	80	90	75	70	N.R
수산화나트륨(Sodium Hydroxide)	50	90	80	90	80	80	N.R
중탄산나트륨(Sodium Bicarbonate)	10	80	80	80	75	60	N.R
중탄산나트륨(Sodium Bicarbonate)	all	80	70	80	50	30	N.R
탄산나트륨(Sodium Carbonate)	10	65	65	65	55	45	N.R
탄산나트륨(Sodium Carbonate)	25	82	80	82	50	45	N.R
탄산나트륨(Sodium Carbonate)	32	80	80	80	50	20	N.R
탄산나트륨(Sodium Carbonate)	35	80	80	80	50	N.R	N.R
표백제(Bleaching Agent)							
이산화염소(Chlorine Dioxide)	all	65	60	65	50	40	N.R
차아염소칼슘(Calcium Hypochlorite)		100	80	100	80	80	40
차아염소칼슘(Calcium Hypochlorite)	all	80	70	80	70	60	20
과산화수소(Hydrogen Peroxide)		65	60	60	60	60	N.R
과망간산칼슘(Potassium Permanganate)	all	99	99	99	99	99	20
차아염소산소다(Sodium Hypochlorite)		65	65	65	65	65	N.R
차아염소산소다(Sodium Hypochlorite)		80	80	80	80	80	N.R
포화염소수(Saturated Aqueous Chlorine)	all	100	80	100	80	80	20
염소산나트륨(Sodium Chlorate)		99	90	99	85	80	30
염소산나트륨(Sodium Chlorate)		110	100	110	90	80	30
아염소산소다(Sodium Chlorite)		65	60	70	50	40	N.R
아염소산소다(Sodium Chlorite)		38	38	50	40	30	N.R
염(Salt)							
명반(alum)	all	120	99	110	100	100	70

화학약품의 종류	농도(%)	최고사용가능온도(℃)					
		비닐에스터계(노보락)	비닐 에스터계	비닐 에스터계	비닐 에스터계	비스페놀계	이소프탈산계
		RF-1051	RF-1001	RF-10051EF	RF-200SE	N-460	H-350
질산암모늄(Ammonium Nitrate)	all	120	99	110	100	00	N.R
과황산암모늄(Ammonium Persulfate)	all	80	80	80	80	60	40
황산암모늄(Ammonium Sulfate)	all	120	99	110	100	100	70
염화알미늄(Aluminium Chloride)	all	120	99	100	100	90	70
황산알미늄(Aluminium Sulfate)	all	120	99	110	100	90	70
황산칼륨알미늄(Aluminium Potassiun Sulfae)	all	120	99	120	100	90	70
식염수(Aqueous Sodium Chloride)	all	99	99	99	99	99	70
염화바륨(Barium Chloride)	all	99	99	99	88	90	60
황화바륨(Barium Sulfide)	all	82	80	82	80	70	60
염화칼슘(calcium Chloride)	all	120	99	110	100	100	70
염소산칼슘(Calcium Chlorate)	all	120	99	99	89	89	60
황산칼슘(Calcium Sulfate)	all	120	99	99	89	89	40
염화구리(Copper Chloride)	all	104	99	120	110	100	70
황산구리(Copper Sulfate)	all	120	99	120	110		70
염화제1철(Ferrous Chloride)	all	99	90	99	90	90	70
염화제2철(Ferric Chloride)	all	99	99	99	90	90	70
황산제1철(ferrous Sulphate)	all	99	99	99	90	90	70
황산제2철(Ferric Sulfate)	all	99	99	99	90	90	70
질산제1철(Ferrous Nitrate)	all	99	99	99	90	90	70
질산 제2철(Ferric Nitrate)	all	99	99	99	90	90	70
염화마그네슘(Magnesium Chloride)	all	120	99	99	89	89	70
황산마그네슘(Magnesium Slufate)	all	120	99	99	89	89	70
염화제1수은(Mercurous Chloride)	all	99	99	99	99	99	70
탄산마그네슘(Magnesium Carbonate)	all	80	80	80	70	60	40
염화니켈(Nickel Chloride)	all	99	99	99	90	90	70
황산니켈(Nickel Sulfate)	all	99	99	99	90	90	70

화학약품의 종류	농도(%)	최고사용가능온도(℃)					
		비닐에스터계(노보락)	비닐 에스터계	비닐 에스터계	비닐 에스터계	비스페놀계	이소프탈산계
		RF-1051	RF-1001	RF-10051EF	RF-200SE	N-460	H-350
질산니켈(Nickel Nitrate)	all	99	99	99	90	90	70
염화칼슘(Potassium Chloride)	all	99	99	99	99	99	70
중크롬산칼륨(Potassium Dichromate)	all	99	99	99	99	99	70
과황산칼륨(Potassium Nitrate)	all	99	99	99	99	99	20
황산칼륨(Potassium Sulfate)	all	99	99	99	99	80	70
질산칼륨(Potassium Nitrate)	all	99	99	99	99	90	70
시안화나트륨(Sodium Cyanide)	all	99	99	99	99	99	70
아질산나트륨(Sodium Nitrite)	all	99	99	99	99	99	70
황산나트륨(Sodium Sulfate)	all	99	99	99	99	99	70
아황산나트륨(Sodium sulfite)	all	99	99	99	99	99	70
중황산나트륨(sodium Bisulfate)	all	99	99	99	90	90	70
질산은(Silver Nitrate)	all	99	99	99	90	90	70
질산나트륨(Sodium Nitrate)	all	99	99	99	90	90	70
황화나트륨(Sodium Sulfite)	all	99	99	99	99	99	60
제2인산나트륨 (Sodium Dihydrogen Phosphate)	all	99	90	99	90	90	70
인산나트륨(Sodium Phosphate)	all	99	99	99	90	90	70
제3인산나트륨 (Tribasic Sodium Phosphate)	all	99	90	99	90	90	70
황산아연(Zinc Sulfate)	all	120	110	100	90	90	70
알콜류(Alcohols)							
아밀알콜(Amyl Alcohol)	all	99	40	80	30	20	N.R
부틸알콜(Butyl Alcohol)	all	49	49	49	30	20	N.R
에틸알콜(Ethyl alcohol)	50	60	40	60	30	20	N.R
에틸알콜(Ethyl alcohol)	95	25	N.R	N.R	N.R	N.R	N.R
이소프로필알콜(Isopropyl Alcohol)	all	50	40	50	30	20	N.R
메틸알콜(Methyl Alcohol)	all	20	N.R	N.R	N.R	N.R	N.R

화학약품의 종류	농도 (%)	최고사용가능온도(℃)					
		비닐에스터계(노보락)	비닐 에스터계	비닐 에스터계	비닐 에스터계	비스페놀계	이소프탈산계
		RF-1051	RF-1001	RF-10051EF	RF-200SE	N-460	H-350
유기화합물 (Organic Chemical Compound)							
벤젠(Benzene)	100	38	N.R	38	N.R	N.R	N.R
염화벤질(Benzyl Chloride)	100	27	N.R	27	N.R	N.R	N.R
황산벤젠(Benzene Sulfonic Acid)	50	65	65	65	65	55	20
부틸렌글리콜(Butylene Glycol)	100	82	71	82	71	61	N.R
사염화탄소(Carbon Tetrachloride)	100	80	65	80	45	10	N.R
클로로포름(Chloroform)	100	N.R	N.R	N.R	N.R	N.R	N.R
이황산탄소(Carbon Disulfide)	100	N.R	N.R	N.R	N.R	N.R	N.R
이황산탄소(Carbon Disulfide)	Fumes	60	60	60	40	N.R	N.R
디젤엔진유(Diesel Engine Oil)	100	99	82	99	72	50	N.R
디에틸벤젠(Diethyl Benzene)	100	65	38	65	28	N.R	N.R
탄산디에틸(Diethyl Carbonate)	100	38	N.R	38	N.R	N.R	N.R
디비닐벤젠(Divinyl benzene)	100	47	30	47	30	20	N.R
디에틸렌글리콜(diethylene Glycol)	all	99	82	99	99	99	20
다우삼열매체 (DOWTHERM *Heat Transfer Agent)	100	65	49	65	40	N.R	N.R
디프로필렌글리콜(Dipropylene Glycol)	all	90	80	80	80	70	20
에틸렌글리콜(Ethylene Glycol)	all	99	99	99	90	90	20
Ethyene Glycol Monobutyl Ether	100	38	38	38	28	18	N.R
사염화에틸렌(Ethylene Tera Chloride)	100	50	30	50	30	20	N.R
포름알데히드(Formaldehyde)	all	65	95	65	50	25	N.R
헵탄(Heptane)	100	99	99	99	99	99	70
헥산(Hexane)	100	70	70	70	60	50	N.R
나프타(Naphtha)	100	99	82	99	82	70	60
나프탈렌(Naphthalene)	100	99	99	99	99	99	40
니트로벤젠(Nitro Benzene)	100	38	N.R	38	N.R	N.R	N.R

화학약품의 종류	농도(%)	최 고 사 용 가 능 온 도(℃)					
		비닐에스터계(노보락)	비닐 에스터계	비닐 에스터계	비닐 에스터계	비스페놀계	이소프탈산계
		RF-1051	RF-1001	RF-10051EF	RF-200SE	N-460	H-350
프로필렌글리콜(Propylene Glycol)	all	99	99	99	99	99	70
토루엔(Toluene)	100	49	27	27	20	20	20
트리에탄올아민(Triethanol Amine)	100	49	49	49	30	20	N.
트리에틸아민(Triethyle Amine)	all	50	40	50	30	20	N.R
크실렌(Xylene)	100	50	30	30	20	20	20
가스(Gas)							
암모니아가스(Ammonia Gas)	-	38	30	28	18	N.R	N.R
브롬가스(Bromine Dry Gas)	-	38	30	30	30	N.R	N.R
Bromine Wet Gas	100	38	20	38	20	N.R	N.R
염소가스(Chlorine Dry Gas)	-	120	99	120	99	90	60
Chlorine Wet Gas	-	120	99	99	99	90	50
일산화탄소가스(Carbon Monoxide Gas)	-	200	99	99	90	70	50
이산화탄소가스(Carbon Dioxide Gas)	-	170	99	170	90	80	50
이황화탄소증기(carbon Disulfide)	Fumes	50	30	50	30	N.R	N.R
사염화탄소증기(Carbon Tetrachloride)	Vapor	90	70	90	60	50	40
염화수소가스(Hydrogen Chloride Dry Gas)	100	170	99	170	80	70	40
Hydrogen Chloride Wet Gas	100	170	99	170	80	60	N.R
질산증기(Nitric Acid Gas)	Fumes	80	70	80	70	60	N.R
황산증기(Sulfuric Acid Gas)	Vapor	170	99	170	150	70	40
이산화황가스(Sulfur Dioxide Dry or Wet Gas)	-	99	99	99	80	70	40
아황산가스(Sulfur Trioxide Gas)	-	99	99	99	90	70	50
오일(Oil)							
연료유(Fuel Oil)	100	99	82	80	80	80	80
가솔린항공유(Gasoline, Aviation Gas)	100	40	50	40	40	40	40
가솔린(Gasoline)	100	40	50	40	40	40	40

주) N.R : 사용 불가

찾아보기

【한글】

ㄱ

ㄴ

ㄷ

ㄹ

ㅁ

ㅂ

ㅅ

ㅇ

S

T

U

V

W

저자 소개

이진희(李鎭熙)

한양대학교 공과대학 금속공학과 졸업
LG 건설(주) 엔지니어링부문 재료기술팀장 역임
현, 삼성물산(주) 건설부문 기술연구소 금속재료기술 담당
용접 기술사, 금속재료 기술사

미국용접학회(AWS) 공인 용접검사원(Certified Welding Inspector, CWI)
한국산업인력관리공단 국가고시 기술위원
한국산업기술협회(KITA) 수석 기술위원
한국플랜트엔지니어협회(KAPE) 운영위원
테크노넷(www.technonet.co.kr) 자문위원
미국용접학회(AWS) 정회원
미국부식학회(National Association of Corrosion Engineer, NACE) 정회원

저서 : 용접기술실무 - 21세기사 출간, 외 다수

주요 관심분야
금속 및 비금속재료 특성(Material Properties)
각종 부식 환경하의 재료 선정(Material Selection)
용접 및 열처리기술(Welding & Heat Treatment)
파괴 및 비파괴검사 기술(DT & NDT Technology)
부식, 방식 기술(Corrosion & Fouling Control)

섬유 강화 플라스틱

2023년 6월 19일 제1판제1인쇄
2023년 6월 23일 제1판제1발행

저 자 이 진 희
발행인 나 영 찬

발행처 **기전연구사**

서울특별시 동대문구 천호대로4길 16(신설동 104-29)
전 화 : 2235-0791/2238-7744/2234-9703
FAX : 2252-4559
등 록 : 1974. 5. 13. 제5-12호

정가 23,000원

ISBN 978-89-336-1050-3
www.kijeonpb.co.kr